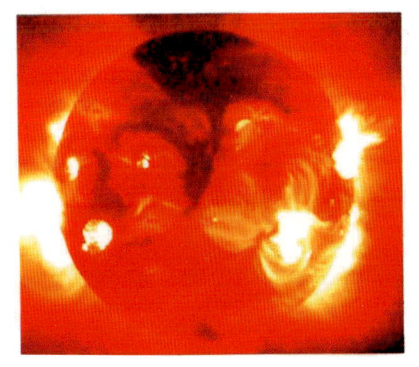

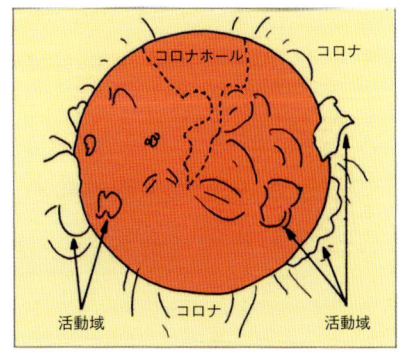

口絵1　「ようこう」衛星がとらえた太陽軟X線画像（左図）ならびに画像の解説図（右図）
（小杉健郎，常田佐久，1993）（p.55 参照）

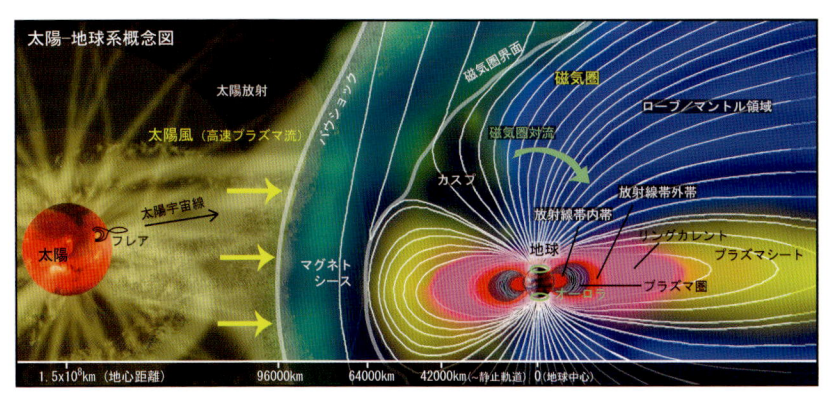

口絵2　太陽-地球系概念図
（関，2008 より改変）（p.64, 68, 76 参照）

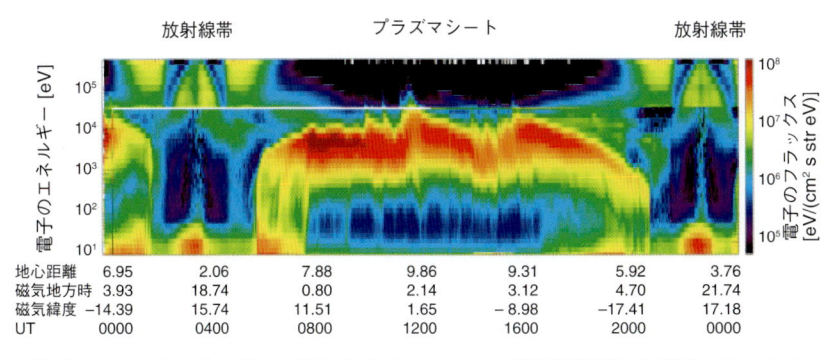

口絵3　2008年1月1日〜2日にかけてTHEMIS衛星が観測した電子フラックスのデータ

電子プラズマシートは，エネルギーが低いほどより地球に近いところまで接近していることがわかる．また，地球にさらに近い場所では放射線帯の高エネルギー電子も見えている．（p.81 参照）

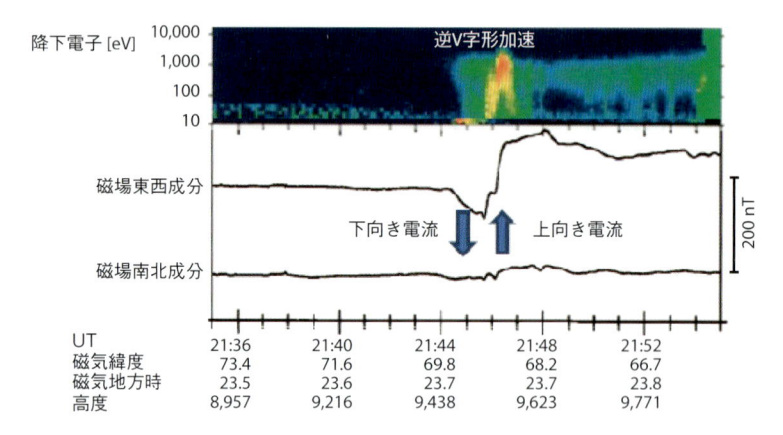

口絵 4　1990 年 1 月 20 日に,「あけぼの」衛星で計測された高度約 9,000 km の電子エネルギー–時間スペクトログラムおよび東西,南北方向の地場の変化

色が赤いほど,より多くのオーロラ降下電子が降り込んでいることを示す.21:46 付近に逆 V 構造が観測され,強い上向きの沿磁力線電流が流れていることがわかる.（Fukunishi et al., 1993 を改変）（p.89, p.100 参照）

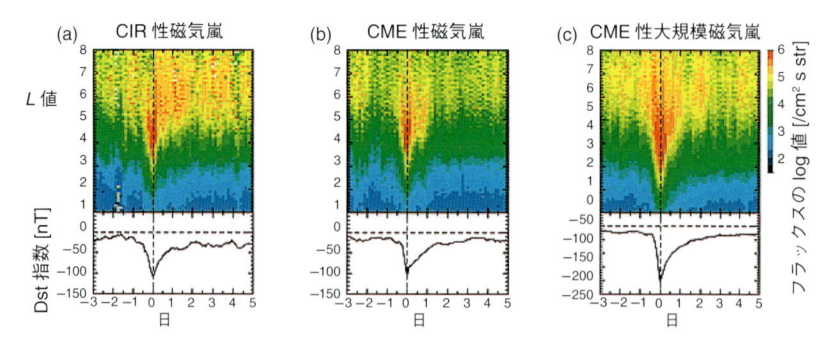

口絵 5　内部磁気圏における 30～80 keV イオンと Dst 指数の平均的な変化

（a）CIR 性磁気嵐,（b）CME 性磁気嵐,（c）CME 性大規模磁気嵐.複数の磁気嵐について,Dst の最小値を基準にして重ね合わせている.（Miyoshi and Kataoka, 2005）（p.116 参照）

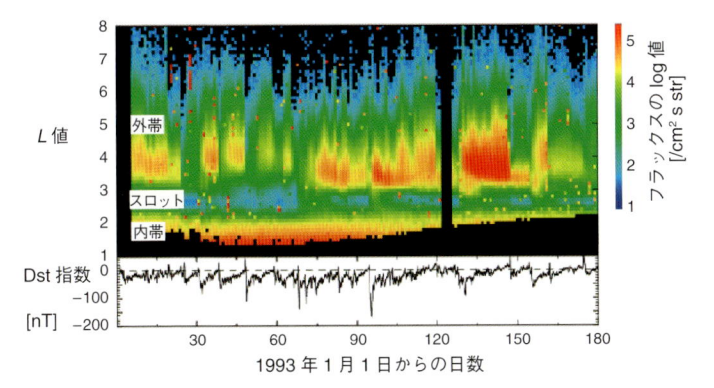

口絵6 「あけぼの」衛星で観測された放射線帯電子（>2,500 keV）の変動
下段はDst指数を表す．外帯，スロット，内帯が見えている．磁気嵐に対してさまざまな変化を起こしていることがわかる．（p.120 参照）

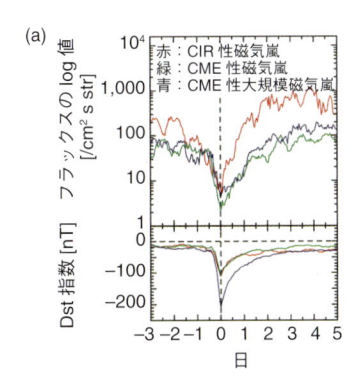

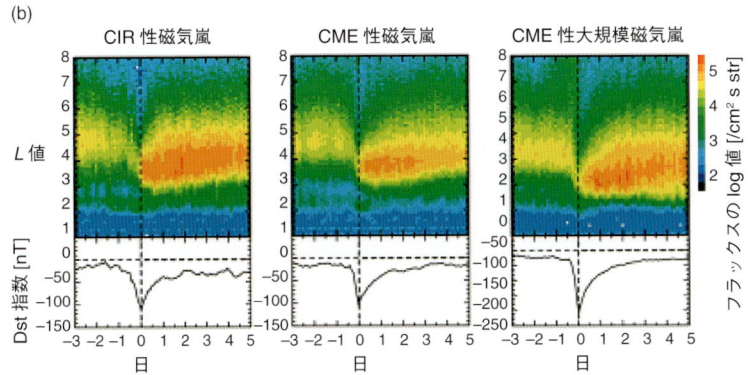

口絵7 CIR性磁気嵐，CME性磁気嵐，CME性大規模磁気嵐のときの変化
（a）静止軌道の2MeV電子の平均的な変化．（b）外帯電子（300 keV）の平均的な変化．複数の磁気嵐について，Dstの最小値を基準にして重ね合わせている．（Miyoshi and Kataoka, 2005）（p.120 参照）

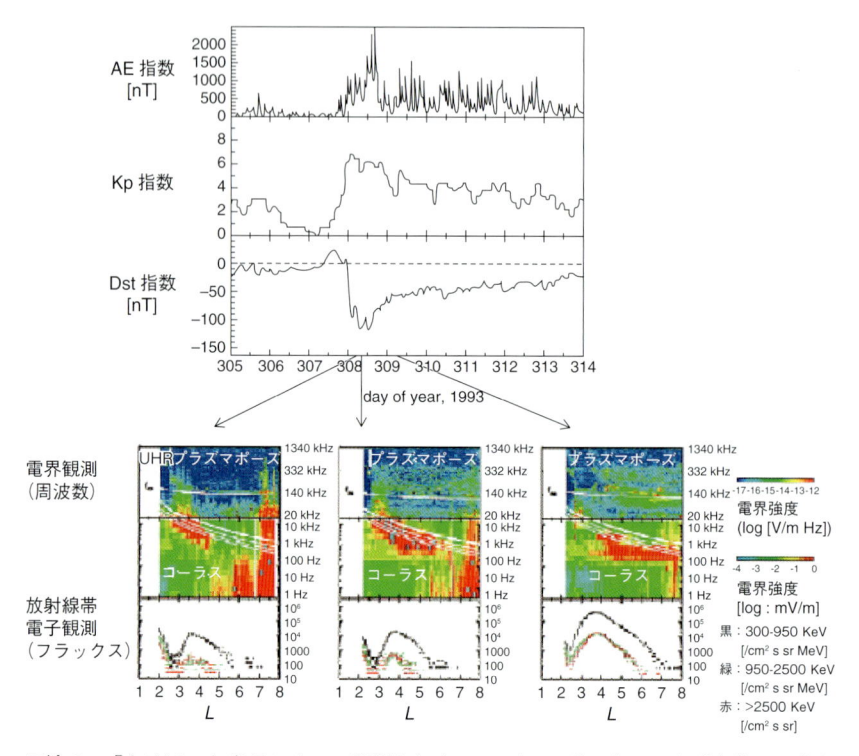

口絵 8 「あけぼの」衛星によって観測された 1993 年 11 月に起こった磁気嵐の回復相における内部磁気圏のプラズマ波動と放射線帯電子

プラズマポーズの外側で強いコーラス波動が観測され，その場所で放射線帯の外帯の増加が起こっている．(Miyoshi et al., 2003)(p.122 参照)

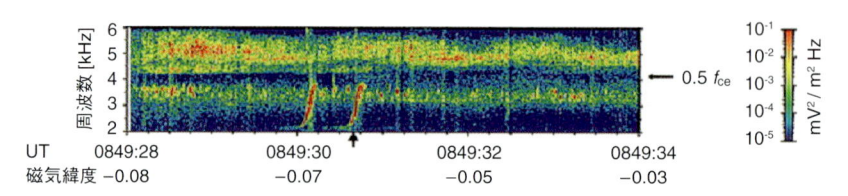

口絵 9 Cluster 衛星によって観測された磁気嵐中の内部磁気圏のコーラス放射

$0.5 f_{ce}$(f_{ce}：サイクロトロン周波数) 以下に低域 コーラス放射が，$0.5 f_{ce}$ 以上に高域 コーラス放射が見えている．(Santolik et al., 2003)(p.123 参照)

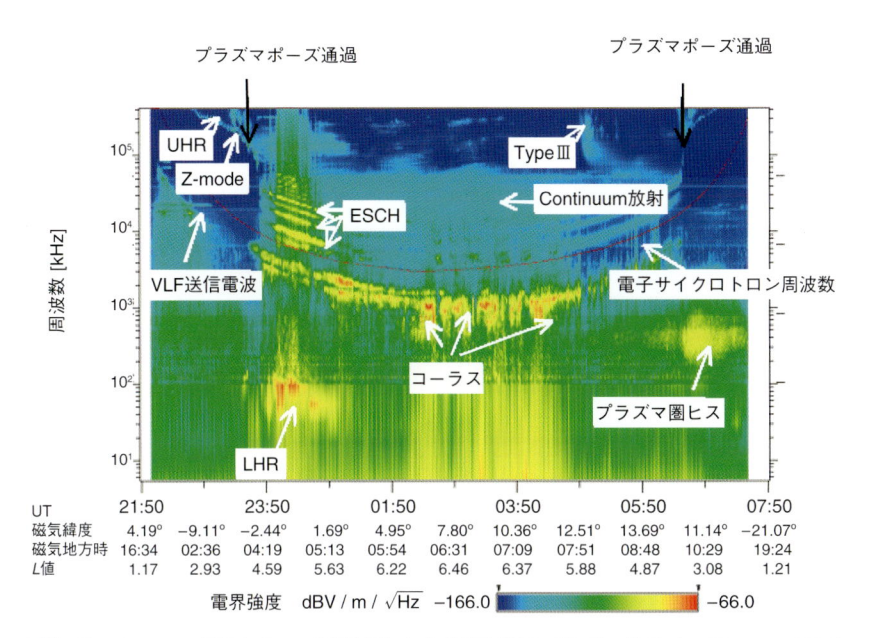

口絵 10 CRRES 衛星によって観測された内部磁気圏のプラズマ波動（10 Hz～800 kHz）
朝側でプラズマ圏の中からプラズマ圏の外へと移動し，ふたたびプラズマ圏の中に戻る軌道を描いている．（R.R. Anderson 博士提供）（p.124, 127 参照）

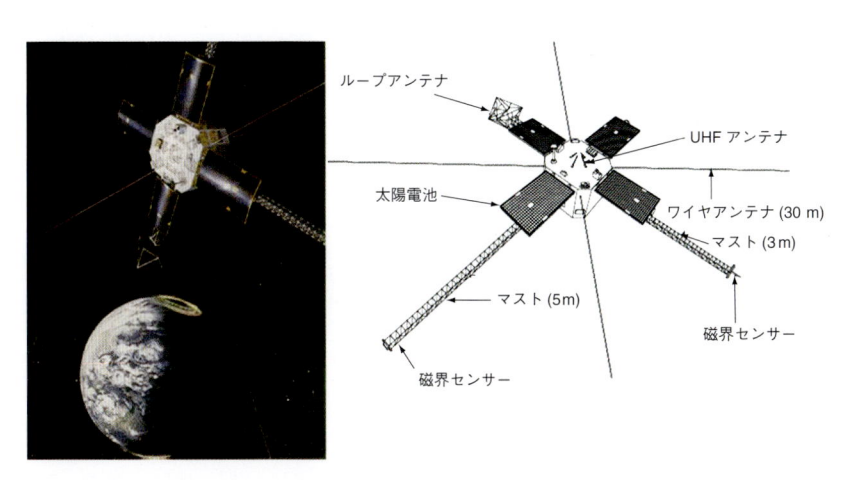

口絵 11 「あけぼの」衛星の飛翔想像図ならびにアンテナセンサー配置図
「あけぼの」衛星は，オーロラ粒子の起源の解明をめざして，1989 年 2 月 22 日に M3S-II ロケット 4 号機により打ち上げられ，23 年を経た現在も観測を継続している．打ち上げ時軌道要素は，近地点 275 km，遠地点 10,500 km，軌道傾斜角 75° の超楕円軌道で，軌道周期 211 分であった（Oya et al., 1990）．先端長 30 m のワイヤアンテナはプラズマ波動およびサウンダー観測装置（Oya et al., 1990）の 2 対のダイポールアンテナとして用いられる．（p.158 参照）

口絵 12　あけぼの衛星外観写真
（Oya and Tsuruda, 1990）（p.158 参照）

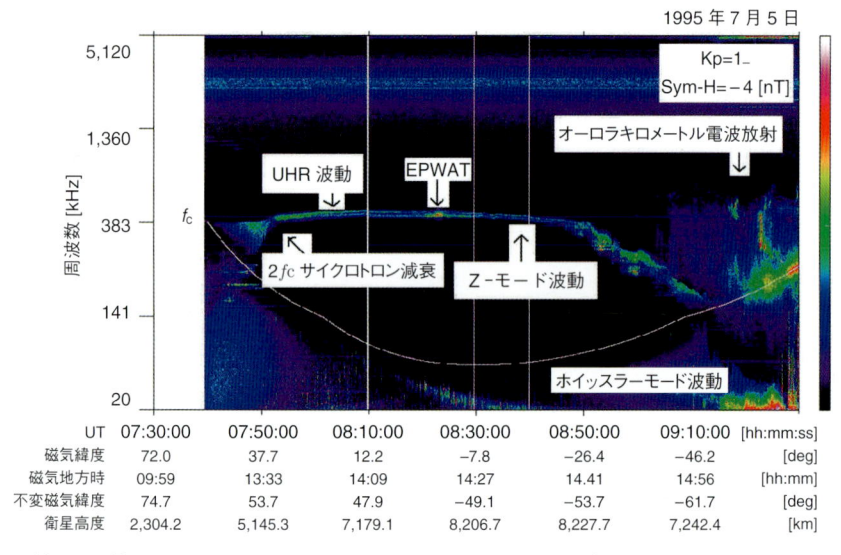

口絵 13　「あけぼの」衛星 PWS 観測による内部磁気圏プラズマ波動ダイナミックスペクトル
（p.158〜161, 163, 202 参照）

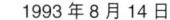

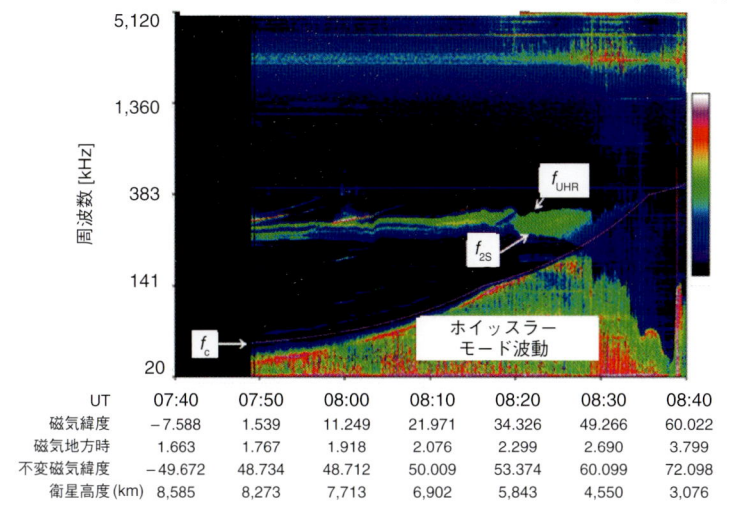

口絵14 「あけぼの」衛星観測による内部磁気圏プラズマ波動ダイナミックスペクトル
(p.158, 162, 202 参照)

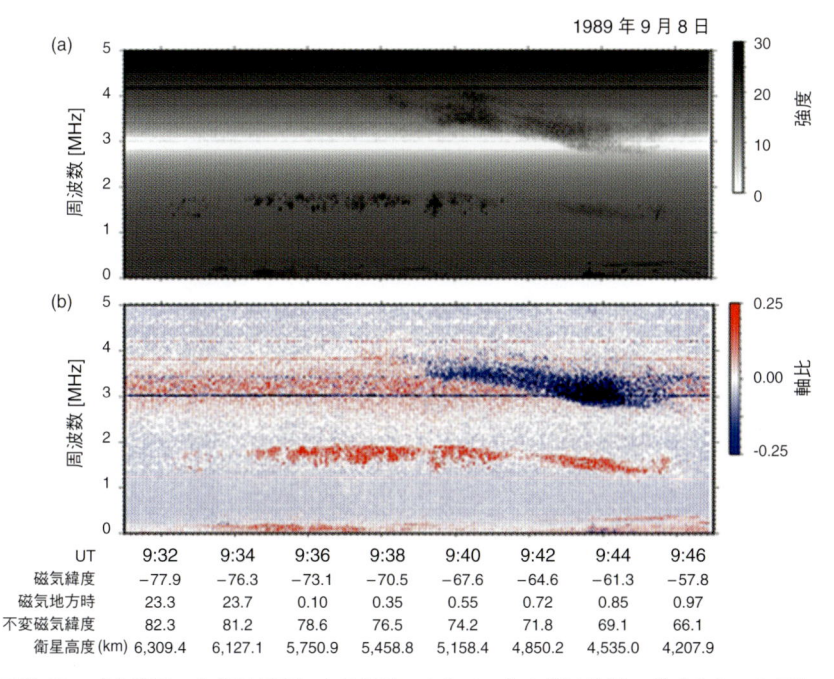

口絵15 「あけぼの」衛星観測による地球ヘクトメートル電波放射のダイナミック偏波観測結果

上図はスペクトル強度を，下図は軸比 $\{(I_L - I_R)/(I_L + I_R)\}$ (I_R, I_L はそれぞれ右旋偏波成分，左旋偏波成分の強度) のスペクトルを 20 kHz より，5 MHz までについてダイナミック表示している．(Sato et al., 2010) (p.158, 163 参照)

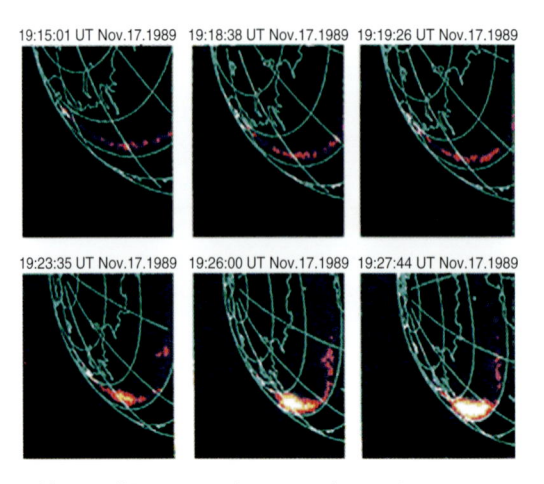

口絵 16 「あけぼの」衛星がとらえた地球の auroral breakup
（JAXA 提供）（p.95 参照）

口絵 17 ハッブル宇宙望遠鏡がとらえた木星のオーロラ
（NASA 提供）（p.208, 217 参照）

口絵 18 ハッブル宇宙望遠鏡がとらえた土星のオーロラ
（NASA 提供）（p.208 参照）

現代地球科学入門シリーズ
大谷栄治・長谷川昭・花輪公雄［編集］

Introduction to
Modern Earth Science Series

2

太陽地球圏

小野高幸・三好由純［著］

共立出版

現代地球科学入門シリーズ
Introduction to Modern Earth Science Series

編集委員

大谷 栄治・長谷川 昭・花輪 公雄

現代地球科学入門シリーズ
刊行にあたって

読者の皆様

　このたび『現代地球科学入門シリーズ』を出版することになりました．近年，地球惑星科学は大きく発展し，研究内容も大きく変貌しつつあります．先端の研究を進めるためには，マルチディシプリナリ，クロスディシプリナリな多分野融合的な研究の推進がいっそう求められています．このような研究を行うためには，それぞれのディシプリンについての基本知識，基本情報の習得が不可欠です．ディシプリンの理解なしにはマルチディシプリナリな，そしてクロスディシプリナリな研究は不可能です．それぞれの分野の基礎を習得し，それらへの深い理解をもつことが基本です．

　世の中には，多くの科学の書籍が出版されています．しかしながら，多くの書籍には最先端の成果が紹介されていますが，科学の進歩に伴って急速に時代遅れになり，専門書としての寿命が短い消耗品のような書籍が増えています．このシリーズでは，寿命の長い教科書を目指して，現代の最先端の成果を紹介しつつ，時代を超えて基本となる基礎的な内容を厳選して丁寧に説明しています．

　このシリーズは，学部2～4年生から大学院修士課程を対象とする教科書，そして，専門分野を学び始めた学生が，大学院の入学試験などのために自習する際の参考書にもなるよう工夫されています．それぞれの学問分野の基礎，基本をできるだけ詳しく説明すること，それぞれの分野で厳選された基礎的な内容について触れ，日進月歩のこの分野においても長持ちする教科書となることを目指しています．すぐには古くならない基礎・基本を説明している，消耗品ではない座右の書籍を目指しています．

　さらに，地球惑星科学を学び始める学生・大学院生ばかりでなく，地球環境科学，天文学・宇宙科学，材料科学など，周辺分野を学ぶ学生・大学院生も対象とし，それぞれの分野の自習用の参考書として活用できる書籍を目指しました．また，大学教員が，学部や大学院において講義を行う際に活用できる書籍になることも期待致しております．地球惑星科学の分野の名著として，長く座右の書となることを願っております．

編集委員一同

はじめに

　地球における気象現象や，地磁気擾乱，オーロラなど，大気・プラズマの電磁気現象は，太陽よりそのエネルギーをもたらされている．第22ならびに第23太陽活動周期（下図参照）にあたる最近の20〜30年の間，われわれは地球の内部磁気圏を中心に，太陽面の爆発現象（フレア）に伴って発生した磁気嵐による強い電磁気・プラズマ現象（ジオスペース擾乱）を目の当たりにした．これらの電磁気・プラズマ現象のなかでも特筆すべき強大なものは，放射線帯（ヴァンアレン (Van Allen) 帯）のフラックスの増大や環電流の増大による地磁気変動をもたらし，実用衛星や電力線ネットワークの機能障害の発生など，人類の活動にも強い影響をもたらす場合があることを経験してきた．このように太陽活動変動のもたらす地球への影響を理解することは，近年宇宙天気というキーワードを用いて議論されるようになったこともあり，ますます重要になりつつある．同時に太陽‒惑星間の相互作用の理解を進めておくことも重要な意義をもつものである．

　この第2巻『太陽地球圏』の分冊では，太陽地球圏のプラズマ現象の理解に不可欠な電磁気学・プラズマ物理学の基礎を論じつつ，そこに展開している興味深い物理現象を，太陽に始まり，地球周辺の磁気圏，さらに月惑星における

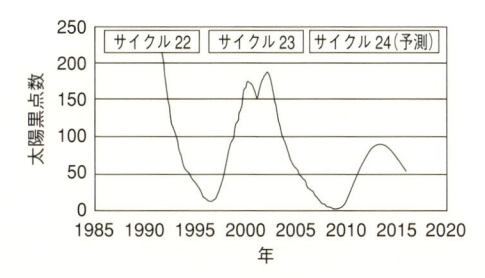

図　太陽活動第22〜23周期における太陽黒点数および第24周期の予想推移
活動周期の番号の定義は2.5節「太陽黒点」を参照．（SWPC/NOAAによる公表値より）

諸現象を追って紹介することにする．したがって，第1章では太陽地球圏プラズマの運動論と巨視的記述の基礎を論じ，第2章では，太陽エネルギーの起源と太陽風など太陽圏内での電磁現象について述べる．第3章では太陽–地球相互作用の結果ひき起こされる磁気圏構造ならびにその変動現象の概要を記述し，第4章では，強い太陽–地球相互作用の結果ひき起こされる磁気圏変動現象としての磁気嵐現象について詳述する．第5章では太陽地球圏におけるプラズマのミクロプロセスとしてのプラズマ媒質中における電磁波動現象の基礎についてコールドプラズマ，ならびに熱いプラズマにおけるプラズマ波動現象，ならびにプラズマ波動の伝搬と減衰についてふれ，最後に，第6章では太陽風と惑星圏相互作用を特徴づける要素である大気と惑星固有磁場それぞれの有無よって太陽風と惑星圏相互作用がどのように変わっているかを，代表的な天体・惑星を例に挙げて論じる．

共著者である小野は，第1, 2, 5, 6章を担当し，三好は第3および4章を担当した．本書は大学の専門課程にいる学生諸君を念頭に書かれている．したがって基礎教科である，力学，統計物理学，電磁気学，流体力学の基礎の実力をもっていれば読み進めていけるものと考えている．なお，プラズマ物理学の理解には，基礎の数学として，複素関数論の理解は不可欠である．したがって，必要な基礎科目を身につけつつ，本書を読み進めていただくことをお勧めしたい．また，紙面の都合から，必ずしも十分に記述できていない太陽地球系の領域や現象があることをお断りしておきたい．これらについては，関連する文献を参照いただきたい．

本教科書の内容を構想し，書き進めるにあたっては，大家 寛東北大学名誉教授に，貴重なご意見をいただいた．太陽物理学の知見については，京都大学大学院理学研究科附属天文台の柴田一成教授に基礎から多くを教えていただいた．また，名古屋大学太陽地球環境研究所 草野完也教授，国立天文台 岩井一正博士に文章の点検と推敲についてのご意見をいただいた．磁気流体力学・プラズマ物理学の諸問題については，京都大学大学院理学研究科の町田 忍教授，東北大学大学院理学研究科 寺田直樹准教授，および加藤雄人准教授に多くを教えていただいた．また，森岡昭東北大学名誉教授，東北大学 小原隆博教授，名古屋大学太陽地球環境研究所 荻野瀧樹教授，塩川和夫教授，家田章正助教，宮下幸長博士，京都大学生存圏研究所 海老原祐輔准教授，千葉大学 松本洋介特任助

教，東京工業大学 片岡龍峰特任助教，米国・ニュージャージー工科大学 桂華邦裕博士，宇宙航空研究開発機構 笠原 慧助教からもご指導をいただいた．また，名古屋大学太陽地球環境研究所 関 華奈子准教授，東北大学大学院理学研究科 栗田 怜氏，米国アイオワ大学 R. Anderson 博士には図をご提供いただいた．ここに厚く感謝の意を表したい．本書では，重要と思われるプロセスの記述において，数学的表現を用いることは避けていない．また特にプラズマ物理学の記述では，できるだけ厳密な表現を求めている．近年の教科書では，平易な記述が重視されることが多いが，そのような立場を取らなかったのは本書の特徴であり，読者諸君においてはこれを克服して，しっかりとした太陽地球圏の物理学の基礎を習得していただきたいと，希望するものである．

　本教科書では特別の場合をのぞき，SI 単位系を使用した．浅学のため，記述には不十分なところが各所に見られると思うが，これらは読者の批評をもとに今後機会をみて改訂していきたい．中に使用した数式は，少しでも間違いを減らすべく慎重に書き進めたつもりであるが，点検にあたっては，京都大学生存圏研究所の新堀淳樹博士に多大な協力をいただいた．また本書の文章については，カリフォルニア大学の西村幸敏博士，ならびに国立極地研究所の佐藤由佳博士に，校正をはじめとする諸作業に大変お世話になった．ここに謹んでお礼を申し上げたい．

2012 年 7 月

小 野 高 幸
東北大学大学院理学研究科

三 好 由 純
名古屋大学太陽地球環境研究所

目　次

第 1 章　太陽地球圏プラズマの運動論と巨視的記述　　1
1.1　プラズマの基礎量と物理的記述　　1
1.1.1　太陽惑星空間におけるおもなプラズマ特性量　　1
1.1.2　デバイシールディングとラングミュア特性　　3
1.1.3　プラズマの運動論　　7
1.1.4　荷電粒子のドリフト　　8
1.1.5　双極子磁場中の荷電粒子の運動と保存量　　10
1.2　磁気流体力学概論　　17
1.2.1　電子およびイオンからなる電磁 2 流体プラズマの運動方程式　　17
1.2.2　流体運動方程式の一元化と一般化されたオームの法則　　18
1.2.3　低周波数域における磁気流体方程式　　20
1.2.4　簡略化された磁気流体の方程式系　　21
1.2.5　磁場の凍結（frozen-in）　　23
1.2.6　プラズマの圧力平衡　　24
1.2.7　プラズマの流れと動圧　　26
1.2.8　アルフヴェン波・磁気音波　　27
1.2.9　磁気リコネクション　　31

第 2 章　太　　陽　　38
2.1　太陽のエネルギー放射　　38
2.2　太陽放射のエネルギー源　　40
2.3　太陽の内部構造　　41
2.4　日震学　　44
2.5　太陽黒点　　45

目　次

2.6　コロナ 48
2.7　太陽電波放射 50
2.8　太陽電波 F10.7 指数 51
2.9　電子加速を起源とするインコヒーレント電磁波放射 51
2.10 プラズマ波動を起源とするコヒーレント電磁波放射 53
2.11 太　陽　風 54
2.12 フレアと CME 57
2.13 太陽活動変動に伴う銀河宇宙線の変動 60
2.14 太　陽　圏 62

第 3 章　地球磁気圏の構造　　64

3.1　地球磁気圏の領域 64
　　3.1.1　衝撃波面 64
　　3.1.2　マグネトシース 65
　　3.1.3　磁気圏境界面 66
　　3.1.4　プラズマシートと磁気圏ローブ 68
　　3.1.5　プラズマシート境界層 69
　　3.1.6　低緯度境界層 69
　　3.1.7　電離圏・熱圏 70
3.2　磁気圏の大規模対流運動 72
　　3.2.1　プラズマシート中の対流運動 72
　　3.2.2　磁気圏対流の駆動源 74
3.3　内部磁気圏 76
　　3.3.1　内部磁気圏の粒子の運動 77
　　3.3.2　プラズマ圏 78
　　3.3.3　環電流粒子 80
　　3.3.4　放射線帯 82
3.4　磁気圏を流れる電流 85
　　3.4.1　磁力線を垂直方向に流れる電流 85
　　3.4.2　磁力線に沿って流れる電流 86
　　3.4.3　沿磁力線電流と電離圏電流 89

3.5	サブストーム		91
	3.5.1	オーロラの分類	92
	3.5.2	サブストームの発達過程	94
	3.5.3	沿磁力線電流の担い手と沿磁力線加速	99
	3.5.4	サブストームの開始モデル	103

第4章　磁気嵐　　106

4.1	環電流の消長		108
	4.1.1	初　　相	108
	4.1.2	主相での発達	108
	4.1.3	磁気嵐のエネルギー量	110
	4.1.4	回　復　相	111
4.2	磁気嵐を起こす太陽風		113
4.3	大きな磁気嵐		117
4.4	内部磁気圏で起こる変化		118
	4.4.1	プラズマ圏	118
	4.4.2	放射線帯	120
	4.4.3	プラズマ波動	123
	4.4.4	内部磁気圏の電場構造と電離圏との結合過程	127
	4.4.5	磁気嵐における領域間の結合とエネルギー階層間の結合	130

第5章　太陽地球圏プラズマ中の電磁波動論　　135

5.1	マクスウェル方程式と誘電率テンソル		136
5.2	冷たいプラズマ近似による分散方程式の解		139
	5.2.1	アップルトン–ハートリーの電子プラズマ波動分散関係	139
	5.2.2	分散方程式の具体的表現	144
	5.2.3	電子プラズマ波動近似	146
5.3	熱いプラズマ中での分散方程式の解		148
	5.3.1	スティックスの方法による誘電率テンソルとプラズマ波動分散方程式	149
	5.3.2	熱いプラズマ中の静電波	153

目　次

- 5.3.3　静電波分散関係 155
- 5.3.4　バーンスタインモード分散関係 156
- 5.3.5　「あけぼの」衛星観測に見る地球内部磁気圏プラズマ波動現象 158
- 5.4　プラズマ波動伝搬にかかわる性質 164
  - 5.4.1　電場成分 164
  - 5.4.2　磁場成分 165
  - 5.4.3　電磁場のエネルギー密度 165
  - 5.4.4　群速度 165
  - 5.4.5　偏波特性 166
  - 5.4.6　易動度テンソル 166
  - 5.4.7　イオン波とアルフヴェン波 167
- 5.5　プラズマ波動の伝搬と減衰 172
  - 5.5.1　波動の減衰と増幅の表現 172
  - 5.5.2　衝突のあるプラズマの誘電率テンソル 179
  - 5.5.3　衝突のあるプラズマの電気伝導度テンソル ... 181
  - 5.5.4　衝突のあるプラズマ中の電波伝搬（高周波電波伝搬における衝突の取り扱い例） 182
  - 5.5.5　等方電子プラズマ中の衝突減衰 184
  - 5.5.6　衝突のない等方プラズマ中の電波伝搬 186
  - 5.5.7　電波の反射と透過（スネルの法則） 187
- 5.6　プラズマの加速 190
  - 5.6.1　電場加速 191
  - 5.6.2　ベータトロン加速 192
  - 5.6.3　不規則な磁場の乱れによる統計的加速（フェルミ加速） 193
  - 5.6.4　プラズマ波動による統計的加速 194
  - 5.6.5　磁気リコネクションによる加速 195
  - 5.6.6　Weak Turbulence とピッチ角拡散 196
- 5.7　惑星圏のサウンダー探査――電磁波動論の惑星圏探査への応用 . 201
  - 5.7.1　能動観測 202
  - 5.7.2　プラズマサウンダー 203

5.7.3　レーダサウンダー 205

第6章　太陽と惑星圏変動　**208**
　6.1　固有磁場も大気もない天体における太陽風との相互作用 210
　6.2　固有磁場はあるが大気のない惑星圏：水星 211
　6.3　固有磁場がなく大気のある惑星圏 212
　　　6.3.1　金　　星 212
　　　6.3.2　火　　星 213
　6.4　固有磁場も大気もある惑星圏：木星 215

参考文献　**220**

付録　おもな地磁気指数について　**231**

索　　引　**233**

欧文索引　**236**

第1章 太陽地球圏プラズマの運動論と巨視的記述

1.1 プラズマの基礎量と物理的記述

太陽地球圏ならびにこれらを取り巻いている太陽惑星空間はプラズマで満たされている．プラズマという学名は 1920 年ころ I. Langmuir らにより使われ始めた．電離大気による媒質をさすが，

1. 正負の荷電粒子群を同時に含む媒質である．
2. 巨視的な電気的中性が保たれている．
3. 荷電粒子群が不規則な熱運動を行っている．
4. 衝突周波数よりもプラズマ周波数のほうが高い．
5. デバイ長（λ_D）より十分大きな媒質空間である．

の特徴をもって定義されている．

1.1.1 太陽惑星空間におけるおもなプラズマ特性量

太陽地球圏のプラズマ中に生起される静電波や電磁波モードの伝播，減衰過程についての議論を行ううえで，プラズマ密度 n，磁場強度 B，およびプラズマ温度 T などを関数とする長さや時間のスケールとなるプラズマ特性量を与えておくと便利である．太陽地球圏における，主なプラズマ特性量は次式のように定義される．太陽地球圏に見いだされる具体的な値の例を表 1.1 に示す．

特性長：デバイ長 $\quad \lambda_D = \left(\dfrac{\varepsilon_0 k_B T_e}{e^2 n_e} \right)^{\frac{1}{2}}$ \hfill (1.1)

第 1 章　太陽地球圏プラズマの運動論と巨視的記述

$$\text{サイクロトロン半径（ラーマー半径：Larmar radius）}\quad \rho_c = \frac{v_\perp}{2\pi f_c} \quad (1.2)$$

$$\text{特性速度：熱速度}\quad v_{\text{th}} = \left(\frac{2k_B T}{m}\right)^{\frac{1}{2}} \quad (1.3)$$

（注：速度分布関数の期待値から，$v_{\text{th}} = \left(\frac{k_B T}{m}\right)^{\frac{1}{2}}$ とする方法もあるが，本書ではマクスウェル（Maxwell）分布の平均エネルギーを与える粒子速度で定義する．$v_{\text{th}} = \left(\frac{2k_B T}{m}\right)^{\frac{1}{2}}$ を使用する．）

$$\text{音速}\quad v_s = \left(\frac{\gamma k_B T}{m}\right)^{\frac{1}{2}} \quad (1.4)$$

$$\text{電磁波の伝搬速度}\quad v_c = \frac{1}{(\varepsilon\mu)^{\frac{1}{2}}} \quad (1.5)$$

ε および μ は伝搬媒質の**誘電率**（permittivity）および**透磁率**（permeability）である．

$$\text{アルフヴェン（Alfvén）速度}\quad v_A = \frac{B_0}{(\mu_0 m_i n_i)^{\frac{1}{2}}} \quad (1.6)$$

表 1.1　太陽地球圏におけるおもなプラズマ特性量の代表的な値

物理量	磁場強度	プラズマ密度	プラズマ温度	サイクロトロン周波数 電子	サイクロトロン周波数 プロトン	プラズマ周波数	サイクロトロン半径 電子	サイクロトロン半径 プロトン
領域	[nT]	[cm^{-3}]	[eV]	[Hz]	[Hz]	[Hz]	[m]	[m]
電離圏	50,000	10^5	0.1	1.4×10^6	7.6×10^2	2.8×10^6	2.1×10^{-2}	0.91
プラズマ圏	1,000	10^2	1	2.8×10^4	15	9.0×10^4	3.4	1.4×10^2
磁気圏プラズマシート	10	0.3	陽子 4,000 電子 600	2.8×10^2	0.15	4.9×10^3	8.3×10^3	9.1×10^5
太陽風	10	5	30	2.8×10^2	0.15	2.0×10^4	1.9×10^3	7.9×10^4

物理量	デバイ長	アルフヴェン速度	電子熱速度
領域	[m]	[km/s]	[km/s]
電離圏	7.4×10^{-3}	3.4×10^2	1.9×10^2
プラズマ圏	0.74	2.2×10^3	5.9×10^2
磁気圏プラズマシート	3.3×10^2	4.0×10^2	1.5×10^4
太陽風	18	98	3.3×10^3

1.1 プラズマの基礎量と物理的記述

特性周波数：サイクロトロン周波数　　　$f_c = \dfrac{1}{2\pi}\dfrac{eZB_0}{m}$ 　　(1.7)

プラズマ周波数　　　$f_p = \dfrac{1}{2\pi}\left(\dfrac{Z^2e^2n}{\varepsilon_0 m}\right)^{\frac{1}{2}}$ 　　(1.8)

ここで μ_0, ε_0, Z, γ, および k_B は，それぞれ，真空の透磁率，真空の誘電率，電荷数，比熱比，およびボルツマン（Boltzmann）定数を表す．また，e, B_0, T_e, および n は，素電荷，磁場強度，電子温度，粒子（電子，イオンなど）の数密度である．

1.1.2 デバイシールディングとラングミュア特性

Ⓐ デバイシールディング

宇宙空間のプラズマ中に，半径 a の金属球が孤立した状態で置かれているとする．プラズマ全体の電子およびイオンの平均的な密度を，それぞれ $\overline{n}_e$ および $\overline{n}_i$ とする．いま，金属球がプラズマと同電位に置かれたとすると，速度の遅いイオンはこの電位を感じて金属球に付着しようとするが，熱速度の速い電子のほうが容易に金属球に付着するため金属球の電位を下げる．このため，一般的には宇宙空間プラズマ中に置かれた金属球は，プラズマに対して負に帯電した状態で安定する．このようなプラズマの基本的な性質から，**デバイシールディング**（Debye shielding），および**ラングミュア特性**（Langmuir property）とよばれる宇宙プラズマの特徴的な特性が現れることになる．

いま，プラズマ全体の電位に対し，金属球がプラズマ中で $+Q$ に帯電した状態に保たれているとして，この金属球の周りのポテンシャルを考える．この金属球周辺の電子の平衡分布を求め，ポアソン（Poisson）の方程式を解くことで，周辺のポテンシャル分布を求めてみる．プラズマは巨視的には電気的中性を保ち，金属球の周りではイオンの分布は均質で

$$\overline{n}_e = n_i(\vec{r}) = \overline{n}_i \qquad (1.9)$$

であるが，実際には電子の分布がわずかに変動するため，電子密度分布は

$$n_e(\vec{r}) \neq \overline{n}_e \qquad (1.10)$$

となると考える．

一方，金属球周辺のポテンシャル $\varphi(\vec{r})$ の中で，温度 T_e の**熱力学的平衡**（thermodynamic equilibrium）にある電子の分布は，ボルツマン分布をなすから，電子密度分布は

$$n_\mathrm{e}(\vec{r}) = \overline{n}_\mathrm{e} \exp\left(-\frac{q_\mathrm{e}\varphi}{k_\mathrm{B}T_\mathrm{e}}\right) \tag{1.11}$$

を満足することになる．ここで，q_e は電子の電荷 $(-e)$ を表す．摂動ポテンシャルは小さいとして，(1.11) 式の近似を取ると

$$n_\mathrm{e}(\vec{r}) = \overline{n}_\mathrm{e}\left(1 - \frac{q_\mathrm{e}\varphi}{k_\mathrm{B}T_\mathrm{e}}\right) \tag{1.12}$$

と書ける．ここで，静電ポテンシャル $\varphi(\vec{r})$ はラプラス（Laplace）の方程式

$$\Delta\varphi(\vec{r}) = -\frac{(n_\mathrm{e} - \overline{n}_\mathrm{e})q_\mathrm{e}}{\varepsilon_0} \tag{1.13}$$

を満足している．(1.13) 式は，また (1.12) 式を用いることで

$$\Delta\varphi(\vec{r}) = \frac{\overline{n}_\mathrm{e}q_\mathrm{e}^2}{\varepsilon_0 k_\mathrm{B}T_\mathrm{e}}\varphi(\vec{r}) \tag{1.14}$$

と書くことができる．ここで

$$\lambda_\mathrm{D}^2 = \frac{\varepsilon_0 k_\mathrm{B}T_\mathrm{e}}{\overline{n}_\mathrm{e}q_\mathrm{e}^2} \tag{1.15}$$

なる量を導入し，ポテンシャルが球の周りに対称であると仮定すると，(1.14) 式は

$$\frac{1}{r^2}\frac{d}{dr}\left(r^2\frac{d\varphi}{dr}\right) = \frac{\varphi(r)}{\lambda_\mathrm{D}^2} \tag{1.16}$$

となる．この微分方程式の解は，境界条件 $\phi = 0\,(r \to \infty)$，ならびに $\phi = \phi_0 = \frac{1}{4\pi\varepsilon_0}\frac{Q}{a}\,(0 < r < a)$ を考えることで，$r > a$ において

$$\varphi(r) = \frac{Q}{4\pi\varepsilon_0 r}\exp\left(-\frac{r}{\lambda_\mathrm{D}}\right) \tag{1.17}$$

なるポテンシャル分布を形成することになる．図 1.1 はデバイ長を $0.5a$ としたときの金属球周辺のポテンシャル分布を示す．このようにプラズマ中の電位は，真空中の場合に比べて急速に距離とともに小さくなることになり，$r = \lambda_\mathrm{D}$ の位置で真空中の電位の $1/e$ 倍となる．このように電位がプラズマの効果で小さくなることをデバイシールディングといい，特性長 λ_D を**デバイ長**（Debye length）

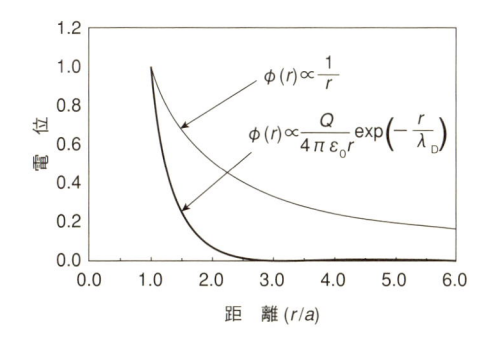

図 1.1 デバイ長が $0.5a$ となるときの金属球周辺のポテンシャル分布
プラズマのない真空媒質中での電位分布は $1/r$ によって減ずるが，プラズマ中では，(1.17) 式に従うこととなる．

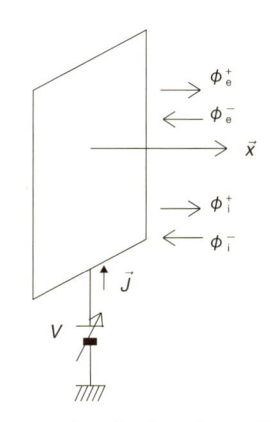

図 1.2 プラズマ中のプローブ電極

という．

❸ ラングミュア特性

いま，プラズマとプローブの境界においては，プラズマがプローブへ付着することで電流を担うとする．また荷電粒子が，プローブ表面から湧き出すことはないとする．

図 1.2 において，プローブがポテンシャル V の＋電位に帯電しているとすると，プローブに流れ込む電子フラックス ϕ_e は，プローブに向かう速度をもつ成分 ϕ_e^- と，プローブから離れる向きに初速度をもち，プローブの電位に引き寄

せられて電流を担う成分 ϕ_e^+ の和となる．すなわち

$$
\begin{aligned}
\phi_e &= \phi_e^- + \phi_e^+ \\
&= n_e \sqrt{\frac{m_e}{2\pi k_B T_e}} \int_0^\infty v_x \exp\left(-\frac{m_e v_x^2}{2k_B T_e}\right) dv_x \\
&\quad + n_e \sqrt{\frac{m_e}{2\pi k_B T_e}} \int_0^{v_{0e}} v_x \exp\left(-\frac{m_e v_x^2}{2k_B T_e}\right) dv_x
\end{aligned}
\tag{1.18}
$$

イオンフラックスについては，プローブに向かう初速度成分をもつイオンのうちの高速成分のみが到達することができるため，

$$
\begin{aligned}
\phi_i &= \phi_i^- \\
&= n_i \sqrt{\frac{m_i}{2\pi k_B T_i}} \int_{v_{0i}}^\infty v_x \exp\left(-\frac{m_i v_x^2}{2k_B T_i}\right) dv_x
\end{aligned}
\tag{1.19}
$$

プローブが $-$電位に帯電しているとした場合には，

$$
\begin{aligned}
\phi_e &= \phi_e^- \\
&= n_e \sqrt{\frac{m_e}{2\pi k_B T_e}} \int_{v_{0e}}^\infty v_x \exp\left(-\frac{m_e v_x^2}{2k_B T_e}\right) dv_x
\end{aligned}
\tag{1.20}
$$

イオンの場合には

$$
\begin{aligned}
\phi_i &= \phi_i^- + \phi_i^+ \\
&= n_i \sqrt{\frac{m_i}{2\pi k_B T_i}} \int_0^\infty v_x \exp\left(-\frac{m_i v_x^2}{2k_B T_i}\right) dv_x \\
&\quad + n_i \sqrt{\frac{m_i}{2\pi k_B T_i}} \int_0^{v_{0i}} v_x \exp\left(-\frac{m_i v_x^2}{2k_B T_i}\right) dv_x
\end{aligned}
\tag{1.21}
$$

である．ここで，v_{0e}, v_{0i} は，$\frac{m_e v_{0e}^2}{2} = eV$，$\frac{m_i v_{0i}^2}{2} = eV$ により決まるが，電子，イオンの電荷を考慮して，符号を定める．全プローブ電流は $\vec{J} = e(\phi_e - \phi_i)$ にて得られる．また，$\vec{J} = 0$ となる V を，**浮動電位**（floating potential）とよぶ（図 1.3 では約 $-0.6\,\mathrm{V}$）．

❸ ラングミュア特性例

ここで，イオンの種類はプロトンのみを仮定し，電子温度 2,000 K，イオン温度 1,000 K，プラズマ密度 $10^6/\mathrm{cm}^3$ とした場合，ラングミュアプローブに印加した電圧と，流入する電流の特性を図 1.3 に示す．なおラングミュアプローブ

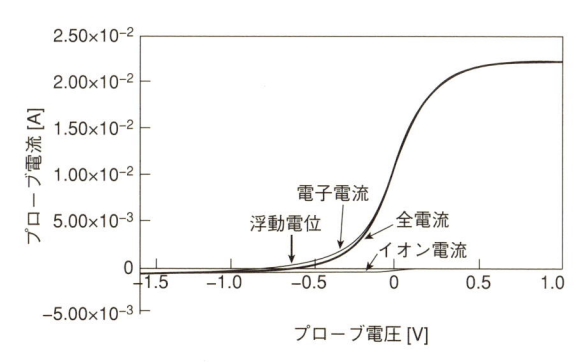

図 1.3 ラングミュアプローブによる電圧電流特性

をはじめとするプラズマのプローブ計測については，Amemiya *et al.*（2005）が詳細をまとめている．

1.1.3 プラズマの運動論

プラズマ媒質中の電磁場と荷電粒子の運動を記述する方程式群には，場を与えるマクスウェル方程式とプラズマの運動方程式，連続の式などがある．

電磁場を記述するマクスウェル方程式は

$$\text{ファラデー（Faraday）の式：} \quad \nabla \times \vec{E} = -\frac{\partial \vec{B}}{\partial t} \tag{1.22}$$

$$\text{アンペール（Ampère）の式：} \quad \nabla \times \vec{H} = \varepsilon_0 \frac{\partial \vec{E}}{\partial t} + \vec{J} \tag{1.23}$$

$$\text{磁束の保存：} \quad \nabla \cdot \vec{B} = 0 \tag{1.24}$$

$$\text{ガウス（Gauss）の法則：} \quad \nabla \cdot \vec{E} = \frac{\rho}{\varepsilon_0} \tag{1.25}$$

の 4 式からなる．ここで，

- $\vec{B} = \mu_0 \vec{H}$　　　磁気誘導（magnetic flux density）（磁束密度）
- $\vec{D} = \varepsilon_0 \vec{E} + \vec{P}$　　　電気変位（electric displacement）（電束密度）
- $\vec{P}$:　　　電気分極（electric polarization）
- $\vec{D} = \varepsilon_0 [\mathbf{K}] \cdot \vec{E}$　　　$[\mathbf{K}]$：比誘電率テンソル（dielectric tensor）

である．電磁場中での荷電粒子（charged particle）の運動方程式は，

第 1 章　太陽地球圏プラズマの運動論と巨視的記述

$$n_i m_i \frac{d\vec{v}_i}{dt} = Z_i e n_i (\vec{E} + \vec{v}_i \times \vec{B}) + \vec{F} \tag{1.26}$$

(i：粒子種 0, 1, 2$\cdots$) のように書ける．おもな外力 $\vec{F}$ としては

重力： $\vec{f}_\mathrm{g} = n_i m_i \vec{g}$ (1.27)

圧力： $\vec{f}_\mathrm{p} = -\nabla p_i$ (1.28)

衝突： $\vec{f}_\mathrm{R} = -n_i m_i (\vec{v}_i - \vec{v}_j) v_{ij}$ (1.29)

などがある．
　物理量 n_i の連続の式および保存則は，それぞれ

$$\frac{\partial n_i}{\partial t} + \nabla \cdot (n_i \vec{v}_i) = 0 \tag{1.30}$$

$$\frac{\partial n_i}{\partial t} + \nabla \cdot (n_i \vec{v}_l) = Q - L \tag{1.31}$$

のように書ける．ここで，Q は**生成率**（production rate），L は**損失率**（loss rate）を表す．とくに熱運動をもって集団運動をするプラズマ特有の運動の記述は，統計物理学を応用し，位置（$\vec{r}$）と速度（$\vec{v}$）からなる**位相空間密度**（phase-space density）として定義される**分布関数**（distribution function）$f(\vec{r}, \vec{v})$ に対する**ボルツマン方程式**（Boltzmann's equation）

$$\frac{\partial f}{\partial t} + \vec{v} \cdot \frac{\partial f}{\partial \vec{r}} + \vec{a} \cdot \frac{\partial f}{\partial \vec{v}} = \left(\frac{\delta f}{\delta t}\right)_\mathrm{collision} \tag{1.32}$$

が，プラズマ運動論の基礎方程式として使用されている．ここで，$\vec{a}$ は加速度である．

1.1.4　荷電粒子のドリフト

　外力がない場合，荷電粒子の運動は，運動方程式 (1.26) 式から

$$m \frac{d\vec{v}}{dt} = q(\vec{E} + \vec{v} \times \vec{B}) \tag{1.33}$$

となる．さらに，電場がない場合として，

$$m \frac{d\vec{v}}{dt} = q \vec{v} \times \vec{B}$$

によって記述され，荷電粒子は，**サイクロトロン運動**（cyclotron motion）を続ける．電場がある場合には，外力 $q\vec{E}$ を受ける場合の運動を考えればよい．

1.1 プラズマの基礎量と物理的記述

ここで，直交座標系を考え，磁場は z 軸方向を向いているとする．$\vec{F} = F_\perp \hat{y}$（$\hat{y}$ は y 軸方向の単位ベクトル）のように，磁力線と垂直方向に外力が加えられるときの運動方程式

$$m\frac{d\vec{v}}{dt} = \vec{F} + q\vec{v} \times \vec{B} \tag{1.34}$$

の解を考える．この解は，磁場 $\vec{B}$ に垂直な面内での速度ベクトル

$$\vec{v} = \vec{v}_\perp + \frac{\vec{F}_\perp \times \vec{B}}{qB^2} \tag{1.35}$$

に対する解で与えられる．(1.35) 式を (1.34) 式に代入すると

$$m\frac{d\vec{v}_\perp}{dt} = \vec{F}_\perp + q\vec{v}_\perp \times \vec{B} + \frac{(\vec{F}_\perp \times \vec{B}) \times \vec{B}}{B^2}$$

ここで，

$$(\vec{F}_\perp \times \vec{B}) \times \vec{B} = -B^2 \vec{F}_\perp$$

であるから，

$$m\frac{d\vec{v}_\perp}{dt} = q\vec{v}_\perp \times \vec{B}$$

となる．すなわち，(1.34) 式の解は磁場に垂直な速度

$$\vec{u}_\mathrm{D} = \frac{\vec{F}_\perp \times \vec{B}}{qB^2} \tag{1.36}$$

で動く系にのった粒子のサイクロトロン運動となることがわかる．サイクロトロン運動の中心のことを，**旋回中心**（guiding center）とよぶ．つまり，外力 $\vec{F} = F_\perp \hat{y}$ が与えられた場合，サイクロトロン運動の旋回中心の運動は，$\vec{u}_\mathrm{D}$ の速度をもつ**ドリフト運動**（drift motion）となる．

(1.36) 式の形から容易にわかるように，外力 $\vec{F}$ の方向が粒子の電荷 q によりその向きが変わる場合には，ドリフトの向きは電荷の正負によらない．一方，外力 $\vec{F}$ の方向が粒子の電荷 q によりその向きが変わらない場合には，ドリフトの向きは電荷の正負によってその向きを変えることになる．さまざまな外力によるドリフト運動は，次のようにまとめられる．

(a) 電場ドリフト（$\vec{F}_\perp = q\vec{E}_\perp$）
(b) 磁場勾配ドリフト $\left(\vec{F}_\perp = -\mu \nabla_\perp B, \ \mu = \dfrac{mv_\perp^2}{2B}\right)$

(c) 曲率ドリフト $\left(\vec{F}_\perp = -\dfrac{mv_{//}^2 \vec{R}}{R^2}\text{の遠心力を受ける場合}\right)$
(d) 重力ドリフト $(\vec{F}_\perp = m\vec{g})$
(e) 圧力勾配ドリフト $\left(\vec{F}_\perp = -\dfrac{1}{N}\nabla p\right)$
(f) 慣性力ドリフト $\left(\vec{F}_\perp = -m\dfrac{d\vec{u}}{dt}\right)$

1.1.5 双極子磁場中の荷電粒子の運動と保存量

地球など多くの惑星の固有磁場成分は，双極子型の磁場で近似される．したがって，双極子磁場中での荷電粒子の運動は，磁気圏の粒子運動を考えるうえで基本となる．ここでは，双極子磁場の荷電粒子の運動を考えるため，まず，**双極子磁場**（dipole magnetic field）を定義する．

A 双極子磁場の記述

双極子磁場を考えるにあたっては，図 1.4 のように P+ と P− 点に $+m$ と $-m$ の磁荷を仮定して，任意の点 P での磁気ポテンシャルを W とすると

$$W = \dfrac{\mu_0}{4\pi}\left(\dfrac{m}{P_+P} + \dfrac{-m}{P_-P}\right) \tag{1.37}$$

ここで $P_+P = r - \dfrac{d}{2}\cos\theta,\ P_-P = r + \dfrac{d}{2}\cos\theta$ であるから

$$W = \dfrac{\mu_0 m}{4\pi}\left(\dfrac{1}{r - \dfrac{d}{2}\cos\theta} - \dfrac{1}{r + \dfrac{d}{2}\cos\theta}\right)$$

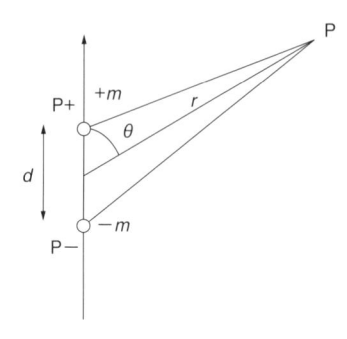

図 1.4　P+, P− 点に $m, -m$ の磁荷を仮定した双極子磁場

1.1 プラズマの基礎量と物理的記述

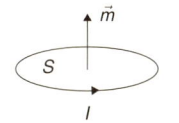

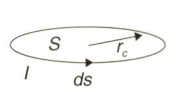

図 1.5　モーメント $\vec{m}$ をつくる面積 S の環状電流 I

図 1.6　荷電粒子のサイクロトロン運動のつくる環状電流

$$= \frac{\mu_0 m}{4\pi} \frac{2 \times \dfrac{d}{2}\cos\theta}{r^2 - \left(\dfrac{d}{2}\cos\theta\right)^2} \approx \frac{\mu_0 md}{4\pi}\frac{\cos\theta}{r^2} = \frac{\mu_0 M}{4\pi}\frac{\cos\theta}{r^2}$$

ここで，$md = M$ を磁気能率という．（たとえば 2010 年の地球固有磁場の磁気能率は $7.75 \times 10^{22}\,\mathrm{A\,m^2}$ である．）磁気ポテンシャル W による磁場は，

$$\vec{B} = -\mathrm{grad}\,W$$
$$B_r = -\frac{\partial W}{\partial r} = \frac{2\mu_0 M\cos\theta}{4\pi r^3} \tag{1.38}$$
$$B_\theta = -\frac{\partial W}{r\partial\theta} = \frac{\mu_0 M\sqrt{1+3\cos^2\theta}}{4\pi r^3}$$

また (r,θ) における全磁力は

$$F = \sqrt{B_r^2 + B_\theta^2} = \frac{\mu_0 M\sqrt{1+3\cos^2\theta}}{4\pi r^3} \tag{1.39}$$

ここで，$\dfrac{B_r}{B_\theta} = \dfrac{dr}{rd\theta} = 2\cot\theta$ より，$\dfrac{r}{\sin^2\theta} = \mathrm{const.}$ が磁力線の形状を与える．いま θ の代わりに**磁気緯度**（magnetic latitude）$\lambda = \dfrac{\pi}{2} - \theta$ を用いると，磁力線の形状は $\dfrac{r}{\cos^2\lambda} = \mathrm{const.}$ によって与えられることになる．

Ⓑ 荷電粒子の運動による磁気モーメントの保存 —— 第一断熱不変量

サイクロトロン運動による環状電流 I のつくる磁気モーメント μ，つまり $\vec{m}\,[\mathrm{A\,m^2}]$（図 1.5 参照）は環状電流のつくる円の面積を S として，

$$\mu = |\vec{m}| = I \cdot S$$
$$= q\frac{\omega_\mathrm{c}}{2\pi}\pi r_\mathrm{c}^2 \qquad \left(\omega_\mathrm{c} = \frac{qB_0}{m}\right)$$
$$= \frac{q^2 B_0}{2m}r_\mathrm{c}^2$$

第 1 章　太陽地球圏プラズマの運動論と巨視的記述

図 1.6 において，r_c はサイクロトロン半径であり $r_\mathrm{c} = \dfrac{v_\perp}{\omega_\mathrm{c}} = \dfrac{mv_\perp}{qB_0}$ で与えられる．したがって，$\mu = \dfrac{mv_\perp^2}{2B_0} = \dfrac{\varepsilon_\perp}{B_0}$ となる．

いま，サイクロトロン運動をする粒子の運動エネルギーが変化する場合を考える．粒子が受け取るエネルギーの変化率は，$\dfrac{d\varepsilon_\perp}{dt} = I \cdot V$ と書くことができる．図 1.6 に示されるように，I はサイクロトロン運動による電流，V は周回運動中に粒子が感じる電圧である．

ここで，$\dfrac{dB}{dt} \ll \omega_\mathrm{c} B$ で表されるほど，B が時間的にゆっくりと変化し，サイクロトロン運動の 1 周回の時間 $\delta t = \dfrac{2\pi}{\omega_\mathrm{c}}$ にて，$\dfrac{dB}{dt}\delta t \ll B$ が成り立つと仮定する．さらに 1 周回中では，荷電粒子の軌道がなす環の面積 S は不変と仮定する．

このときストークス (Stokes) の定理ならびにマクスウェル方程式より

$$V = \oint \vec{E} \cdot d\vec{s} = -\int \dfrac{d\vec{B}}{dt} \cdot \vec{n} dS = -\dfrac{dB}{dt} S$$

すなわち

$$\dfrac{d\varepsilon_\perp}{dt} = I \cdot V = \dfrac{q\omega_\mathrm{c}}{2\pi} V = \dfrac{q\omega_\mathrm{c}}{2\pi} \cdot \dfrac{dB}{dt} \pi r^2$$

$$= \dfrac{q^2 B}{2m}\left(\dfrac{mv_\perp}{qB}\right)^2 \dfrac{dB}{dt} = \mu \dfrac{dB}{dt} \quad \left(w_\mathrm{c} = \dfrac{qB}{m},\ r = \dfrac{mv_\perp}{qB},\ \mu = \dfrac{mv_\perp^2}{2B}\right)$$

$\dfrac{d\varepsilon_\perp}{dt} = \dfrac{d}{dt}\left(\dfrac{1}{2}mv_\perp^2\right) = \dfrac{d}{dt}(\mu B)$ であるから，$\dfrac{d}{dt}(\mu B) = \mu \dfrac{dB}{dt}$ が成り立つことになる．すなわち，$\dfrac{d\mu}{dt} = 0$ である．したがって，磁気モーメント μ が保存される．μ は**第一断熱不変量** (first adiabatic invariant) とよばれ，粒子の第一断熱不変量は，磁場強度 B がサイクロトロン周期に比べて，ゆっくりと変化する限りにおいて保存される．粒子の全運動エネルギーとの関係は，$\varepsilon = \varepsilon_{//} + \varepsilon_\perp = \mathrm{const.} = \dfrac{mv^2}{2}$ から $\mu = \dfrac{mv_\perp^2}{2B} = \dfrac{mv^2}{2} \cdot \dfrac{\sin^2\alpha}{B}$ となる．したがって，外部からのエネルギーが与えられない場合（断熱的），全運動エネルギーも保存されるから，第一断熱不変量に関する保存則は，粒子が $\dfrac{\sin^2\alpha}{B} = \mathrm{const.}$ なる関係を保ちながら，磁力線上を運動する様相を記述することになる．ここで α は，**ピッチ角** (pitch angle) とよばれ，粒子の速度ベクトルと磁場のなす角で与えられる．

例として，赤道上でピッチ角 α_eq をもつ粒子を考えてみよう．この粒子が極域の磁場が強いところに向かって磁力線上を運動するときに，$\dfrac{\sin^2\alpha}{B} = \mathrm{const.}$

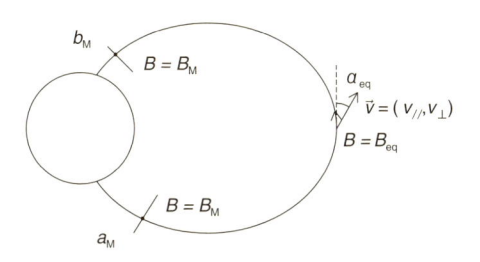

1.1 プラズマの基礎量と物理的記述

図 1.7 荷電粒子の，ミラー点 a_M，b_M 間の沿磁力線往復運動

に従って，そのピッチ角は増加していくが，やがてある場所で $\alpha = 90°$ となる．双極子磁場中では**ミラー力**（mirror force）が働いているため，この点で粒子は反射し磁力線に沿って逆向きに運動を始める．この反射点のことを**ミラー点**（mirror point）とよぶ．ミラー点 a_M, b_M における磁場強度を B_M とすると，第一断熱不変量の保存から $\dfrac{1}{B_M} = \dfrac{\sin^2 \alpha_{eq}}{B_{eq}}$ となり，$\dfrac{B_{eq}}{B_M} = \sin^2 \alpha_{eq}$ なる関係が求められる（図 1.7 参照）．

地球磁気圏においては，磁力線の根本にあたる領域には大気圏，熱圏（第 3 章参照）があり，中性大気の密度が多くなる．このため，粒子が大気や熱圏下部に達すると，中性大気と衝突してその運動エネルギーを失い，ふたたび往復運動することができなくなる．この大気への粒子の降込みは，磁気圏荷電粒子の重要な消失過程である（第 4 章参照）．中性大気と有効的に衝突する高度として，大気もしくは熱圏下部高度付近（通常高度 100 km 付近とされる）に設定されることが多い．この高度の磁場を B_{atm} とすると，この点をミラー点とする粒子の赤道ピッチ角は $\alpha_{loss} = \sin^{-1} \sqrt{\dfrac{B_{eq}}{B_{atm}}}$ で与えられる．このピッチ角よりも小さい赤道ピッチ角の粒子のミラー点は熱圏下部高度以下となるため，粒子は大気と衝突して吸収され，ふたたび往復運動をすることはない．この場合のピッチ角 α_{loss} を赤道における**ロスコーン角**（loss cone angle）という．

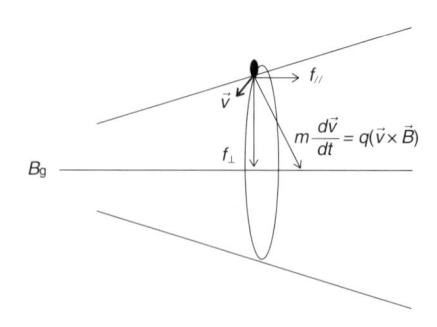

第 1 章 太陽地球圏プラズマの運動論と巨視的記述

図 1.8 ミラー点における荷電粒子の運動とミラー力の発生

荷電粒子がミラー点にあるときにその粒子にはたらく力のうち，旋回中心の磁力線 B_g に垂直な成分 $f_\perp$ は，サイクロトロン運動の向心力になり，平行な成分 $f_{//}$ は，荷電粒子を磁場の弱い磁力線の開いた方向へ向かわせるミラー力となる．

補足：ミラー力について

ミラー点で荷電粒子のピッチ角が 90° となった場合の荷電粒子にかかる力を考える．図 1.8 中の直線は磁力線を示し，中心の磁力線 B_g はサイクロトロン運動をしつつ，磁力線を往復運動する荷電粒子の旋回中心にあたる磁力線である．外部電場がない場合，荷電粒子には (1.33) 式より

$$m\frac{d\vec{v}}{dt} = q(\vec{v} \times \vec{B})$$

なる力がかかるが，旋回中心の磁力線に対して垂直な力の成分 $f_\perp$ はサイクロトロン運動を続ける向心力となり，平行な力の成分 $f_{//}$ は磁力線に沿って荷電粒子が磁場の弱いほうに向かう**ミラー力**（mirror force）となる．

ⓒ 断熱不変量と不変磁気緯度

断熱不変量（adiabatic invariant）とは，外力による仕事のない系において保存される運動（**断熱運動**（adiabatic motion））の**作用積分**（action integral）$\oint p\,dq$ のことをいう．双極子磁場中では，先に述べた第一断熱不変量に加えて，これから述べる第二，第三断熱不変量の 3 つが一般的には保存量となる（詳しくは，Roedere, 1970, Schulz and Lanzerotti, 1974 などを参照されたい）．

(i) 第一断熱不変量磁気モーメント μ

サイクロトロン運動に関する作用積分量は

$$\oint mv_\perp r\,d\theta = \int_0^{2\pi} mv_\perp r\,d\theta = 2\pi r m v_\perp$$

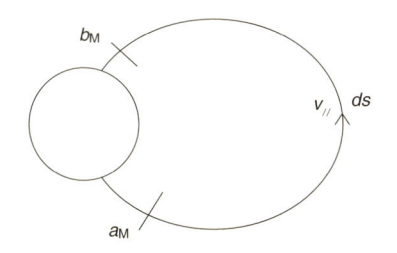

1.1 プラズマの基礎量と物理的記述

図 1.9 ミラー点 a_M, b_M 間の作用積分経路

$$= \frac{2\pi m v_\perp^2}{qB} = 4\pi \frac{m}{q}\mu \qquad \left(r = \frac{m}{qB}v_\perp\right) \tag{1.40}$$

であり，磁気モーメント $\mu = \dfrac{mv_\perp^2}{2B} = \dfrac{\varepsilon_\perp}{B}$ が不変となる．

(ii) 第二断熱不変量（second adiabatic invariant）（L 値の保存）

磁力線に沿った粒子のミラー点 a_M, b_M 間の往復運動を考え，その積分路を図 1.9 のようにとる．

$$J = \int_{a_\mathrm{M}}^{b_\mathrm{M}} mv_{//} ds$$
$$= \int_{a_\mathrm{M}}^{b_\mathrm{M}} \frac{2}{m}(W - \mu B)^{\frac{1}{2}} ds$$

ここで m, W（全エネルギー保存），μ（第一断熱不変量の保存）は定数となるから，この J は B のみの関数として現れる作用積分であり，保存される．このことから第二断熱不変量は，磁力線を記述する量としてよく使用される．不変磁気緯度（マッキルウェインの L 値（McIlwain, 1961, 1966））は，双極子磁場においてミラーポイントの磁気緯度（λ）との間に $L = \dfrac{1}{\cos^2 \lambda}$ なる関係をもって定義される．

(iii) 第三断熱不変量（third adiabatic invariant）

双極子磁場中では，1.1.4 項で示した磁場勾配ドリフト，曲率ドリフトによって，粒子は地球のまわりを取り囲むようなドリフト運動をする．このとき，粒子のドリフト軌道が取り囲む磁束が不変量となり，

$$q\Phi = \oint q\vec{A}\cdot d\vec{s} = \oint q\nabla\times\vec{A}\cdot d\vec{S} = \oint q\vec{B}\cdot d\vec{S}$$

地球を取り囲むドリフト軌道内の磁束が保存量になる．ここで，ストーク

第1章 太陽地球圏プラズマの運動論と巨視的記述

スの定理を用いて,周積分から面積分に変更している.赤道ピッチ角が $90°$ で,磁場勾配ドリフト運動のみをする粒子を考えると,双極子磁場中では,$\Phi = \int_{R_0}^{\infty} B_0 \left(\frac{R_\mathrm{E}}{r}\right)^3 2\pi r \, dr = 2\pi B_0 \frac{R_\mathrm{E}^3}{R_0}$ であり,地球から遠ざかるほど磁束は小さくなる.たとえば μ に対しては,電子の場合サイクロトロン周回時間(磁気圏で約 10^{-4} s),J に対しては磁力線に沿った電子の往復時間 数秒~数十秒などが,第一および第二断熱不変量の成立の目安となる.

また,各不変量と比べて周期運動の特徴的な運動スケール r_a よりも短い長さのスケール(L),すなわち $L < r_\mathrm{a}$ で,背景磁場が空間変化する場合,これらの断熱不変量は保存しない.

このことは,以下のようにして証明される.たとえば,粒子のサイクロトロン半径 r_c よりも短い空間スケールの磁場勾配を横切って,サイクロトロン運動する粒子を考えよう.そのような場合,

$$\frac{r_\mathrm{c}}{L} > 1$$

である.(1.2)式から,粒子の磁場に垂直方向の速度は,

$$v_\perp = \omega_\mathrm{c} r_\mathrm{c}$$

であるから,この両辺を磁場の空間変化の勾配長 L で割ると,

$$\omega = \frac{v_\perp}{L} = \omega_\mathrm{c} \frac{r_\mathrm{c}}{L} > \omega_\mathrm{c}$$

を見いだす.すなわち,旋回運動する粒子のサイクロトロン周波数より,磁場の空間変化に対応する有効周波数のほうが高くなる.したがって,磁場中を旋回運動する粒子の磁気モーメントは,$L < r_\mathrm{c}$ のオーダーの長さで急激に変化する場合,保存されないことになる.

たとえば,第3章で見るようにプラズマシートの磁場は,双極子磁場の状態から大きく引き伸ばされており,イオンのサイクロトロン半径と磁力線の曲率とが同程度のスケールとなる.このため,上記の効果によって第一断熱不変量が保存しなくなり,プラズマシート中でのイオンはピッチ角散乱を起こし(第5章参照),大気へと降り込んでいく.同様の議論が,他の2つの断熱不変量についても考えられる.

1.2 磁気流体力学概論

宇宙空間におけるプラズマの振舞いを取り扱う方法として，プラズマの**運動論**（kinetics）的な記述を基礎とし，ブラソフ（Vlasov）方程式（5.1節参照）とマクスウェル方程式に基づいてプラズマ波動現象や**波動粒子相互作用**（wave-particle interaction）などプラズマの**素過程**（elementary process）を記述する方法がある（第5章参照）．これらの方法は，個々のプラズマ粒子の運動やエネルギーに関して，物理的かつ厳密に理解するうえでは優れているが，地球磁気圏プラズマの構造やダイナミクスといった時間，空間のスケールの大きな問題を取り扱う際には，プラズマ集団を一流体として扱う**磁気流体力学**（magneto–hydrodynamics：MHD）近似に基づく方法が用いられる．このMHD近似で扱うことのできるプラズマ現象は，イオンサイクロトロン運動やイオンプラズマ振動よりもゆっくりとした時間スケールをもち，またデバイ長や熱速度によるイオンサイクロトロン半径よりも，はるかに大きな空間スケールを対象としている．なお，第3章で見るように，環電流粒子や放射線帯粒子のように，磁場の強い内部磁気圏においてエネルギーの高い粒子の運動を議論する場合には，電荷やエネルギーに応じて粒子の運動が異なるため，MHD近似を使うことができないことに注意しよう．

1.2.1 電子およびイオンからなる電磁2流体プラズマの運動方程式

いま，プラズマがイオンおよび電子からなり，比較的ゆっくりとした時間変動をする**ローレンツ力**（Lorentz force）を受けるとして，**磁気流体**（magneto-fluid）の方程式系を考える．

ある点の近傍での平均的物理量を考え，電子，イオンの密度をそれぞれ n_e, n_i として，それぞれ流体としての速度 V_e および V_i をもつとする．すると，それぞれの流体における連続の式，運動方程式（**ナビエ–ストークスの方程式**（Navier-Stokes' equation）），ならびに電子–イオン間の衝突による運動量交換（衝突項）は次のように書き表すことができる．

$$\text{連続の式：} \quad \frac{\partial n_e}{\partial t} + \nabla \cdot (n_e \vec{V}_e) = 0 \tag{1.41}$$

第1章 太陽地球圏プラズマの運動論と巨視的記述

$$\frac{\partial n_i}{\partial t} + \nabla \cdot (n_i \vec{V}_i) = 0 \tag{1.42}$$

運動方程式：
$$n_e m_e \frac{d\vec{V}_e}{dt} = -\nabla p_e - e n_e (\vec{E} + \vec{V}_e \times \vec{B}) + \vec{R} \tag{1.43}$$

$$n_i m_i \frac{d\vec{V}_i}{dt} = -\nabla p_i + Z e n_i (\vec{E} + \vec{V}_i \times \vec{B}) - \vec{R} \tag{1.44}$$

ここで，R は衝突項：$\vec{R} = -n_e m_e (\vec{V}_e - \vec{V}_i) \nu_{ei}$（$\nu_{ei}$ は電子−イオン間の衝突周波数）である．プラズマの運動論的取扱いと根本的に異なるのは，流体の運動として速度場 $V(\vec{r}, t)$ をもって表現する点にある．小体積の流体の運動について，流体速度は座標 $\vec{r}$ と時間 t の関数となるため，オイラー (Euler) の方法に従って，単位体積にはたらく力 $\vec{F}$ は

$$\rho \frac{d\vec{V}(\vec{r}, t)}{dt} = \rho \left[\frac{\partial \vec{V}(\vec{r}, t)}{\partial t} + (\vec{V}(\vec{r}, t) \cdot \nabla) \vec{V}(\vec{r}, t) \right] = \vec{F} \tag{1.45}$$

で表される．したがって運動方程式 (1.43)，(1.44) 式は

$$n_e m_e \left\{ \frac{\partial \vec{V}_e}{\partial t} + (\vec{V}_e \cdot \nabla) \vec{V}_e \right\} = -\nabla p_e - e n_e (\vec{E} + \vec{V}_e \times \vec{B}) + \vec{R} \tag{1.46}$$

$$n_i m_i \left\{ \frac{\partial \vec{V}_i}{\partial t} + (\vec{V}_i \cdot \nabla) \vec{V}_i \right\} = -\nabla p_i + Z e n_i (\vec{E} + \vec{V}_i \times \vec{B}) - \vec{R} \tag{1.47}$$

と表される．

1.2.2 流体運動方程式の一元化と一般化されたオームの法則

すでに述べた流体的な取扱いにおいては，プラズマの全質量密度 ρ_m は

$$\rho_m = n_e m_e + n_i m_i \tag{1.48}$$

である．また，プラズマの平均速度 $\vec{V}$ を

$$\vec{V} = \frac{n_e m_e \vec{V}_e + n_i m_i \vec{V}_i}{\rho_m} \tag{1.49}$$

のように定義すると，プラズマを一流体と近似的にみなして取り扱うことができる．この場合，電荷分布密度 ρ および電流密度 $\vec{J}$ を

$$\rho = -e n_e + Z e n_i \tag{1.50}$$

$$\vec{J} = -e n_e \vec{V}_e + Z e n_i \vec{V}_i \tag{1.51}$$

と定義すると，$(1.41) \times m_\mathrm{e} + (1.42) \times m_\mathrm{i}$ は

$$\frac{\partial \rho_\mathrm{m}}{\partial t} + \nabla \cdot (\rho_\mathrm{m} \vec{V}) = 0 \tag{1.52}$$

$-(1.41) \times e + (1.42) \times Ze$，および $\dfrac{\partial(-en_\mathrm{e} + Zen_\mathrm{i})}{\partial t} + \nabla \cdot (-en_\mathrm{e}\vec{V}_\mathrm{e} + Zen_\mathrm{i}\vec{V}_\mathrm{i}) = 0$ より

$$\frac{\partial \rho}{\partial t} + \nabla \cdot \vec{J} = 0 \tag{1.53}$$

$(1.46)+(1.47)$ は

$$\rho_\mathrm{m} \frac{\partial \vec{V}}{\partial t} + n_\mathrm{e} m_\mathrm{e}(\vec{V}_\mathrm{e} \cdot \nabla)\vec{V}_\mathrm{e} + n_\mathrm{i} m_\mathrm{i}(\vec{V}_\mathrm{i} \cdot \nabla)\vec{V}_\mathrm{i} = -\nabla(p_\mathrm{e} + p_\mathrm{i}) + \rho \vec{E} + \vec{J} \times \vec{B} \tag{1.54}$$

となる．さらに，$m_\mathrm{e} \ll m_\mathrm{i}$，およびプラズマの準中性より $n_\mathrm{e} \cong Zn_\mathrm{i}$，$\Delta n_\mathrm{e} = n_\mathrm{e} - Zn_\mathrm{i}$ とすると

$$\rho_\mathrm{m} = n_\mathrm{i} m_\mathrm{i} \left(1 + \frac{m_\mathrm{e} Z}{m_\mathrm{i}}\right)$$

$$p = p_\mathrm{e} + p_\mathrm{i}$$

$$\begin{aligned}\vec{V} &= \frac{(n_\mathrm{e} m_\mathrm{e} + n_\mathrm{i} m_\mathrm{i})\vec{V}_\mathrm{i} + n_\mathrm{e} m_\mathrm{e}(\vec{V}_\mathrm{e} - \vec{V}_\mathrm{i})}{n_\mathrm{e} m_\mathrm{e} + n_\mathrm{i} m_\mathrm{i}} \\ &= \vec{V}_\mathrm{i} + \frac{m_\mathrm{e} Z n_\mathrm{i}}{n_\mathrm{i}(Z m_\mathrm{e} + m_\mathrm{i})}(\vec{V}_\mathrm{e} - \vec{V}_\mathrm{i}) \\ &\approx \vec{V}_\mathrm{i} + \frac{m_\mathrm{e} Z}{m_\mathrm{i}}(\vec{V}_\mathrm{e} - \vec{V}_\mathrm{i})\end{aligned} \tag{1.55}$$

$$\rho = -e \Delta n_\mathrm{e}$$

$$\vec{J} = -en_\mathrm{e}(\vec{V}_\mathrm{e} - \vec{V}_\mathrm{i})$$

となる．$m_\mathrm{e} \ll m_\mathrm{i}$ より

$$n_\mathrm{e} m_\mathrm{e}(\vec{V}_\mathrm{e} \cdot \nabla)\vec{V}_\mathrm{e} + n_\mathrm{i} m_\mathrm{i}(\vec{V}_\mathrm{i} \cdot \nabla)\vec{V}_\mathrm{i} \approx n_\mathrm{i} m_\mathrm{i}(\vec{V}_\mathrm{i} \cdot \nabla)\vec{V}_\mathrm{i} \approx \rho_\mathrm{m}(\vec{V} \cdot \nabla)\vec{V} \tag{1.56}$$

であるから，(1.55) 式は

$$\rho_\mathrm{m} \left\{\frac{\partial \vec{V}}{\partial t} + (\vec{V} \cdot \nabla)\vec{V}\right\} = -\nabla p + \rho \vec{E} + \vec{J} \times \vec{B} \tag{1.57}$$

となる．

通常，速度項（移流項）は十分に小さく，また $\rho_\mathrm{m}(\vec{V} \cdot \nabla)\vec{V}$ は無視しうるも

のとして，(1.57) 式は線形化されて扱われることが多い．さらに，$\vec{V} - \vec{V_i} = \frac{m_e Z}{m_i}(\vec{V_e} - \vec{V_i}) \approx 0$ となるから $\vec{V_i} = \vec{V}$，すなわち，$\vec{V_e} = \vec{V_i} - \frac{\vec{J}}{en_e} \approx \vec{V} - \frac{\vec{J}}{en_e}$ となる．したがって，運動方程式 (1.46) 式は

$$\vec{E} + \left(\vec{V} - \frac{\vec{J}}{en_e}\right) \times \vec{B} + \frac{\nabla p_e}{en_e} - \frac{\vec{R}}{en_e} = \frac{m_e}{e^2 n_e}\frac{\partial \vec{J}}{\partial t} - \frac{m_e}{e}\frac{\partial \vec{V}}{\partial t} \tag{1.58}$$

となる．また衝突項は

$$\vec{R} = n_e e \left(\frac{m_e \nu_{ei}}{n_e e^2}\right)(-en_e)(\vec{V_e} - \vec{V_i}) = n_e e \eta \vec{J} \tag{1.59}$$

と書いて，$\eta = \frac{m_e \nu_{ei}}{n_e e^2}$ は**比抵抗率**（specific resistance）を表す．したがって，(1.58) 式より準定常状態にて

$$\vec{E} + \left(\vec{V} - \frac{\vec{J}}{en_e}\right) \times \vec{B} + \frac{\nabla p_e}{en_e} - \eta \vec{J} = \frac{m_e}{e^2 n_e}\frac{\partial \vec{J}}{\partial t} - \frac{m_e}{e}\frac{\partial \vec{V}}{\partial t} \cong 0 \tag{1.60}$$

なる関係式が得られる．これを**一般化されたオームの法則**（generalized Ohm's law）とよぶ．また，運動方程式として (1.57) 式を得る．

1.2.3　低周波数域における磁気流体方程式

プラズマがゆっくりとした時間変動をする場合，(1.60) 式にて

$$\frac{\left|\frac{m_e}{e^2 n_e}\frac{\partial \vec{J}}{\partial t}\right|}{\left|\frac{\vec{J}}{en_e} \times \vec{B}\right|} \approx \frac{|-i\omega m_e J|}{eJB} = \frac{\omega}{\Omega_e}, \quad \text{および} \quad \frac{\left|\frac{m_e}{e}\frac{\partial \vec{V}}{\partial t}\right|}{|\vec{V} \times \vec{B}|} \approx \frac{|-i\omega m_e V|}{eVB} = \frac{\omega}{\Omega_e} \tag{1.61}$$

であるから，$\omega \ll \Omega_e$ の時間スケールを考えるとき，これらはゼロとなる．さらに (1.57) 式の $\vec{J} \times \vec{B}$ を用いると，一般化されたオームの法則は (1.60) 式より

$$\vec{E} + \vec{V} \times \vec{B} - \frac{1}{en_e}\nabla p_i - \eta \vec{J} = \frac{\Delta n_e}{n_e}\vec{E} + \frac{m_i}{Ze}\frac{d\vec{V}}{dt} \tag{1.62}$$

となる．さらに (1.62) 式にて

$$\frac{\Delta n_e}{n_e} \ll 1, \quad \frac{\left|\frac{m_i}{Ze}\frac{d\vec{V}}{dt}\right|}{|\vec{V} \times \vec{B}|} \approx \frac{|-i\omega m_i V|}{ZeVB} = \frac{\omega}{\Omega_i}$$

であるから，$\omega \ll \Omega_i$ のとき，オームの法則（Ohm's law）は

$$\vec{E} + \vec{V} \times \vec{B} - \frac{1}{en_e}\nabla p_i = \eta \vec{J} \tag{1.63}$$

となる．

1.2.4 簡略化された磁気流体の方程式系

$\omega \ll \Omega_i$, $\dfrac{\omega}{kc} \ll 1$, およびオームの法則において ∇p_i の項が無視できる場合,

オームの法則： $\quad \vec{E} + \vec{V} \times \vec{B} = \eta \vec{J} \tag{1.64}$

運動方程式： $\quad \rho_\mathrm{m}\left\{\dfrac{\partial \vec{V}}{\partial t} + (\vec{V} \cdot \nabla)\vec{V}\right\} = -\nabla p + \vec{J} \times \vec{B} \tag{1.65}$

マクスウェルの方程式： $\quad \nabla \times \vec{B} = \mu_0 \vec{J} \tag{1.66}$

$$\nabla \times \vec{E} = -\dfrac{\partial \vec{B}}{\partial t} \tag{1.67}$$

磁束の保存： $\quad \nabla \cdot \vec{B} = 0 \tag{1.68}$

連続の式： $\quad \dfrac{\partial \rho_\mathrm{m}}{\partial t} + \nabla \cdot (\rho_\mathrm{m}\vec{V}) = 0$

あるいは $\quad \dfrac{\partial \rho_\mathrm{m}}{\partial t} + \rho_\mathrm{m}\nabla \cdot \vec{V} + (\vec{V} \cdot \nabla)\rho_\mathrm{m} = 0 \tag{1.69}$

の方程式が得られ，これが磁気流体の運動と場の時間発展を記述する方程式系となる．上の方程式系では，未知数の数が方程式の数よりも多いために，方程式を閉じさせるひとつの方法として，圧力を他の物理量で表すことが行われる．ここでは，断熱変化を仮定して $\dfrac{d}{dt}(p\rho_\mathrm{m}^{-\gamma}) = 0$，すなわち $p\rho_\mathrm{m}^{-\gamma} = \mathrm{const.}$ を用いる．ここで γ は**比熱比**（ratio of specific heat）$\left(\gamma = \dfrac{c_\mathrm{p}}{c_\mathrm{v}}\right)$ を表す．（c_p, c_v はそれぞれ定圧比熱，定積比熱とよばれる．統計物理学的な考察は，たとえばランダウ，リフシッツ (1980)『統計物理学 上巻』で参照でき，自由度 3 のとき $\gamma = \dfrac{5}{3}$ となる．）これは

$$\dfrac{\partial \rho m}{\partial t} = \dfrac{\rho m}{\gamma p}\dfrac{\partial p}{\partial t}$$

$$\nabla \rho m = \dfrac{\rho m}{\gamma p}\nabla p$$

を (1.69) 式に代入して

$$\frac{\partial p}{\partial t} + \gamma p \nabla \cdot \vec{V} + (\vec{V} \cdot \nabla)p = 0 \tag{1.70}$$

あるいは，対象としているプラズマが非圧縮性である場合には

$$\nabla \cdot \vec{V} = 0 \tag{1.71}$$

とする場合もある．

ここで，エネルギー保存則についてポインティング・ベクトル（Poynting vector）の発散（divergence）について検討する．(1.66), (1.67) 式のマクスウェル方程式から

$$\nabla \cdot (\vec{E} \times \vec{H}) = \vec{H} \cdot (\nabla \times \vec{E}) - \vec{E} \cdot (\nabla \times \vec{H})$$
$$= \vec{H} \cdot \left(-\frac{\partial \vec{B}}{\partial t}\right) - \vec{E} \cdot \vec{J} = -\frac{1}{2\mu_0}\left(\frac{\partial B^2}{\partial t}\right) - \vec{E} \cdot \vec{J} \tag{1.72}$$

よって

$$\frac{1}{\mu_0}\nabla \cdot (\vec{E} \times \vec{H}) + \frac{\partial}{\partial t}\left(\frac{B^2}{2\mu_0}\right) + \vec{E} \cdot \vec{J} = 0 \tag{1.73}$$

さらに (1.64) 式より

$$\vec{E} \cdot \vec{J} = \eta J^2 + (\vec{J} \times \vec{B}) \cdot \vec{V}$$

におけるローレンツ項は (1.65), (1.69) 式を用いて

$$(\vec{J} \times \vec{B}) \cdot \vec{V} = \frac{\partial}{\partial t}\left(\frac{\rho_\mathrm{m} V^2}{2}\right) + \nabla \cdot \left(\frac{\rho_\mathrm{m} V^2}{2}\right)\vec{V} + \vec{V} \cdot \nabla p \tag{1.74}$$

また，(1.70) 式より，$\frac{\partial p}{\partial t} + (\gamma - 1)p\nabla \cdot \vec{V} = -\nabla \cdot (p\vec{V})$ であるから，次を得る．

$$\vec{V} \cdot \nabla p = \frac{\partial}{\partial t}\left(\frac{p}{\gamma - 1}\right) + \nabla \cdot \left(\frac{p}{\gamma - 1} + p\right)\vec{V} \tag{1.75}$$

したがって，エネルギー保存則は

$$\nabla \cdot (\vec{E} \times \vec{H}) + \frac{\partial}{\partial t}\left(\frac{\rho_\mathrm{m} V^2}{2} + \frac{p}{\gamma - 1} + \frac{B^2}{2\mu_0}\right) + \eta J^2$$
$$+ \nabla \cdot \left(\frac{\rho_\mathrm{m} V^2}{2} + \frac{p}{\gamma - 1} + p\right)\vec{V} = 0 \tag{1.76}$$

となる．

運動方程式 (1.65) 式において，$\vec{J} \times \vec{B} = \frac{1}{\mu_0}(\nabla \times \vec{B}) \times \vec{B} = \frac{1}{\mu_0}(\vec{B} \cdot \nabla)\vec{B} - \nabla\left(\frac{B^2}{2\mu_0}\right)$ であるから

$$\rho_\mathrm{m}\frac{d\vec{V}}{dt} = -\nabla\left(p + \frac{B^2}{2\mu_0}\right) + \frac{1}{\mu_0}(\vec{B} \cdot \nabla)\vec{B} \tag{1.77}$$

が得られる．したがって，プラズマの加速度運動は，(1.77) 式の右辺第 1 項のプラズマと磁場の**圧力勾配力**（pressure gradient force），および第 2 項の**磁気張力**（magnetic field tension）によってひき起こされることがわかる．

1.2.5　磁場の凍結（frozen-in）

磁場の時間発展の式は，マクスウェルの方程式 (1.66), (1.67) 式，およびオームの法則 (1.64) 式より

$$\frac{\partial \vec{B}}{\partial t} = \nabla \times (\vec{V} \times \vec{B}) - \eta(\nabla \times \vec{J})$$

$$= \nabla \times (\vec{V} \times \vec{B}) + \frac{\eta}{\mu_0}\nabla^2 \vec{B}$$

（ベクトル解析の公式と $\nabla \cdot \vec{B} = 0$ より $\nabla \times (\nabla \times \vec{B}) = -\nabla^2 \vec{B}$ であるから）

$$= -(\vec{V} \cdot \nabla)\vec{B} - \vec{B}(\nabla \cdot \vec{V}) + (\vec{B} \cdot \nabla)\vec{V} + \frac{\eta}{\mu_0}\nabla^2 \vec{B} \tag{1.78}$$

が得られる．ここで，(1.78) 式の最後の項は，磁場の拡散（散逸）を表す式となる．

いま，$\frac{\eta}{\mu_0} = v_\mathrm{m}$ と定義し，これを**磁気粘性率**（magnetic viscosity）とよぶ．ここで $\eta = \frac{m_\mathrm{e} v_\mathrm{ei}}{n_\mathrm{e} e^2}$ は比抵抗率である．$\eta = 0$，すなわちプラズマが完全伝導性をもつとき，ヘルムホルツ（Helmholtz）の渦定理との式の相似性から，磁力線は失われることなくプラズマ流体とともに動くことになる．Alfvén はこれを「**磁場の凍結**（frozen-in）」とよび，MHD 近似が成立する場合には，プラズマと磁力線が一体となって動く運動として理解されている．また，(1.78) 式における右辺の第 2 項（対流項と拡散項）の比を

$$\frac{|\nabla \times (\vec{V} \times \vec{B})|}{\left|\frac{\eta}{\mu_0}\nabla\vec{B}\right|} \approx \frac{VB/L}{(B/L^2)(\eta/\mu_0)} = \frac{\mu_0 V L}{\eta} \equiv R_\mathrm{m} \tag{1.79}$$

と定義して，**磁気レイノルズ数**（magnetic Reynolds' number）とよぶ．ただし，L はプラズマ中の代表的なスケールサイズを表す．この値は，あるスケールに対する磁気拡散時間 $\left(\tau_\mathrm{R} = \dfrac{\mu_0 L^2}{\eta}\right)$ と，1.2.8 項で述べる**アルフヴェン波**（Alfvén wave）の通過時間 $\left(\tau_\mathrm{H} = \dfrac{L}{v_\mathrm{A}}\right)$ の比に等しい大きさとなり，$R_\mathrm{m} = \dfrac{\tau_\mathrm{R}}{\tau_\mathrm{H}}$ と表される．$R_\mathrm{m} \ll 1$ のとき，(1.78) 式において磁場の拡散項が支配的になるために，磁場の時間発展は拡散方程式に従って変化する．一方，$R_\mathrm{m} \gg 1$ のとき，磁力線がプラズマに凍り付いて動くことになる．上に論じたように，磁場の凍結（frozen-in）はプラズマが損失のない完全導体の条件を満たす場合に得られる性質である．この場合，(1.64) 式のオームの法則からは

$$\vec{E} + \vec{V} \times \vec{B} = \eta \vec{J} = 0$$

が成り立ち，これは，磁力線を横切りながらプラズマが運動する場合，

$$\vec{E} = -\vec{V} \times \vec{B}$$

なる電場を伴っていることを示している．ミクロプロセスに起因する等価衝突まで考慮すると，宇宙空間のプラズマが衝突のない理想的な完全伝導性をもつことは難しいが，「磁場の凍結」を仮定して磁気圏の巨視的なプラズマの構造やダイナミクスを理解する議論がよく行われている．

1.2.6　プラズマの圧力平衡

平衡状態のプラズマは，運動方程式 (1.65) 式にて時間全微分項を $\dfrac{d\vec{V}}{dt} = 0$ として得られる．このとき，(1.65) 式については次式のようになり，圧力勾配力がローレンツ力とつりあって，平衡状態を維持していることがわかる．

$$\nabla p = \vec{J} \times \vec{B} \tag{1.80}$$

ここで，$\vec{B}$ との内積を取ると，

$$\vec{B} \cdot \nabla p = 0 \tag{1.81}$$

同様に

$$\vec{J} \cdot \nabla p = 0 \tag{1.82}$$

である．(1.80) 式は磁力線と圧力勾配が直交することを示す（等圧面と磁気面の一致）．(1.66) 式を (1.80) 式に代入することで $\mu_0 \nabla p = (\nabla \times \vec{B}) \times \vec{B}$ を得るが，これは，ベクトル演算の公式 $\vec{a} \times (\nabla \times \vec{b}) = \nabla(\vec{a} \cdot \vec{b}) - (\vec{a} \cdot \nabla)\vec{b} - (\vec{b} \cdot \nabla)\vec{a} - \vec{b} \times (\nabla \times \vec{a})$ を用いることで，

$$\nabla p = -\frac{\vec{B} \times (\nabla \times \vec{B})}{\mu_0} = \frac{1}{2\mu_0}\{\nabla B^2 - 2(\vec{B} \cdot \nabla)\vec{B}\}$$

$$= -\frac{1}{2\mu_0}\nabla B^2 + \frac{1}{\mu_0}(\vec{B} \cdot \nabla)\vec{B}$$

すなわち

$$\nabla\left(p + \frac{1}{2\mu_0}B^2\right) = \frac{1}{\mu_0}(\vec{B} \cdot \nabla)\vec{B} \tag{1.83}$$

いま，$\vec{B} = B\vec{b}$（$\vec{b}$ は磁力線方向の単位ベクトル）とするとき，

$$(\vec{B} \cdot \nabla)\vec{B} = B^2\left[(\vec{b} \cdot \nabla)\vec{b} + \vec{b}\left(\frac{(\vec{b} \cdot \nabla)B}{B}\right)\right] \tag{1.84}$$

は磁力線の曲率半径 R，半径方向の単位ベクトル $\vec{n}$，ならびに磁力線に沿う長さ l を用いて

$$(\vec{B} \cdot \nabla)\vec{B} = B^2\left[-\frac{\vec{n}}{R} + \vec{b}\left(\frac{\partial B}{\partial l} \Big/ B\right)\right] \tag{1.85}$$

となる．したがって，磁気張力が十分に小さい場合には，

$$\nabla\left(p + \frac{B^2}{2\mu_0}\right) \approx 0 \tag{1.86}$$

となり，プラズマと磁場の圧力勾配がつりあっていることになる．

ここで，図 1.10 (a) のようにプラズマが円柱状に外部磁場 B_0 により閉じ込められる状況を考えると，

$$p + \frac{B^2}{2\mu_0} \approx \frac{B_0^2}{2\mu_0} \tag{1.87}$$

である．図 1.10(b) のように**磁気圧**（magnetic pressure）と**プラズマ圧**（plasma pressure）の平衡が保たれることになる．

一般に，プラズマの圧力 p と外部磁気圧 $\frac{B_0^2}{2\mu_0}$ の比を**ベータ比**（beta ratio/plasma beta）として

$$\beta \equiv \frac{p}{B_0^2/2\mu_0} \tag{1.88}$$

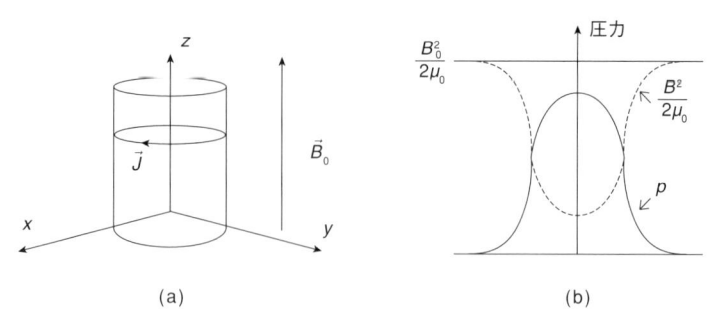

第 1 章 太陽地球圏プラズマの運動論と巨視的記述

図 1.10 プラズマ圧力平衡
(a) プラズマ柱を閉じ込める座標と電流，(b) プラズマ圧と磁気圧の分布．

で表す．ベータ比はプラズマ閉込めの効率を表すパラメータとしてよく用いられる．

上のベータ比の定義によれば $\beta \leq 1$ であるが，磁気圏などの宇宙空間プラズマについては，外部磁場 B_0 を計ることが困難なため，測定点のプラズマ圧 p と同じ場所における磁気圧 $\dfrac{B^2}{2\mu_0}$ との比

$$\beta \equiv \frac{p}{B^2/2\mu_0} \tag{1.89}$$

にてベータ比として定義し，これを用いることが多い．第 3 章で示すように，(1.89) 式で表す β の値は，磁気圏の領域を特徴づける量としても用いられている．

1.2.7 プラズマの流れと動圧

前節では，動きのないプラズマの圧力平衡を論じたが，質量密度 ρ のプラズマの流れが壁に直角に衝突する場合に壁に及ぼす単位面積あたりの力（圧力）を考えてみる．これは太陽風が惑星電磁圏に衝突して，地球の磁気圏境界面（3.1.3 項参照）や金星のイオノポーズ（6.3 節参照）を形成する場合の圧力バランスを考える場合に該当する．

図 1.11 にあるように，プラズマの流れが左方より速度 $\vec{V}$ で流入し，壁に衝突して速度を失うとする．このときの運動量の変化は，$-\rho \vec{V}$ である．単位面積あたり，単位時間あたりに衝突して作用する体積が V であるから，単位時間に発生する運動量変化は，$V \times \rho V = \rho V^2$ となる．これを力積と考えれば，力は単位

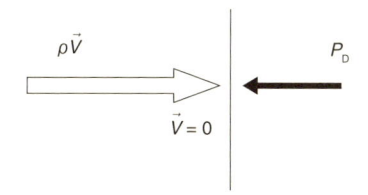

図 1.11 プラズマの流れ

プラズマの流れが左方より速度 $\vec{V}$ で注入し壁に衝突して速度を失うとする．このときの運動量の変化は，$-\rho\vec{V}$ である．このとき壁を支えるのに必要な圧力を動圧 p_D とする．

面積あたり ρV^2 となり，これを速度 $\vec{V}$ のプラズマの流れがもつ**動圧**（dynamic pressure）p_D とみなすことができる．プラズマの動圧 ρV^2 に対して，これを支える圧力 p_D はプラズマ圧，磁気圧，あるいはこれらの和によりもたらされる場合が多い．

1.2.8 アルフヴェン波・磁気音波

磁気流体を媒質として伝搬するプラズマ波動に，**アルフヴェン波**（Alfvén wave）がある．アルフヴェン波は，磁気流体を記述してきた仮定から，波長スケールが長く，周波数の低いことを特徴とする．その成り立ちを見てみよう．まず，磁気流体の方程式系を線形化する．ここで，1 の添え字が付く量を 1 次の微小量とする．

$$\begin{aligned}
\rho_\mathrm{m} &= \rho_\mathrm{m0} + \rho_\mathrm{m1} \\
p &= p_0 + p_1 \\
\vec{V} &= 0 + \vec{V}_1 \\
\vec{B} &= \vec{B}_0 + \vec{B}_1 \\
\vec{J} &= 0 + \vec{J}_1
\end{aligned} \tag{1.90}$$

さらに，$\eta = 0$（比抵抗率がゼロ，すなわち完全電離無衝突の凍結プラズマ）を仮定する．このとき

連続の式 (1.69)式：$\dfrac{\partial \rho_\mathrm{m1}}{\partial t} + \nabla \cdot (\rho_\mathrm{m0} \vec{V}_1) = 0$ （1.91）

運動方程式 (1.65)式：$\rho_\mathrm{m0} \dfrac{\partial \vec{V}_1}{\partial t} + \nabla p_1 = \vec{J}_1 \times \vec{B}_0$ （1.92）

状態方程式 (1.70)式: $\dfrac{\partial p_1}{\partial t} + \gamma p_0 \nabla \cdot \vec{V}_1 + (\vec{V}_1 \cdot \nabla) p_0 = 0$ (1.93)

磁気拡散方程式 (1.78)式: $\dfrac{\partial \vec{B}_1}{\partial t} = \nabla \times (\vec{V}_1 \times \vec{B}_0)$ (1.94)

空間変位について，平衡状態での位置 $\vec{r}_0$ からの変位を $\vec{\xi}(\vec{r}_0, t)$ とすると，$\vec{\xi}(\vec{r}, t) = \vec{r} - \vec{r}_0$ と表されるため，$\vec{V}_1 = \dfrac{d\vec{\xi}}{dt} \approx \dfrac{\partial \vec{\xi}}{\partial t}$ である．これより (1.94) 式および (1.91) 式は

$$\vec{B}_1 = \nabla \times (\vec{\xi} \times \vec{B}_0) \tag{1.95}$$

$$\rho_{m1} + \nabla \cdot (\rho_{m0} \vec{\xi}) = 0 \tag{1.96}$$

マクスウェル方程式は

$$\nabla \times \vec{B}_0 = \mu_0 \vec{J}_0 \tag{1.97}$$

$$\nabla \times \vec{B}_1 = \mu_0 \vec{J}_1 \tag{1.98}$$

これらを用いて，(1.92) 式は

$$\rho_{m0} \dfrac{\partial^2 \vec{\xi}}{\partial t^2} = \nabla(\gamma p_0 \nabla \cdot \vec{\xi}) + \vec{J}_1 \times \vec{B}_0$$

$$\rho_{m0} \dfrac{\partial^2 \vec{\xi}}{\partial t^2} = \nabla(\gamma p_0 \nabla \cdot \vec{\xi}) + \dfrac{1}{\mu_0}(\nabla \times \vec{B}_1) \times \vec{B}_0 \tag{1.99}$$

ここで，$\vec{B}_0$, p_0 は時間，空間的に一定であるとしていることに注意しよう．さらに，

$$(\vec{\xi} \cdot \nabla) p_0 = 0$$

$$(\nabla \times \vec{B}_0) = 0$$

となるため，(1.95) 式を用いると

$$\rho_{m0} \dfrac{\partial^2 \vec{\xi}}{\partial t^2} = \nabla\{\gamma p_0 \nabla \cdot \vec{\xi}\} + \dfrac{1}{\mu_0} \nabla \times (\nabla \times (\vec{\xi} \times \vec{B}_0)) \times \vec{B}_0 \tag{1.100}$$

(1.95) 式にて，$\vec{\xi}(\vec{r}, t) = \vec{\xi}_1 \exp i(\vec{k} \cdot \vec{r} - \omega t)$ とおくことにより，(1.96) 式は

$$-\omega^2 \rho_{m0} \vec{\xi}_1 + \vec{k}(\gamma p_0 \vec{k} \cdot \vec{\xi}_1) - \dfrac{1}{\mu_0} \vec{B}_0 \times (\vec{k} \times (\vec{k} \times (\vec{\xi}_1 \times \vec{B}_0))) = 0 \tag{1.101}$$

$\vec{a} \times (\vec{b} \times \vec{c}) = \vec{b}(\vec{a} \cdot \vec{c}) - \vec{c}(\vec{a} \cdot \vec{b})$ であるから

1.2 磁気流体力学概論

$$\vec{c} \times (\vec{a} \times (\vec{a} \times (\vec{b} \times \vec{c}))) = \vec{c} \times \{\vec{a} \times \{\vec{b}(\vec{a} \cdot \vec{c}) - \vec{c}(\vec{a} \cdot \vec{b})\}\}$$
$$= \vec{c} \times \{\vec{a} \times (\vec{b}(\vec{a} \cdot \vec{c}))\} - \vec{c} \times \{\vec{a} \times (\vec{c}(\vec{a} \cdot \vec{b}))\}$$
$$= \lfloor \vec{a}\{(\vec{c} \cdot \vec{b})(\vec{a} \cdot \vec{c})\} - \vec{b}\{(\vec{a} \cdot \vec{c})(\vec{c} \cdot \vec{a})\} \rfloor$$
$$- \lfloor \vec{a}\{(\vec{c} \cdot \vec{c})(\vec{a} \cdot \vec{b})\} - \vec{c}\{(\vec{a} \cdot \vec{b})(\vec{a} \cdot \vec{c})\} \rfloor$$

よって，

$$\vec{B}_0 \times (\vec{k} \times (\vec{k} \times (\vec{\xi}_1 \times \vec{B}_0)))$$
$$= \vec{k}\{(\vec{B}_0 \cdot \vec{\xi}_1)(\vec{k} \cdot \vec{B}_0)\} - \vec{\xi}_1\{(\vec{k} \cdot \vec{B}_0)(\vec{B}_0 \cdot \vec{k})\}$$
$$- \vec{k}\{(\vec{B}_0 \cdot \vec{B}_0)(\vec{k} \cdot \vec{\xi}_1)\} + \vec{B}_0\{(\vec{k} \cdot \vec{\xi}_1)(\vec{k} \cdot \vec{B}_0)\}$$
$$= \vec{k}(\vec{B}_0 \cdot \vec{\xi}_1)(\vec{k} \cdot \vec{B}_0) - \vec{\xi}_1(\vec{k} \cdot \vec{B}_0)^2 - \vec{k}B_0^2(\vec{k} \cdot \vec{\xi}_1) + \vec{B}_0(\vec{k} \cdot \vec{\xi}_1)(\vec{k} \cdot \vec{B}_0)$$

また，(1.101) 式は

$$-\omega^2 \mu_0 \rho_{m0} \vec{\xi}_1 + \gamma \mu_0 p_0 \vec{k}(\vec{k} \cdot \vec{\xi}_1) - \vec{k}(\vec{B}_0 \cdot \vec{\xi}_1)(\vec{k} \cdot \vec{B}_0)$$
$$+ \vec{\xi}_1(\vec{k} \cdot \vec{B}_0)^2 + \vec{k}B_0^2(\vec{k} \cdot \vec{\xi}_1) - \vec{B}_0(\vec{k} \cdot \vec{\xi}_1)(\vec{k} \cdot \vec{B}_0) = 0$$

よって，

$$\{(\vec{k} \cdot \vec{B}_0)^2 - \omega^2 \mu_0 \rho_{m0}\}\vec{\xi}_1 + \{(B_0^2 + \gamma \mu_0 p_0)\vec{k} - (\vec{k} \cdot \vec{B}_0)\vec{B}_0\}(\vec{k} \cdot \vec{\xi}_1)$$
$$- \vec{k}(\vec{B}_0 \cdot \vec{\xi}_1)(\vec{k} \cdot \vec{B}_0) = 0 \qquad (1.102)$$

ここで，$\hat{k} \equiv \dfrac{\vec{k}}{k}$, $\hat{b} \equiv \dfrac{\vec{B}_0}{B_0}$, $V \equiv \dfrac{\omega}{k}$, $v_A \equiv \dfrac{B_0^2}{\mu_0 \rho_{m0}}$, $\beta \equiv p_0 \Big/ \dfrac{B_0^2}{2\mu_0}$, $\cos\theta \equiv (\hat{k} \cdot \hat{b})$ とすると

$$\left(\cos^2\theta - \frac{V^2}{v_A^2}\right)\vec{\xi}_1 + \left\{\left(1 + \frac{\gamma\beta}{2}\right)\hat{k} - \hat{b}\cos\theta\right\}(\hat{k} \cdot \vec{\xi}_1) - \cos\theta(\hat{b} \cdot \vec{\xi}_1)\hat{k} = 0 \qquad (1.103)$$

(1.103) 式の成分ごとに成り立つ関係式を求めると

(i) $\{(1.103) \cdot \hat{k}\}$ より

$$\left(\cos^2\theta - \frac{V^2}{v_A^2}\right)(\hat{k} \cdot \vec{\xi}_1) + \left\{\left(1 + \frac{\gamma\beta}{2}\right)(\hat{k} \cdot \hat{k}) - (\hat{b} \cdot \hat{k})\cos\theta\right\}(\hat{k} \cdot \vec{\xi}_1)$$
$$- \cos\theta(\hat{b} \cdot \vec{\xi}_1)(\hat{k} \cdot \hat{k}) = 0$$

これより

$$\left(\cos^2\theta - \frac{V^2}{v_\mathrm{A}^2}\right)(\vec{\xi}_1 \cdot \hat{b}) + \left\{\left(1 + \frac{\gamma\beta}{2}\right)\cos\theta - \cos\theta\right\}(\hat{k}\cdot\vec{\xi}_1) - \cos\theta(\vec{\xi}_1\cdot\hat{b}) = 0$$

すなわち

$$\left(1 + \frac{\gamma\beta}{2} - \frac{V^2}{v_\mathrm{A}^2}\right)(\hat{k}\cdot\vec{\xi}_1) - \cos\theta(\hat{b}\cdot\vec{\xi}_1) = 0 \tag{1.104}$$

(ii) $\{(1.103\cdot\hat{b})\}$ より

$$\left(\cos^2\theta - \frac{V^2}{v_\mathrm{A}^2}\right)(\vec{\xi}_1 \cdot \hat{b}) + \left\{\left(1 + \frac{\gamma\beta}{2}\right)\cos\theta - \cos\theta\right\}(\hat{k}\cdot\vec{\xi}_1) - \cos^2\theta(\vec{\xi}_1\cdot\hat{b})$$
$$= 0$$

すなわち

$$-\frac{V^2}{v_\mathrm{A}^2}(\hat{b}\cdot\vec{\xi}_1) + \frac{\gamma\beta}{2}\cos\theta(\hat{k}\cdot\vec{\xi}_1) = 0 \tag{1.105}$$

(iii) $\{(1.103)\times\hat{k}\}$ より

$$\left(\cos^2\theta - \frac{V^2}{v_\mathrm{A}^2}\right)(\vec{\xi}_1\cdot\hat{k}) - \cos\theta(\hat{k}\cdot\vec{\xi}_1)\hat{b}\times\hat{k} + \cos\theta(\hat{k}\cdot\vec{\xi}_1)\hat{b}\times\hat{k} = 0$$

すなわち

$$\left(\cos^2\theta - \frac{V^2}{v_\mathrm{A}^2}\right)(\vec{\xi}_1\cdot\hat{k}) = 0 \tag{1.106}$$

を得る．

(1.104)，(1.105)，(1.106) 式を満足する解のひとつは

$$V^2 = v_\mathrm{A}^2\cos^2\theta$$

かつ $(\hat{k}\cdot\vec{\xi}_1) = 0$，および $(\hat{b}\cdot\vec{\xi}_1) = 0 \tag{1.107}$

($\vec{\xi}_1$ が $\vec{B}_0$ と $\vec{k}$ とに直交している)

であり，シア・アルフヴェン波 (shear Alfvén wave) あるいは torsional Alfvén wave とよばれる (5.4.7 項参照)．もうひとつの解は，圧縮モードアルフヴェン波 (compressional Alfvén wave) であり，

$(1.104)\times\dfrac{V^2}{v_\mathrm{A}^2} - (1.105)\times\cos\theta$ より

$$\left(\frac{V}{v_\mathrm{A}}\right)^4 - \left(1 + \frac{\gamma\beta}{2}\right)\left(\frac{V}{v_\mathrm{A}}\right)^2 + \frac{\gamma\beta}{2}\cos^2\theta = 0 \tag{1.108}$$

かつ $\vec{B}_0 \cdot (\vec{k} \times \vec{\xi}_1) = 0$ ($\vec{B}_0$ と $\vec{k}$ と $\vec{\xi}_1$ が同一平面にある) である.

音速を $c_s^2 = \dfrac{\gamma p_0}{\rho_{m0}} = \dfrac{\gamma \beta}{2} v_A^2$ とすると,(1.108) 式は

$$V^4 - (v_A^2 + c_s^2)V^2 + v_A^2 c_s^2 \cos^2 \theta = 0 \tag{1.109}$$

$\left(\text{ここで } V \equiv \dfrac{\omega}{k} \text{ は位相速度を表していることに注意}\right)$

となる.したがって (1.109) 式の解として圧縮モードアルフヴェン波の**速進波**(fast mode)

$$V_F^2 = \frac{1}{2}\left((v_A^2 + c_s^2) + \sqrt{(v_A^2 + c_s^2)^2 - 4v_A^2 c_s^2 \cos^2 \theta}\right) \tag{1.110}$$

および,**遅進波**(slow mode)

$$V_S^2 = \frac{1}{2}\left((v_A^2 + c_s^2) - \sqrt{(v_A^2 + c_s^2)^2 - 4v_A^2 c_s^2 \cos^2 \theta}\right) \tag{1.111}$$

が得られる.さらに $\theta \to 0$ において (1.110),(1.111) 式 は

$$V_F^2 = \frac{1}{2}\left((v_A^2 + c_s^2) + \sqrt{(v_A^2 - c_s^2)^2}\right) = \begin{cases} v_A^2 \ (v_A > c_s) \\ c_s^2 \ (v_A < c_s) \end{cases} \tag{1.112}$$

$$V_S^2 = \frac{1}{2}\left((v_A^2 + c_s^2) - \sqrt{(v_A^2 + c_s^2)^2}\right) = \begin{cases} c_s^2 \ (v_A > c_s) \\ v_A^2 \ (v_A < c_s) \end{cases} \tag{1.113}$$

と書けることから,$v_A > c_s$ あるいは $v_A < c_s$ の条件により,伝搬の性質が異なってくる.すなわち,図 1.12 に示すように $\theta \to 0$ において位相速度が V_A に近づくものを Modified アルフヴェン波,c_s に近づくものを**磁気音波**(magnetosonic wave)とよんでいる.

1.2.9 磁気リコネクション

Ⓐ 磁気リコネクションの概念

磁気リコネクション(**磁気再結合**(magnetic reconnection))は,太陽面や地球**磁気圏境界面**(magnetopause),**磁気圏尾**(magnetotail)で,プラズマの混合と分離,輸送,加速を担う重要なプラズマ過程である.

磁気リコネクションがどのように進行するかを示したのが,図 1.13 である.逆向きの磁場をもつプラズマが近接した場合,その間にはシート状の電流が流

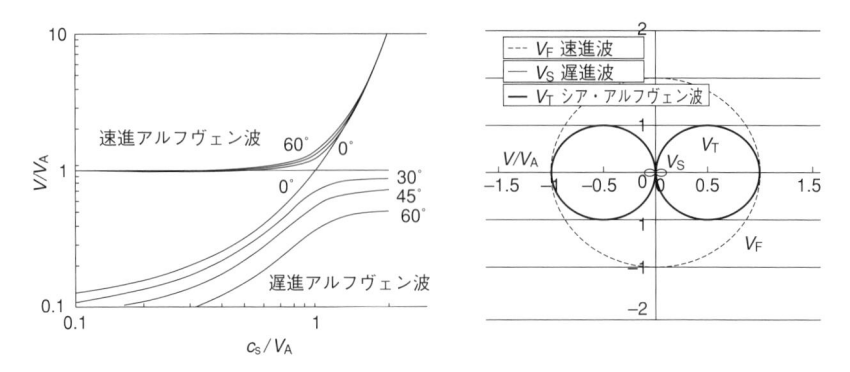

第 1 章　太陽地球圏プラズマの運動論と巨視的記述

図 1.12　シア・アルフヴェン波および圧縮モードアルフヴェン波の速進波ならびに遅進波の分散曲線．$c_\mathrm{s} = 0.1 V_\mathrm{A}$ とした．

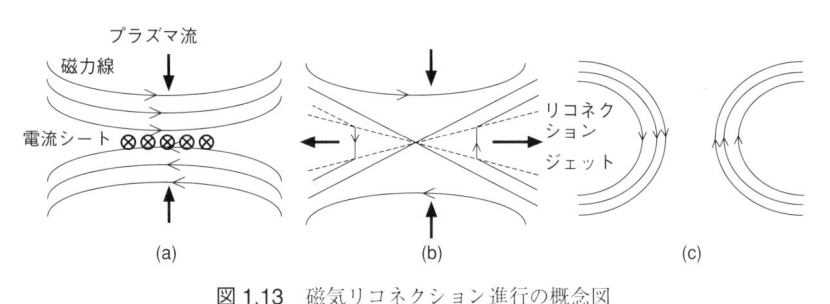

図 1.13　磁気リコネクション進行の概念図
（a）リコネクション前，（b）リコネクション中，（c）リコネクション後．

れる．電流を流すプラズマに抵抗成分が発生すると，そこでは磁場の拡散が発生して磁力線のつなぎ替え（リコネクション）が発生する．その結果，図 1.13 の (b)，(c) のように磁力線の形状が変わることになる．磁気リコネクションの進行プロセスを定量的に理解することは，太陽磁場がエネルギーを解放してどのように太陽コロナ域でフレアを発生させるか（第 2 章），または磁気圏でどのように磁場の構造が変化し（第 3 章），さらには高エネルギー粒子の加速が起こるか（第 5 章）を考えるうえで重要である．

　磁気リコネクションの基本的なモデルとしてスウィート–パーカー（Sweet-Parker）モデルとペチェック（Petschek）モデルの 2 通りのモデルが議論されている．

1.2 磁気流体力学概論

Ⓑ スウィート–パーカーモデルとペチェックモデル

Sweet (1958) と Parker (1957) は,図 1.14 のモデルにより,磁気リコネクションによる磁気エネルギー解放の時間スケールを検討した.

電流シートの厚みを w,その長さを L とし,電流シートに向かうプラズマの流れを v_i とすると,磁場の時間発展は (1.78) 式

$$\frac{\partial \vec{B}}{\partial t} = \nabla \times (\vec{v}_i \times \vec{B}) + \frac{\eta \nabla^2 \vec{B}}{\mu_0} \tag{1.114}$$

において定常状態を考えると,

$$\frac{v_i B}{w} = \eta \frac{B}{\mu_0 w^2} \tag{1.115}$$

となるため

$$v_i = \frac{\eta}{\mu_0 w} \tag{1.116}$$

が得られる.

(1.116) 式のように得られる v_i はインフローの速度とよばれるが,この速さはリコネクションの進行する速度を表すものとみることができ,この値をプラズマが流入する上流側のアルフヴェン速度で規格化した値 (v_i/v_A) は,リコネクション率ともよばれる.リコネクション率は,厳密に単位時間あたりにつなぎ替わる磁束によって定義されるが,この速さは,

$$\frac{d\Phi}{dt} = B v_i L \tag{1.117}$$

となる(ここで,L は電流シートの幅である).L で割って単位シート幅あたりのリコネクション率を求めると,

$$\frac{d\Phi}{dt}/L = B v_i \tag{1.118}$$

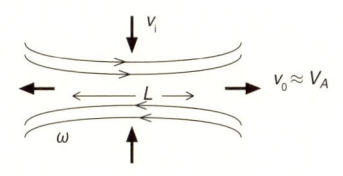

図 1.14 磁気リコネクションのよる磁気エネルギー解放の概念

となる．次に，図 1.14 に v_0 と表されているアウトフローについて考える．プラズマの質量保存を考えると

$$v_\mathrm{i} L = v_0 w \tag{1.119}$$

が成り立つ．電流シート内の圧力を p_i，外の圧力を p_0 とし，この圧力差によりプラズマが両側に加速されるとすると，

$$p_\mathrm{i} - p_0 = \frac{1}{2}\rho v_0^2$$

と書くことができる．電流シートの中央では磁気圧がゼロとなるから，プラズマの圧力平衡の (1.86) 式から

$$p_\mathrm{i} - p_0 = \frac{B_0^2}{2\mu_0}$$

よって $\dfrac{B_0^2}{2\mu_0} = \dfrac{1}{2}\rho v_0^2$，すなわち

$$\frac{B_0^2}{\mu_0 \rho} = v_0^2$$
$$v_0 = \frac{B_0}{(\mu_0 \rho)^{1/2}} \equiv v_\mathrm{A} \tag{1.120}$$

となり，アウトフローの速さはアルフヴェン速度に一致する．

(1.119) 式に (1.116) 式を適用してインフローの速さを求めると

$$v_\mathrm{i} = \frac{w}{L} v_\mathrm{A} = \frac{\eta}{v_\mathrm{i} \mu_0 L} v_\mathrm{A}$$

となる．ここで磁気レイノルズ数を $R_\mathrm{m} = \dfrac{\mu_0 L v_\mathrm{i}}{\eta}$ で定義すると

$$v_\mathrm{i} = \frac{v_\mathrm{A}}{R_\mathrm{m}} \tag{1.121}$$

と表すことができる．

リコネクションに伴うエネルギー解放率は，$L \times L \times L$ の体積空間内の磁気エネルギーが，リコネクションによって解放される時間を評価することによって導かれる．厚さ L の領域が速さ v_i で薄くなると考えることができるから，磁気エネルギーが解放される速さは

$$\frac{dE_\mathrm{m}}{dt} = \frac{B^2}{2\mu_0} v_\mathrm{i} L^2 \tag{1.122}$$

となる．この解放によって L^3 の体積空間の磁気エネルギーがすべて解放されてしまう時間（エネルギー開放時間）は，

$$t_{\text{rec}} = \frac{1}{2}\frac{L}{v_{\text{i}}}$$

となる．時間スケールの単位として，距離 L をアルフヴェン波の速度で伝播するのに要する時間（**アルフヴェン波の伝搬時間**: Alfvén transit time）を $t_{\text{A}} = L/v_{\text{A}}$ と定義すると

$$t_{\text{rec}} = \frac{1}{2}\frac{t_{\text{A}}}{M_{\text{A}}}$$

ここで M_{A} は，$M_{\text{A}} = \frac{v_{\text{i}}}{v_{\text{A}}}$（インフローのアルフヴェンマッハ数）であり，リコネクション率に等しい．これを用いて，

$$\frac{t_{\text{rec}}}{t_{\text{A}}} = \frac{1}{2M_{\text{A}}} \tag{1.123}$$

と無次元化して，エネルギー解放時間を考えることができる．ここで，太陽コロナでの磁気拡散時間 t_{D} を考えると，

$$t_{\text{D}} = \frac{\mu_0 L^2}{\eta_{\text{R}}}$$

と表されるがここで η_{R} はスピッツァー（Spitzer）の比抵抗率（Spitzer, 1969）

$$\eta_{\text{R}} = 6.53 \times 10^5 \frac{\ln \Lambda}{T^{-3/2}}$$

（ここで $\ln \Lambda$ はクーロン（Coulomb）対数（Spitzer, 1969））であり，太陽コロナ大気のプラズマパラメータ $L = 10^7$ m, $T = 10^6$ K, $n_{\text{e}} = 10^{15}$ m^{-3} をあてはめると，t_{p} は 10^{10} s 程度と見積もられる．

ここで，(1.121)，(1.123) 式と，磁気レイノルズ（Reynolds）数と磁気拡散係数との関係（1.79）式を用いて，スウィート–パーカーモデルの場合のエネルギー解放時間（t_{SP}）を表すと，

$$t_{\text{SP}} = (R_{\text{m}})^{1/2} t_{\text{A}} = (t_{\text{D}} t_{\text{A}})^{1/2} = (R_{\text{m}})^{-1/2} t_{\text{D}}$$

となる．この値を，太陽フレアに適用した場合，エネルギー解放時間は非現実的な長さ（10^7 s 程度）になってしまい，現実的なフレアの時間とはかけ離れてしまう点が指摘されていた．この欠点を解消するモデルとして，次に述べるペ

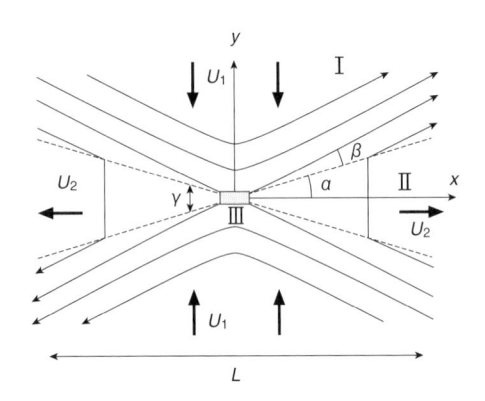

第 1 章 太陽地球圏プラズマの運動論と巨視的記述

図 1.15　ペチェックの磁気リコネクション概念図（星野，2008）
U_1 はインフロー，U_2 はアウトフローの速度．III は磁気拡散領域を示す．L は電流シートの長さである．α，β はそれぞれスローモードのショックおよび磁力線の傾きを示す．

チェックモデル（Petschek 1964）が提案された（図 1.15 参照）．

ペチェックモデルは図 1.15 のように，磁力線のつなぎ替わりがごく小さな領域（図 1.15 の III）で起きるとしたモデルである．図 1.15 ではつなぎ替えが起きた磁力線は磁気張力によって $\pm x$ 方向にアウトフローを形成するが，磁気張力が集中する破線の部分に沿っては磁気音波（スローモード）のショックが形成されることになる．すなわち，スウィート–パーカーモデルでは，磁気エネルギーが解放される領域は L^3 の体積空間内（磁気拡散領域）に限定されるが，ペチェックモデルでは磁気拡散領域から伸びる磁気音波ショック面においてもプラズマが加速され，磁気エネルギーの解放が行われる．また，磁力線のつなぎ替えは磁気拡散領域で行われるので，磁気拡散領域が十分小さければ短い時間スケールが実現可能となる．このモデルによれば，エネルギー解放時間は 10～1,000 s の時間スケールとなり，現実のフレアによく整合することが示されている．

ⓒ 磁気圏尾部における磁気リコネクションとプラズモイド

地球の磁気圏夜側尾部における磁気リコネクションで発生するアウトフローがプラズモイド（plasmoid）とよばれる高速のプラズマ流の塊を作り出すことが，GEOTAIL 衛星などの観測から詳しく調べられている．図 1.16 にこの様子を示す．磁気圏尾部での磁気リコネクションは，3.2.2 項で述べるように磁気圏の対流の駆動源として考えられている．また，3.5 節で述べるようにサブストー

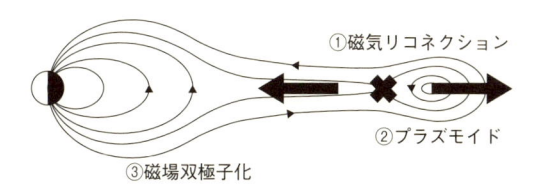

図 1.16 磁気リコネクションによる磁気圏尾でのプラズモイド発生図
（宮下幸長博士提供）

ムとよばれる地球磁気圏の擾乱現象の際には，通常よりも地球に近い場所で新たな磁気リコネクション領域（近尾部中性線）が形成されることが知られている．

第 2 章 太　　陽

2.1　太陽のエネルギー放射

　地球における気象現象や，地磁気擾乱，オーロラなどといった大気・プラズマの電磁気現象は，太陽からそのエネルギーをもたらされている．地球は，太陽から可視光域（約 550 nm）にスペクトルの最大をもつ，約 1,370 W/m^2 の電磁波放射を受けている．太陽の電磁放射の総エネルギーは地球の公転軌道付近では，約 1,370 W/m^2 のフラックス（太陽定数）であるから，全輻射エネルギーは地球公転軌道を半径とする球面で積分すると，$4\pi(1.50\times 10^{11})^2 \times 1370 = 3.88\times 10^{26}$ W となり，膨大なエネルギーである．人工衛星観測によって，1978 年以降太陽定数の精密な測定が継続されているが，太陽活動の変化などによる太陽定数の変化は 0.1% 程度であると報告されており（図 2.1），きわめて安定な値を保っていることが示されている（Lean, 1991）．太陽の光球が黒体放射であるとすれば，表面からの放射エネルギーフラックス F は表面の温度を T として，$F = \sigma T^4$ となる．ここで σ はステファン–ボルツマン（Stefan-Boltzmann）定数 $\sigma(= 5.7\times 10^{-8}$ W m^{-2} K$^{-4})$ である．すると太陽の光球全面から放射されるエネルギー L は太陽の半径を R_S として $L = 4\pi R_S^2 F$ となる．この強さが上の 3.88×10^{26} W であるから，太陽の有効な表面温度は約 6,000 K である．

　また，太陽からは高速のプラズマの流れである **太陽風**（solar wind）が吹きだしている．この太陽風は，同時に **惑星間空間磁場**（interplanetary magnetic field: IMF）を運んでいる．太陽風の速度や IMF の時間変化は，地球磁気圏の

2.1 太陽のエネルギー放射

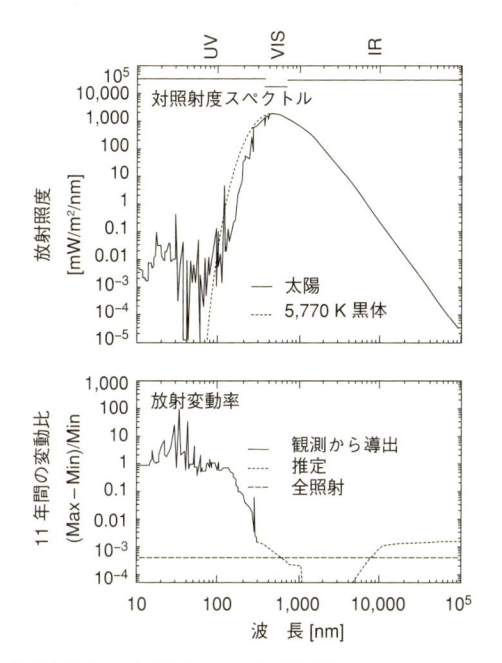

図 2.1 衛星観測により計測された太陽放射フラックス（Lean, 1991）
横軸は波長，縦軸は放射照度を示す．上図は極端紫外–赤外域について 5,750 K 黒体放射との比較を，下図は 11 年間での変動比を示す．

プラズマ環境に大きな影響を及ぼし，その時間変化によって第 3, 第 4 章で述べるサブストームや磁気嵐などの擾乱現象が発生する．

太陽風によってもたらされているエネルギーフラックスを見積もってみよう．太陽活動静穏時における平均的な太陽風を想定し，温度 (T) が 30 eV (3×10^5 K)，数密度 (n) が 5/cm^3 のプロトン（質量 m）が秒速 400 km の速度 (V) で，5 nT の磁場 (B) を伴って流れているとすると，

熱エネルギー密度（プラズマ圧）：
$$nk_\mathrm{B}T = 5 \times 10^6 \times 1.38 \times 10^{-23} \times 3 \times 10^5 = 2.1 \times 10^{-10}$$

運動エネルギー：
$$\frac{nmV^2}{2} = \frac{1}{2} \times 5 \times 10^6 \times 1.67 \times 10^{-27} \times (4 \times 10^5)^2$$
$$= 6.68 \times 10^{-10}$$

磁気エネルギー密度（磁気圧）： $\dfrac{B^2}{2\mu_0} = \dfrac{(5\times 10^{-9})^2}{2\times 1.25\times 10^{-6}} = 1.0\times 10^{-11}$

であるから，太陽風が運ぶエネルギーフラックスは

$$\left\{ nk_{\rm B}T + \frac{nmV^2}{2} + \frac{B^2}{2\mu_0} \right\} \times V = (2.1\times 10^{-10} + 6.68\times 10^{-19} + 1.0\times 10^{-11})$$

$$\times 4\times 10^5 = 8.8\times 10^{-5}\ [{\rm W/m^2}]$$

であり，放射エネルギーと比較するときわめて小さいことがわかる．

2.2 太陽放射のエネルギー源

太陽定数から導かれる太陽の放射総エネルギーは，3.88×10^{26} W の膨大なエネルギーであるが，このエネルギーは太陽中心核における陽子の**核融合反応** (nuclear fusion) によって発生している．1秒間に発生しているこのエネルギーと等価な質量は，特殊相対論におけるエネルギーと質量の関係式 $E=mc^2$ を適用すると 4.3×10^9 kg である．この膨大なエネルギーは，陽子4個が陽子–陽子連鎖反応によってヘリウム原子核と陽電子（e^+），2個のニュートリノ（ν）および3個のガンマ線（γ）となる際の質量の減少によって発生している．陽子–陽子連鎖反応は

$$4{\rm p} \to {}^4{\rm He} + 2{\rm e}^+ + 3\gamma + 2\nu + 25.10\,{\rm MeV}$$

のように書けるが，4個の陽子質量 $(1.6762\times 10^{-27}\,{\rm kg})\times 4$ に対して，ヘリウム原子核の質量 6.6466×10^{-27} kg は 0.66％だけ質量が少なく，この質量減少分がエネルギーに変換されるとすれば，1 kg の陽子からは 5.94×10^{14} J のエネルギーを得ることができる．したがって，太陽の総エネルギーフラックスをまかなうには，毎秒 6.48×10^{11} kg の陽子が核融合反応によって消費されていることになる．太陽質量は 1.9891×10^{30} kg であるから，太陽がすべて水素から構成されるとすれば，太陽中のすべての水素を消費し尽くすには1,000億年程度かかることになる．

陽子–陽子連鎖反応による核融合反応では，上式のようにニュートリノならびにガンマ線が放射される．ニュートリノは太陽物質とは反応することなく宇宙空間に放射される．一方，ガンマ線は中心核ならびに放射層において高温ガス

と作用しながら，波長の長いX線へ，さらに可視光線の放射へと変換されて光球から宇宙空間に放射される．光球から放射される電磁波は 5,700 K の黒体放射でよく近似されるような放射スペクトルを形成する．なお，太陽表面高度は大気の光学的厚さが1となる高度を基準に定義されている．

2.3　太陽の内部構造

太陽の内部構造を地球から直接観測することはできない．これまで，その内部構造は，内部の圧力と重力との平衡理論により推測されていたが，近年太陽の内部を伝搬する弾性振動現象（日震現象）を用いた**日震学**（solar seismology あるいは helioseismology；次の 2.4 節を参照）の発展によって実証的に知られるようになった．

図 2.2 に示したように，地球の約 110 倍の 695,000 km の半径をもつ太陽の内部は，約 20%の 140,000 km 半径が中心核となっている．中心核の周りは半径約 50 万 km の放射層が取り囲み，ここでは核融合反応によって発生したガンマ線がエネルギーを吸収して，紫外線や可視光の波長の長い電磁波放射へと変換が行われている．放射層の周りは，激しい対流によるエネルギー輸送が行われている対流層が取り囲んでいる．中心核で核融合反応によって生じたエネルギーはニュートリノならびに，ガンマ線および X 線として放射されるが，ガン

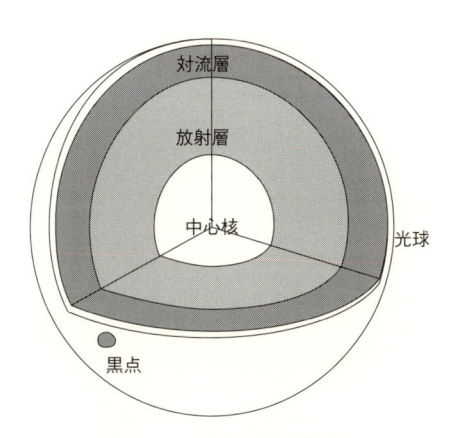

図 2.2　太陽内部構造模式図

マ線および X 線は中心核および放射層を通過する間に周囲のプラズマとの間に放射—吸収を繰り返し，次第にその波長を紫外線—可視域へと変化させる．この過程を通して，放射スペクトルは黒体放射の性質をもつようになる．ここで行われる放射吸収過程は，等価的にきわめて長い行程となる．太陽中心核のように光学的深さが深く，光子が周囲の自由電子によってトムソン（Thomson）散乱を繰り返しつつ進行する場合，光子の伝搬は光子拡散として熱伝導率 λ を用いて

$$\lambda = \frac{4acT^3}{3\kappa\rho} \tag{2.1}$$

による熱伝導と等価な振舞いとして理解される（林ほか（1973）の第 3 章を参照）．ここで，λ は熱伝導率，κ は光子の吸収係数（電子散乱の場合 $0.2\,\mathrm{cm^2/s}$），a は輻射密度定数でステファン–ボルツマン定数 σ を使って $a = 4\sigma/c = 8.0 \times 10^{-15}$，$\rho$ は質量密度 $(= 1.56 \times 10^5 \mathrm{kg/m^3})$ である．

内部エネルギー U は，R を気体定数 $(= 8.31)$，μ を平均分子数（水素プラズマの場合 0.5 とする）として用いて，

$$U = \frac{(3/2)RT}{\mu} = 4.0 \times 10^{13} \tag{2.2}$$

と表される．また，熱伝導方程式は

$$\frac{dU}{dt} = \lambda \frac{d^2 T}{dx^2} \tag{2.3}$$

と表されるので，λ が定数とすれば熱伝導時間は，$\frac{Ur^2}{\lambda T} = \frac{3\rho r^2}{\lambda}$ で評価することができる．したがって，太陽中心核での温度（10^7 K），中心核の半径 2×10^{10} cm を仮定して，光子が中心核を脱出するまでの時間を推定すると，$\lambda = 2.0 \times 10^8$（MKS の場合）で熱伝導時間は 2×10^{14} 秒 ≈ 600 万年と概略見積もられる．

一般には，中心核で発生したエネルギーが最終的に光球から電磁波として放射されるのに 1 千万年を要すると推定されている．これは核融合反応の結果，同時に発生するニュートリノが周りの場や物質と相互作用をほとんどすることなく，おおよそ 2 秒あまりで太陽表面から飛び出すのとは対照的な特徴となる．太陽の内部構造は図 2.2 ならびに図 2.3 のように，半径 70 万 km のガス球の中心付近における約 20 万 km の半径をもつ中心核で，陽子–陽子連鎖反応による核融合反応が発生し，これが太陽の膨大なエネルギーを維持している．この中

2.3 太陽の内部構造

表 2.1 標準太陽モデル

中心からの距離 $\left(\begin{array}{c}\text{太陽半径}\\=1.0\end{array}\right)$	圧力 (10^{15}dyn/cm^2)	温度 (10^5 K)	密度 (g/cm^3)	内部の質量 $\left(\begin{array}{c}\text{太陽の質量}\\=1.0\end{array}\right)$	総輻射量 $\left(\begin{array}{c}\text{表面総輻射}\\ \text{量}=1.0\end{array}\right)$	水素含有量 (質量比)	
0	240	15.8	156	0	0	0.333	中心核
0.1	137	13.2	88	0.08	0.46	0.537	
0.2	43	9.4	35	0.35	0.94	0.678	放射層
0.3	10.9	6.8	12	0.61	1	0.702	
0.4	2.7	5.1	3.9	0.79	1	0.707	
0.6	0.21	3.1	0.5	0.94	1	0.712	
0.8	0.017	1.37	0.09	0.99	1	0.735	対流層
1	1.3×10^{-10}	0.0064	2.7×10^{-7}	1	1	0.735	

(Bahcall *et al.*, 1995)

心核は,温度 1,600 万 K,密度 156 g/cm^3 と推定されている.

内部構造は,内部の圧力と重力および熱の平衡理論により推定される.いま,半径を r,球殻の厚さを dr とし,その質量を dm とすると,$dm = 4\pi r^2 \rho\, dr$ であるから,連続の式は

$$\frac{dr}{dm} = \frac{1}{4\pi \rho r^2} \tag{2.4}$$

球殻においては重力とガス圧力勾配とが釣り合って,**静水圧平衡**(hydrostatic equilibrium)が成り立っている.静水圧平衡条件は,

$$\frac{dp}{dm} = \frac{Gm}{4\pi r^2} \tag{2.5}$$

のように表される.

熱的平衡状態では,発生するエネルギーと放出するエネルギーとが同一となるため,球殻内で発生するエネルギーを ε とし,球殻の内側から流入するエネルギーと球殻の外側に流出するエネルギーの差を dL とすれば,$dL = \varepsilon\, dm$ だから $\frac{dL}{dm} = \varepsilon$ と表される.このような理論的考察により,図 2.3 および表 2.1 に示すような,太陽内部構造が推定されている. 表 2.1 は太陽半径(6.955×10^8 m)で規格化した標準太陽モデルの各半径における圧力,温度,密度,輻射量,および水素含有量を示す.近年,太陽内部でひき起こされている諸現象は太陽ニュートリノの観測による核融合反応の検証や,日震現象による太陽内部の探査とし

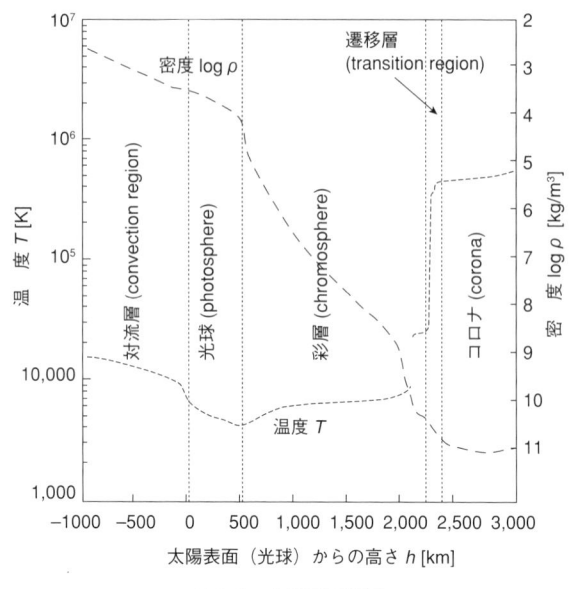

図 2.3 太陽外層構造
太陽大気の温度と密度分布（Lean, 1991 を改変）

て進められている．

2.4 日震学

太陽の内部構造については，理論的な考察に基づいて推論するしかなかったが，20 世紀の後半になって，これを観測に基づいて実証する可能性が現れた．ひとつは**日震学**（helioseismology）の出現であり，ひとつは太陽ニュートリノの発見である．1960 年ことから，Leighton（1962）らの太陽表面分光画像より，ドップラー（Doppler）速度場の時間変動を求める解析から，太陽内部を伝搬する音波（日震現象）の存在が知られるようになった．音波伝搬の距離と共鳴周期の関係からなる走時解析からは，音波の通過する太陽内部の**対流層**（convection region）や**放射層**（radiation region）の実態が実証的に求められるようになった．高温高圧の太陽内部では，音速は数百 km/s となっている．太陽内部の音速診断からは，太陽の内部構造モデルの検証をはじめとする，実証的な内部構

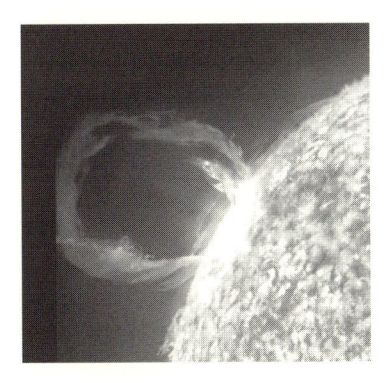

図 2.4 プロミネンス噴出
2010 年 3 月 30 日に，SDO（Solar Dynamics Observatory）により観測された例．

造研究が進められている．

太陽の外層構造としては，表層部分には厚さ 300〜500 km と，きわめて薄い**光球**（photosphere）が分布している．地球に届いている可視光のほとんどすべては光球から放射されている．光球の下側から伝わってくる光は，光球内のガスによりほとんどが吸収されている．光球の上には**彩層**（chromosphere）が 1,500〜6,000 km 程度の厚さで分布している．彩層の上には数百 km の**遷移層**（transition region）を経て，100 万 K 程度の高温のガスであるコロナが分布する．図 2.3 に光球より彩層を経てコロナに至るガスの温度，およびプラズマ密度の観測値を示す．彩層のガスが磁力線に沿ってコロナ域に達し，炎のような形状として観測される場合がある．プロミネンス（紅炎）とよばれるこの現象は，Hα 線の深紅の輝きをもつ．図 2.4 は，2010 年 3 月 30 日太陽観測衛星 SDO (Solar Dynamics Observatory) により観測された地球の 20 倍以上ものスケールサイズをもつプロミネンス噴出である．

2.5 太陽黒点

1610 年の Galileo による黒点の発見以降，**太陽黒点**（sunspot）は連続観測が行われている．とくに 1849 年に Wolf により定義された相対太陽黒点数は，太陽活動度指数として常用されている（図 2.5 参照）．この**相対黒点数**（relative

第2章 太　陽

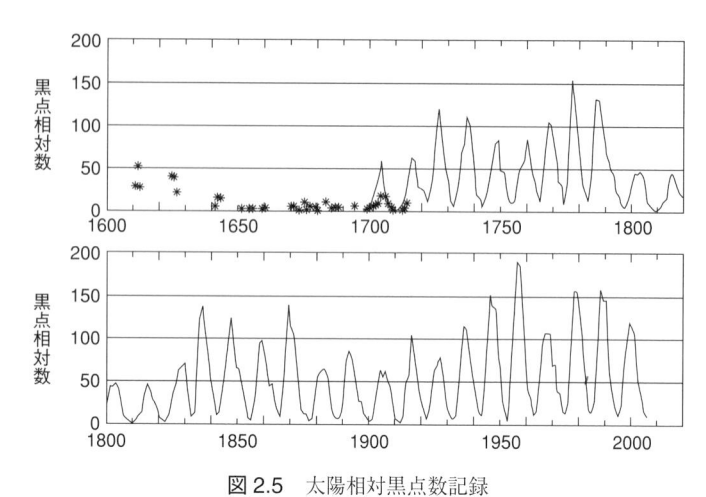

図 2.5　太陽相対黒点数記録
17 世紀の後半，黒点数ゼロの時期が続いたが，この時期はマウンダー（Maunder）極小期とよばれ，中世の寒冷期と対応している．ただし，オーロラは変わりなく観測されたといわれている．

sunspot number）は，1 つの黒点群を黒点数十として換算するものであり，5% 程度の信頼性をもって定義されている．

　この太陽黒点数変動に代表される太陽活動度の変動は，約 11 年の周期性をもっている．この周期を，1755 年に始まる太陽活動周期を起点として数える方法がよく採られている．この数え方によれば，1996 年に始まり 2008〜2009 年ころに終了したサイクルは第 23 サイクルであり，2009 年ころより第 24 サイクルが始まった（v ページの図参照）．太陽黒点は，図 2.2 のように光球表面に約 4,000 K の低温域として出現する．黒点中の元素輝線スペクトルには，ゼーマン（Zeemann）効果による輝線の分離が明瞭に見られ，黒点中に強い磁場が存在していることを示している．対をなす黒点の磁場は N 極と S 極からなる双極型を基本とするが，時に N 極あるいは S 極の単極構造をもつ場合がある．図 2.5 は 17 世紀以降の太陽相対黒点数の記録であり，図 2.6 は 1940 年代以降の黒点の出現緯度の変化の記録で，蝶形図（バタフライダイアグラム）とよばれる独特の形を示している．

　黒点の生成プロセスは，対流層にある**磁束管**（flux tube）が強められて光球より浮上し，コロナ域におけるコロナループへ活動域を広げていき，彩層付近では N 極あるいは S 極の黒点が生成されると考えられている．浮上しつつある

2.5 太陽黒点

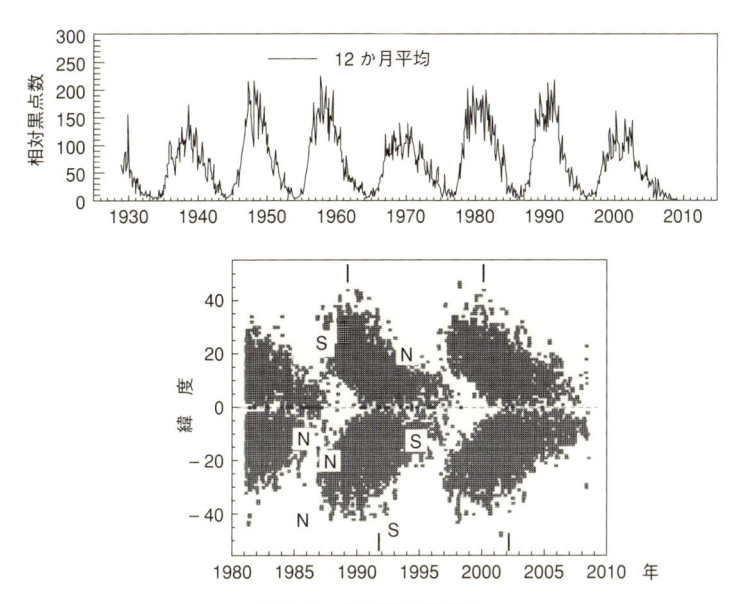

図 2.6　太陽黒点蝶形図

黒四角点：太陽半球面に現れた黒点の最大緯度．図中の S と N は黒点磁場の極性を示し，黒点の多くは太陽面上の東西に対になって現れ，それぞれの黒点対の西側の黒点は先行黒点とよばれる．（http://sidc.oma.be/ による）

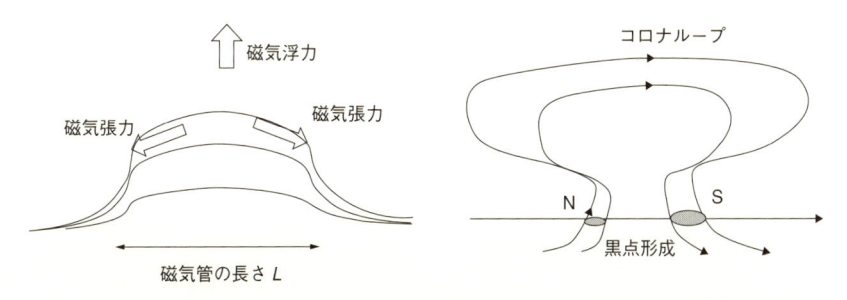

図 2.7　対流層中の磁束管が浮上して発達しコロナループを形成する様子

磁束管のダイナミクスを図 2.7 に示す．断面積 A，長さ L の磁束管を考える．その内部と外部の圧力，密度，温度をそれぞれ P_i, ρ_i, T_i, P_o, ρ_o および T_o とする．磁束管内外の圧力バランスより，$P_o = P_i + \dfrac{B^2}{2\mu_0}$ であるから，$p_i < p_o$ のとき，$T_i = T_o$ ならば，$\rho_i < \rho_o$ となり，磁束管のほうが軽くなり浮力が生じる

47

第 2 章　太　陽

ことになる．これによって図 2.7 の左図の，光球面下に横たわっていた磁束が，磁束管として最初に浮き上がってくる様子を説明することができる．

　ある程度浮き上がった磁束管がさらに浮上を続けていく条件は，以下のように考えることができる．

　磁束管にはたらく浮力は $F = Lg(\rho_\mathrm{o} - \rho_\mathrm{i}) \cdot A$ であるが，磁束管内ならびに外部のプラズマの状態は，$T_\mathrm{i} = T_\mathrm{o}$ ならびに $\rho_\mathrm{i} \approx \rho_\mathrm{o}$ であり，$\rho_\mathrm{i} = \rho_\mathrm{o}(1-\delta)$，$\delta < 1$ と書けるものとする．磁気張力は，$M = \dfrac{B^2}{2\mu_0} \cdot A$ と書け，磁束管が浮上するための条件は，ある程度立ち上がった磁束管の形状を考慮すると $F > 2M$ であるから，

$$F = Lg(\rho_\mathrm{o} - \rho_\mathrm{i})A > 2\frac{B^2}{2\mu_0}A \tag{2.6}$$

である．すなわち

$$L > \frac{1}{(1-\delta)}\frac{1}{\rho_0 g}\frac{B^2}{\mu_0} \tag{2.7}$$

が成り立つ．一方，状態方程式は $P = \rho_\mathrm{o} \dfrac{k_\mathrm{B} T}{m_\mathrm{H}}$ となる．ここで m_H は水素原子質量である．まとめると，

$$L > \frac{2k_\mathrm{B} T}{m_\mathrm{H} g} \tag{2.8}$$

が磁束管が浮上する条件となる．$\dfrac{k_\mathrm{B} T}{m_\mathrm{H} g}$ は**スケールハイト**（scale height）に対応するため，スケールハイトの 2 倍以上の長さをもつ磁束管は不安定となり，浮上を続けることができる．ここで示される磁束管浮上の様相は，大局的には図 2.8 のように示されるが，これは図 2.7 の右図に示される黒点周辺の磁場構造や，図 2.6 における黒点群の磁場極性の配置や太陽のトロイダル磁場構造とよく整合する．

2.6　コロナ

　温度 6,000 K の光球の外側は，彩層，遷移層を経て温度が 100 万 K にもなる**コロナガス**（coronal gas）で覆われている．6,000 K 程度の光球面上空 2,000〜6,000 km で，100 万 K もの高温のプラズマとなる加熱のメカニズムは，これま

2.6 コロナ

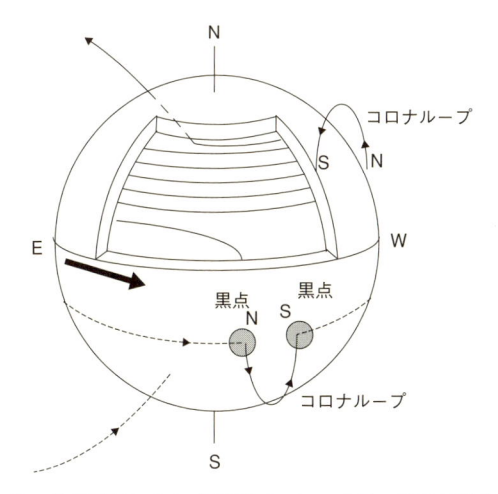

図 2.8 太陽の差動回転により光球面下にトロイダル磁場が形成され，磁束管の浮上によりコロナループならびに黒点の磁場極性配置が定まる様子
（Babcock, 1961 の図に加筆）

で大きな謎であった．近年の理論研究や計算機シミュレーション研究，さらに「ひので」衛星による観測研究からは，コロナ大気中のアルフヴェン（Alfvén）波動の破砕やナノフレア（微小スケールの磁気リコネクション）に伴う加熱などの可能性が検証され始めている．この場合，光球からコロナ大気に至る大気のプラズマとしての性質が重要であるが，プラズマ密度，および磁場構造について，近年の観測により明らかにされている．とくに黒点と**コロナループ**（coronal loop）の発達過程については，「ようこう」衛星の X 線画像観測は飛躍的な理解をもたらしたといえる．また，「ひので」衛星による観測では，彩層中で無数のナノフレアに伴うジェットが観測され（Shibata *et al.*, 2007），光球とコロナの下端域をつなぐ領域におけるアルフヴェン波の存在が実証される（Okamoto *et al.*, 2007, Tomczyk, *et al.*, 2007）など，コロナ加熱の物理学はその解明に向けて大きく進展しつつある．

2.7 太陽電波放射

　太陽からは，マイクロ波帯から LF 帯に至る広範な周波数帯で電波が放射されている．2.8 節で述べる波長 10 cm 付近の放射強度に代表される太陽活動度の消長とともに緩やかに変動する成分と，フレアなどに伴って短時間に強度を大きく変えるバーストとに分けられる．バースト放射は図 2.9 に示すように，I 型より V 型までスペクトルの特徴に従って分類されている．特に II 型と III 型，IV 型バーストは，強いフレア (flare) の発生に伴って現れる．I 型から V 型は次のように定義されている（関連書籍 [39] を参照）．なお，プラズマ波動の詳細については第 5 章を参照されたい．

- I 型：メートル波帯において継続時間 1 秒以下で帯域幅が数 MHz のバーストが群となって出現する現象である．出現帯域幅は 50～350 MHz 付近で発生しており，数時間から数日間続くことがある．活動的な黒点が太陽面にあることを示す良い指標となる．
- II 型：フレア発生後数分から 10 分後に始まり，メートル波からデカメートル波帯にかけてゆっくりと高い周波数から低い周波数へ下がっていく電波放射で，数分から 10 分間ほど出現する現象である．CME が太陽大気上方に伝搬するとともに，コロナの電子密度が下がっていくため，II 型の放射は時間とともに周波数がゆっくりと下がっていく負の周波数ドリフトとして観測される．周波数の下がる割合（周波数ドリフト率）は通常 1 MHz/s

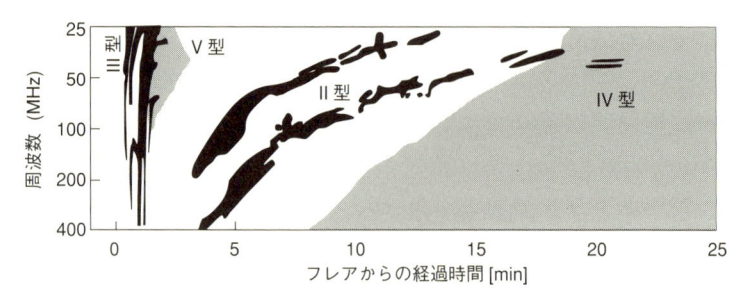

図 2.9　フレアに伴って発生する太陽電波放射バーストの名称とスペクトルの特徴図
(Wild et al., 1963)

以下である．したがって，コロナ中の電子密度分布がわかれば，CMEの速さを見積もることができる．

- III 型：フレア発生直後にメートル波からデカメートル波帯にかけて出現する大きな負の周波数ドリフト（～100 MHz/s）を示すバーストである．フレアに伴う電波バーストとしては最も普通に現れ，群として出現することもある．III 型バーストは，フレアに伴って加速された電子ビームが惑星間空間へと放出し，その電子ビームによって発生するラングミュアー波動とイオン音波などのプラズマ波動との非線形モード変換によって電磁波に変換されたものであると考えられている．
- IV 型：センチメートル波からデカメートル波帯までの広い範囲で発生し，II 型とともに地磁気嵐とのかかわりでは重要な指標となるバーストである．II 型に引き続いて発生した場合は，フレアに伴ってプラズマの塊が太陽から放出されたことを示しており，数日後に磁気嵐の発生する確率が高くなる．
- V 型：メートル波帯からデカメートル波帯にかけて III 型に引き続いて発生する広帯域放射現象で，継続時間は数分程度である．

2.8 太陽電波 F10.7 指数

マイクロ波帯の太陽電波放射のなかでも，波長 10 cm 付近の放射強度は黒点数や紫外域から極端紫外域における放射強度と良い相関をもち，その放射強度は F10.7 指数としてよく利用されている．この F10.7 指数は，1947 年より連続的にモニターされており，波長 10.7 cm（周波数 2.8 GHz）における電波放射フラックスであり，太陽フラックスユニット（$1\,\mathrm{SFU}=10^{-22}\,\mathrm{W/m^2/Hz}$）を用いて表される．

2.9 電子加速を起源とするインコヒーレント電磁波放射

太陽におけるマイクロ波帯の電波の放射源は，太陽コロナにおける高速電子による制動放射，熱輻射，および**シンクロトロン放射**（synchrotron radiation）である．これらのメカニズムによる電磁波放射は，加速を受けた荷電粒子によ

第2章 太　陽

るインコヒーレント（incoherent）な電磁波動放射として一般化される．電荷 q をもつ荷電粒子が，位置 $\vec{R}$ において，$\vec{v}$ の速度ベクトル，$\dot{\vec{v}}$ の加速度ベクトルをもつとする．$\vec{n}$ は点電荷の位置から観測点の方を向いた単位ベクトルであり，$\vec{R}$ は点電荷の位置から観測点を結ぶ位置ベクトルである．この荷電粒子による電磁波動放射は，リエナール–ヴィーヒェルトポテンシャル（Liénard-Wiechert potential）から電場および磁場を計算し，そこから時刻 t，位置 $\vec{r}$ におけるポインティング・ベクトル（Poynting vector）$S(\vec{r},t)$ を計算することで導かれる．そのリエナール–ヴィーヒェルトポテンシャルは，

$$\phi(\vec{r},t) = \frac{e}{|\vec{R}| - \dfrac{\vec{R}\cdot\vec{v}}{c}}$$

$$\vec{A}(\vec{r},t) = \frac{e\dfrac{\vec{v}}{c}}{|\vec{R}| - \dfrac{\vec{R}\cdot\vec{v}}{c}}$$

であるから，電界・磁界の各成分は

$$\begin{aligned}\vec{E}(\vec{R},t) =& \frac{1-\dfrac{v^2}{c^2}}{\left(\vec{R}-\dfrac{\vec{R}\cdot\vec{v}}{c}\right)^3}\left(\vec{R}-\frac{v}{c}R\right)\\ &+ \frac{e}{c^2\left(\vec{R}-\dfrac{\vec{R}\cdot\vec{v}}{c}\right)}\vec{R}\times\left[\left(\vec{R}-\frac{v}{c}R\right)\times\dot{\vec{v}}\right]^2\end{aligned} \quad (2.9)$$

$$H(\vec{R},t) = \frac{1}{R}\vec{R}\times\vec{E}$$

と表される（ランダウ，リフシッツ（1978）『場の古典論』）．

　荷電粒子の運動と同じ方向に加速を受ける場合には**制動放射**（bremsstrahlung）とよばれ，**太陽 X 線**（solar X-ray）のおもな起源となっている．磁場が存在して電子がサイクロトロン運動をしている場合には，進行方向と垂直の加速がサイクロトロン放射をひき起こして，電波放射の励起源となる．高速の電子が，質量が無限大のイオンと衝突して制動放射を発する場合，制動放射による単位時間，単位体積あたりのエネルギー放射量 P_B は，イオンの電荷を Ze，イオンと電子の数密度をそれぞれ n_i および n_e，電子エネルギー（温度）を ε_e [eV] とすると，およそ

2.10 プラズマ波動を起源とするコヒーレント電磁波放射

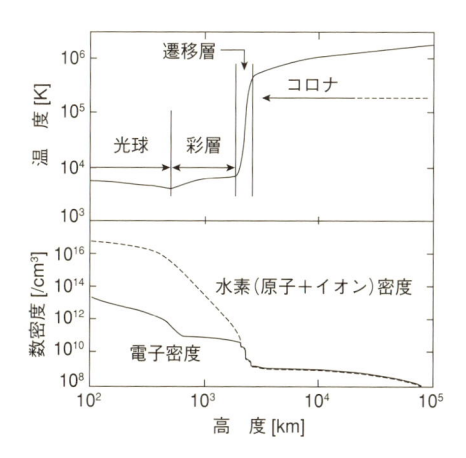

図 2.10 光球面からコロナにかけての太陽上層大気の名称，プラズマ密度および温度モデル

(桜井ほか，2009)

$$P_\mathrm{B} = 10^{-38} Z^2 n_\mathrm{i} n_\mathrm{e} \varepsilon_\mathrm{e}^{1/2} \ [\mathrm{W/m^3}] \tag{2.10}$$

となる．一方，サイクロトロン放射による電磁波 P_C は，電子の平均エネルギーが ε_e [eV] のとき，

$$P_\mathrm{C} = 10^{-19} n_\mathrm{e} \varepsilon_\mathrm{e} B^2 \ [\mathrm{W/m^3}] \tag{2.11}$$

と表される（後藤，1967）．また，サイクロトロン放射は電子のサイクロトロン周波数とその高調波周波数に強度ピークをもつ．たとえば，数 kG の強度をもつ領域では，放射スペクトルはマイクロ波帯にピークをもち，図 2.10 に例を示すような太陽上層大気領域におけるプラズマの数密度の増加，電子温度増大に伴って，強度を増すことになる．したがって，(2.11) 式に従って電波のスペクトルから磁場強度を推定することも可能である．

2.10 プラズマ波動を起源とするコヒーレント電磁波放射

プラズマのもつ電子にかかわる特性周波数として，

電子サイクロトロン周波数： $\quad f_\mathrm{c} = \dfrac{eB_0}{2\pi m_\mathrm{e}} \tag{2.12}$

電子プラズマ周波数： $f_\mathrm{p} = \dfrac{1}{2\pi}\left(\dfrac{e^2 n}{\varepsilon_0 m_\mathrm{e}}\right)^{\frac{1}{2}}$ (2.13)

高域ハイブリッド共鳴波動（UHR）周波数： $f_\mathrm{UHR} = (f_\mathrm{c}^2 + f_\mathrm{p}^2)^{\frac{1}{2}}$ (2.14)

（ここで，B_0，m_e，Z，n はそれぞれ磁場強度，電子質量，荷電数，電子の数密度である）

の3つの主要特性周波数が挙げられる．太陽電波放射のなかには，**ラングミュア波動**（Langmuir wave）などのプラズマ波動を起源とする電波放射が多く存在すると考えられている．電子加速を起源とする電磁波放射は，個々の電子が放射するインコヒーレントな放射であるのに対して，プラズマのミクロ不安定過程によって発生するプラズマ波動は，プラズマの集団運動のエネルギーが波動励起にかかわる**コヒーレント**（coherent）な放射であるため，強いエネルギーをもって波動放射がひき起こされる．コヒーレントなプラズマ波動から伝搬性の強い電磁波へのエネルギー変換には，伝搬経路上の媒質のプラズマ密度揺らぎや，プラズマ波動どうしの相互作用によるモード変換過程が介在すると考えられる．太陽電波放射観測を通じて，インコヒーレント・コヒーレント放射のそれぞれの役割を明確にした研究は少なく，今後の課題として残されている．

2.11 太陽風

ドイツの天文学者 Biermann は，1950年代初頭に彗星の尾の構造を研究し，図 2.11 のように尾が**ダストテイル**（dust tail）と**イオンテイル**（ion tail）の2本からなること，ダストテイルの粒子が太陽光輻射圧を受けて太陽と反対方向へ直進するのに対し，イオンテイルがねじれや折れ曲がりなどの複雑な構造をもち，これらが短い時間の間に変化する様を見いだした．そして，この事実を説明するためには電磁気的な作用が不可欠であることを示した．イオンテイルの流れは，太陽風としての太陽を起源とするエネルギー・プラズマの流れである．この事実に対して，Parker（1958）により，コロナの高温プラズマが超音速流（300〜400 km/s）となって吹き出す太陽風の理論が提唱された．

Parker は，太陽の重力ポテンシャルが $1/r$ で減少するのに対し，プラズマの温度が遠方まで高温を保つため，プラズマの熱速度は脱出速度を超えて，超音速

2.11 太陽風

図2.11 ヘールボップ彗星に見られた，ダストテイルとイオンテイル

で太陽から流れ出すことを基に，太陽からの距離に対する太陽風の流れの速度の解を求めた．Parker のこの理論は，惑星間空間を飛翔した惑星探査機 Mariner 2 号（1962 年打ち上げ）によって実証され，その後の太陽風研究において重要な理論となった．

太陽から太陽風が流れ出る様子は，尾の構造の研究のほか，地上からの惑星空間シンチレーション観測（IPS 観測）や，1990 年に打ち上げられ，黄道面を大きく離れての太陽風の三次元観測を実施した Ulysses 探査機などによる直接観測により，その立体構造が明らかにされている．太陽風の流れは大局的には太陽から放射状に吹き出しているが，太陽自身の自転のため，プラズマの流れとともに磁力線が引き出されている．その形状は，図 2.12 (a) のようにスパイラル状（パーカー・スパイラル（Parker spiral））となる．また，太陽風の速度は非一様であり，図 2.12b のように太陽面でコロナホールとよばれる周辺よりも温度の低い領域からは，高速の太陽風が吹き出している．口絵 1 は，「ようこう」衛星の軟 X 線望遠鏡がとらえた太陽コロナの画像であるが，画像中にはコロナ中の磁力線構造，コロナ活動域，および暗く見えるコロナホールがとらえられている．このコロナホール起源の高速太陽風が，低速の太陽風に追いついた場合に，その流れの接触面のプラズマは圧縮され，**共回転相互作用領域**（corotating interaction region: CIR）が生じる．CIR では，磁場強度が強くなっているため，CIR の到来は磁気嵐の原因のひとつとなる（第 4 章参照）．

太陽風の影響は約 100 天文単位（AU）まで及んでおり，**太陽圏**（heliosphere）

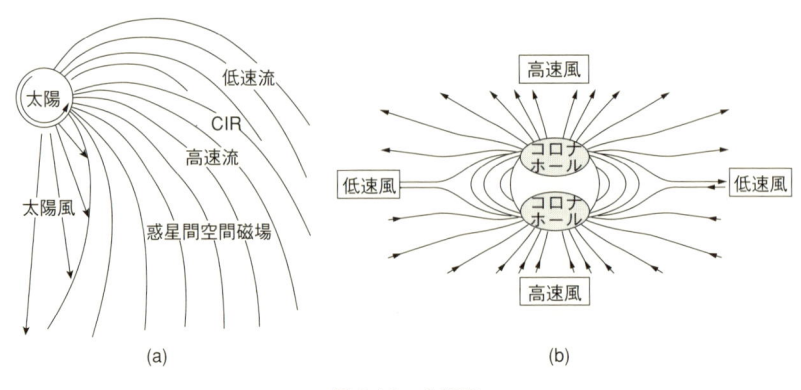

図 2.12 太陽風
(a) 太陽風のパーカー・スパイラルと CIR．
(b) 太陽から流出する低速風と高速風の緯度分布．

を形成している．すでに述べたように，経度方向にはパーカー・スパイラル構造をもっている．緯度方向の構造については，Ulysses 探査機による直接観測が重要な情報をもたらしている．その結果によれば，太陽風は，太陽赤道面付近には比較的低速（300〜400 km/s）で 10 個/cm^3 程度の密度をもったプラズマの流れをもつが，高緯度域では高速（700〜800 km/s の低密度（数個/cm^3））の流れとなっている（図 2.12 参照）．

すでに述べたように，太陽風のエネルギー量は，電磁波によるものに比べてはるかに小さいが，太陽系の惑星電磁圏環境に大きな影響をもたらしている．たとえば，第 3 章や第 4 章に述べるように，磁気圏の形成，オーロラ現象，サブストーム，磁気嵐などは，太陽風と地球磁気圏が相互作用した結果である．太陽風の変動は，磁気嵐やサブストームに代表される磁気圏擾乱現象をひき起こすため，定常的な太陽風を観測することは，宇宙環境の理解のためにきわめて重要である．現在，太陽風の定点モニター観測として，ACE 衛星（1997 年打ち上げ）が重要な役割を果たしている．ACE 衛星による太陽風観測の例（太陽風プロトン密度，流れの速度，惑星間空間磁場の各成分，およびその強度（全磁力））を図 2.13 に示す．なお，惑星の大気が電離して惑星起源プラズマを形成するのに必要なエネルギーは，おもに極端紫外（EUV）域の太陽電磁波放射が担っている．

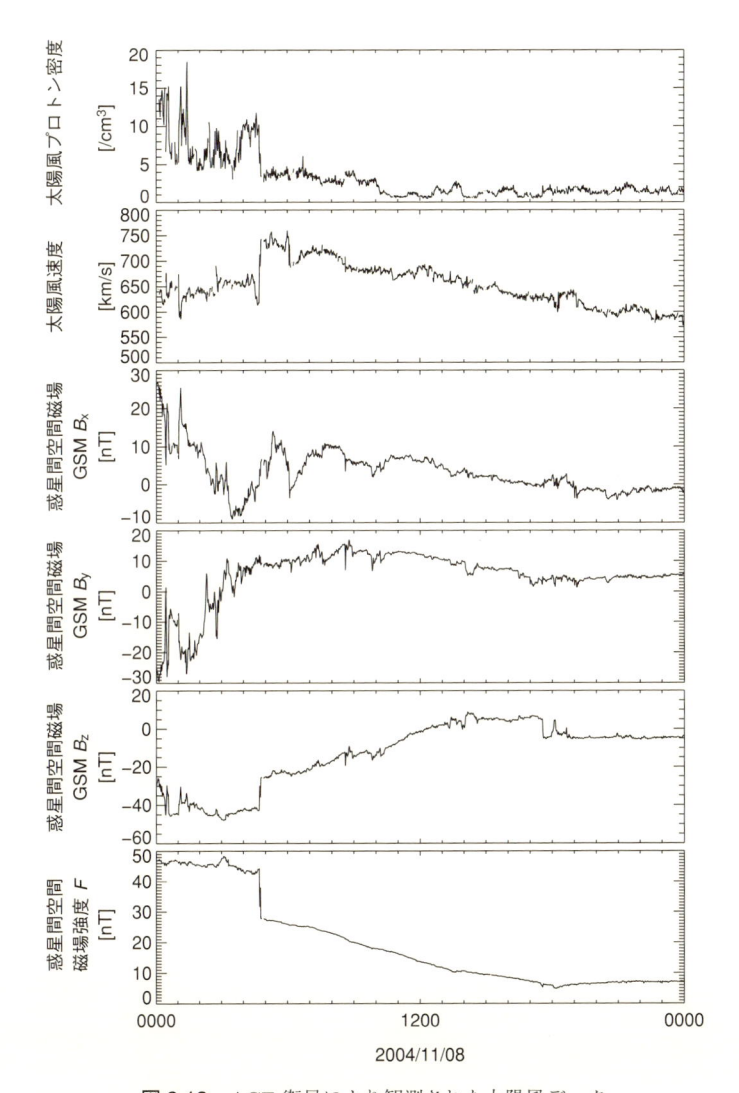

図 2.13 ACE 衛星により観測された太陽風データ
上から，太陽風密度，速度，惑星間空間磁場の x,y,z 成分（GSM 座標系）および全磁力．横軸は 2004 年 11 月 8 日の世界標準時を表す．

2.12 フレアと CME

フレアは，太陽面における急激なエネルギー解放（爆発）現象である．その

第 2 章 太　陽

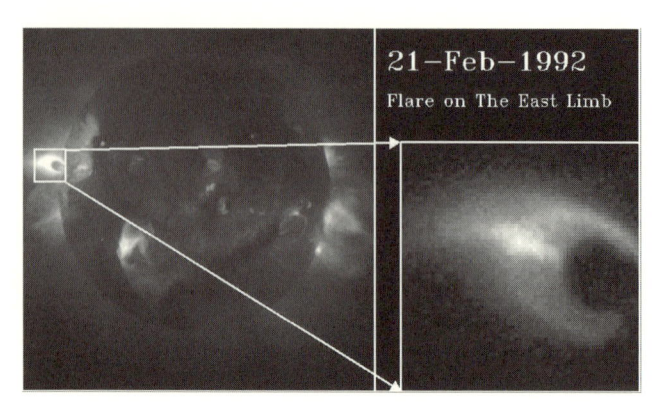

図 2.14　1992 年 2 月 21 日，太陽の東の縁で発生したフレアループの「ようこう」衛星による軟 X 線画像
(http://www.isas.jaxa.jp/home/solar/yohkoh/)

　原因は，磁気リコネクションを通して，コロナにおいて磁気エネルギーがプラズマの熱エネルギーや運動エネルギーに急激に変換されることによっている．

　歴史的には 1859 年 9 月 1 日太陽面現象を観測していた英国の Carrington が太陽面における Hα 線の爆発的な増光現象を観測し，その後，大規模な磁気嵐が発生した事実が，太陽面現象と磁気嵐を関連づけた最初の報告となった．1990 年代に太陽観測を行った「ようこう」衛星は，多くの太陽 X 線画像観測からフレアの詳細を画像としてとらえ，フレアのメカニズムを考えるうえで重要な構造であるフレアループの画像例を図 2.14 のように示した．フレアに関連して規模の大きなプラズマ雲塊の放出が起こることが多く，**コロナ質量放出**（coronal mass ejection: CME）とよばれる．第 4 章に示すように，CME が到来することによって，大きな磁気嵐が引き起こされる．図 2.14 のフレアループは，図 2.15 のフレアループのモデルのように理解されているが，これは地球の磁気圏尾部において発生している磁気リコネクションに伴うプラズモイドの発生（図 1.16, 図 2.15 参照）と良い相似性をもっている点が指摘されている．

　フレアが数時間の持続時間内に放出するエネルギーは，$10^{20} \sim 10^{25}$ J と見積もられるが，これは磁気リコネクションによる磁気エネルギーの解放によってもたらされると考えられている．磁場の強さを B, フレアの発生領域のスケールサイズを L とすると，フレア発生領域内の磁気エネルギー総量は，$E \approx \dfrac{B^2}{2\mu_0} L^3$

2.12 フレアと CME

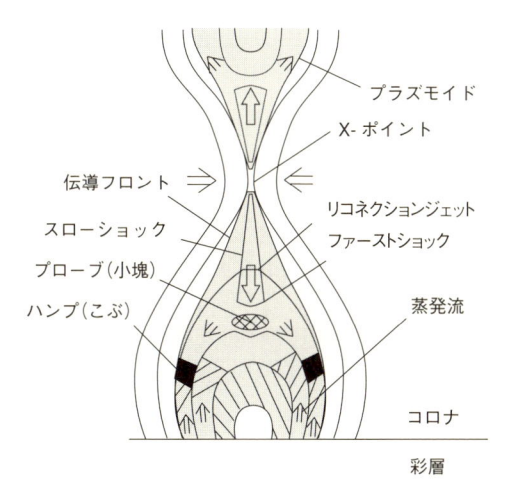

図 2.15 MHD シミュレーションモデルによるフレアループの構造
リコネクションにより，惑星間空間に向かって加速されたプラズマがプラズモイドとして放出され，太陽方向に向かってはショックを伴うジェットとして発生する．（Yokoyama and Shibata, 1998）

である．B は 10^{-1} T（1 kG 程度），おおよそのスケールサイズを $L = 10^7$ m（太陽半径の 10 分の 1 程度）として代入すると，エネルギー総量はおおよそ 10^{26} J となる．このばく大なエネルギーは，現在人類が消費しているエネルギーの 10 万年分にも相当するといわれている．このような太陽面爆発に伴う現象としては数分から数十分程度の，短時間スケールの VHF 帯太陽電波 III 型バーストの発生，極端紫外線の増光，Hα 光（656.3 nm）の増光，高エネルギー電子のプロトンによる制動放射による軟 X 線（keV）から硬 X 線（数十〜数百 keV）に至る広いエネルギー範囲での X 線の増光などがある．フレアの強度の尺度としては，この X 線放射の強度によって，A–クラスから X–クラスに至る 5 段階（A–クラス（10^{-8} W/m²），B–クラス（10^{-7} W/m²），C–クラス（10^{-6} W/m²），M–クラス（10^{-5} W/m²），および X–クラス（10^{-4} W/m²）のフレアのクラス分類が行われている．フレアに関連して CME が起こる場合，10〜20 min の短時間に，10 億 t ものコロナ域のプラズマが磁場を伴ったまま，1,000 km/s 程度にまで加速されて放出される．フレアによる高エネルギー粒子の放出や，大規模な磁気嵐による電離圏電流の増加，磁気圏および電離圏に降り込む粒子フラックスの増加は，電力送電線ネットワークなどへの影響や人工衛星での異常の発生

第2章 太　陽

など，われわれの身近な生活に時として強い影響を及ぼすことが知られている．このような人間活動に密接にかかわる宇宙環境現象を**宇宙天気**（space weather）とよび，宇宙天気現象の理解とその予報（宇宙天気予報）は，現代の太陽地球系科学の重要な課題となっている．

2.13 太陽活動変動に伴う銀河宇宙線の変動

　太陽フレアに伴う磁気嵐が発生した場合，銀河宇宙線の強度が減少することは，フォービッシュ減少（Forbush decrease）として1930年代から知られていた（図2.16参照）．図2.16に示されるように，フォービッシュ減少は，太陽フ

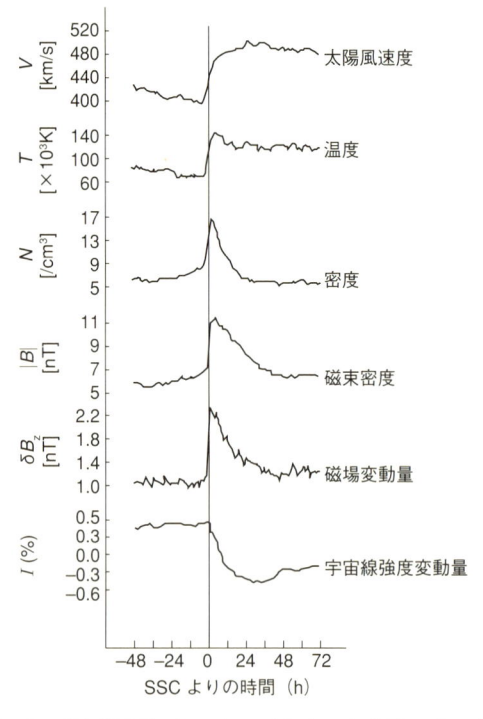

図2.16　磁気嵐急始（SSC）で重ねた，太陽風のプラズマ，磁場と宇宙線強度の観測の比較
（小田ほか，1983）

2.13 太陽活動変動に伴う銀河宇宙線の変動

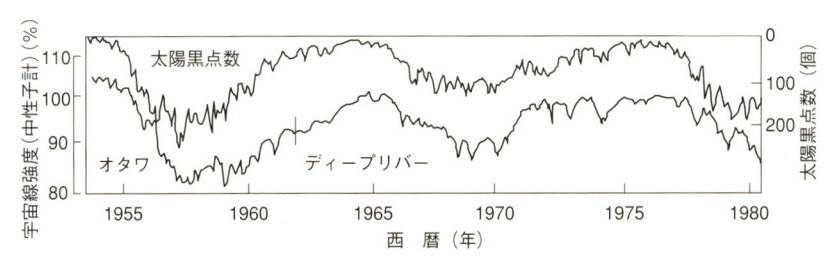

図 2.17 1 カ月平均の太陽黒点数とディープリバー観測点における宇宙線強度の比較
（小田ほか，1983）．（注：太陽黒点数は図の下に向かって大となる．）

レアの 2〜3 日後に地球上で観測される．また，太陽風の擾乱が太陽圏の中を広がるにつれて，太陽からより遠い地点でもフォービッシュ減少が観測されるようになることが，Pioneer-10 号，-11 号の観測の比較から明らかにされた．このフォービッシュ減少は，太陽圏を伝搬している**銀河宇宙線**（galactic cosmic ray）が太陽風の磁場擾乱によって軌道の擾乱を受けた結果，地球に到達する宇宙線のフラックスを減ずることが原因となる．

惑星間空間磁場の平均強度は，太陽活動が活発な時期には強まり，逆に太陽活動下降期，極小期には弱まる．このことは，太陽活動度の周期変動に呼応して，宇宙線フラックスも変動することを類推させるが，図 2.17 のように，事実，太陽活動が活発になると宇宙線が減少し，逆に太陽活動が静かになると宇宙線は強くなることが示されている．

地球に降り注ぐ宇宙線強度と太陽活動度がきわめてよい相関をもつことを利用して，年輪やアイスコアなどの分析から得られる過去の宇宙線強度の推定値から，その時代の太陽活動度を類推することが，現在盛んに行われている．ベリリウム 10 や炭素 14 は，宇宙線と大気との相互作用により生成する**宇宙線生成核種**（cosmic-ray-produced nuclide）とよばれる．すなわち，太陽活動が活発なときには，地球大気に到達する銀河宇宙線が弱くなり，その結果ベリリウム 10 や炭素 14 の生成率が減少することになる（図 2.18 参照）．近年，太陽活動変動と気候変動との関係が，古気候の履歴と太陽活動の変動との間に明らかにされ，とくに宇宙線強度変動を仲介して気候が変動する可能性が指摘されるに及んで，太陽活動変動が気候変動へ影響するかという，長い論争に解決が得られようとしている．

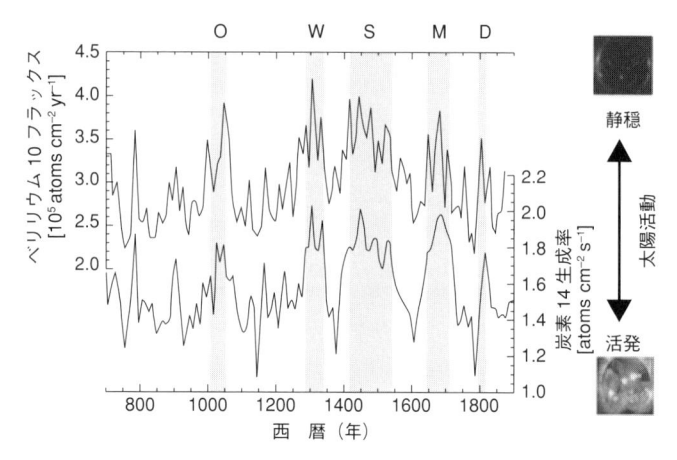

図2.18 「ドームふじ」アイスコアから得られた過去千年間のベリリウム10変動と年輪中の炭素14変動との比較
O, W, S, M, D はそれぞれ太陽活動静穏期を示す．(Horiuchi et al., 2008)

2.14 太陽圏

　太陽風と恒星間ガスとが接する領域が**太陽圏界面**（heliopause）である．太陽および惑星の，自転および公転の向きは，地球の北極側の宇宙から見て左回りの角運動量をもつが，これは，銀河系における太陽付近の角運動量が集約されるかたちで，太陽・惑星系が形成されたことに起因すると考えられる．
　太陽圏は，半径が約8万～10万光年といわれる天の川銀河の中心から約2万6千光年離れた，ペルセウス腕に属し，天の川銀河の星間ガスの中を約 25 km/s で運動している．太陽圏のスケールは，図2.19のようにほぼ 100 AU の大きさをもっている．超音速で吹き出した太陽風は，星間ガスによって減速され亜音速となる．このため太陽圏界面の内側には**終端衝撃波**（termination shock）が発生する．太陽圏界面付近のこのような描像は，Voyager-1, -2号により確認されることとなった．Voyager-1探査機は1977年9月5日に打ち上げられ，27年の飛行の後，2004年12月，太陽から 94 AU 離れた場所に終端衝撃波を確認した．Voyager-2探査機は1977年8月20日に打ち上げられ，2007年8月に 87 AU において終端衝撃波を観測した．これらの探査機は今後10年ほどの間に，太陽圏

2.14 太陽圏

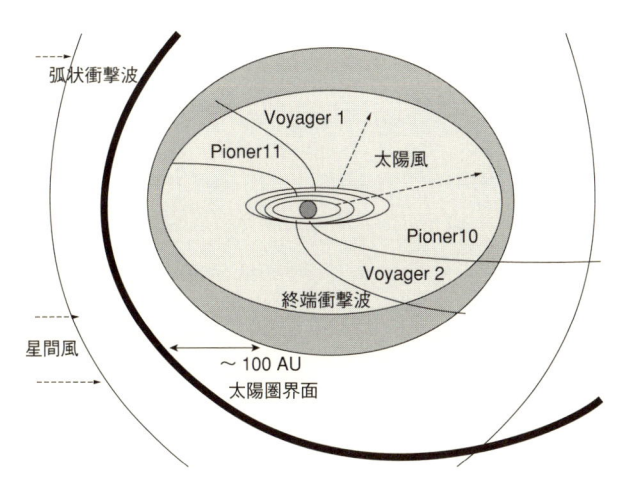

図 2.19 太陽圏の構造
太陽風と恒星間ガスが接する領域が太陽圏界面である．太陽圏界面の内側を太陽圏とよぶ．

界面を離脱すると予想されている．

第3章 地球磁気圏の構造

　地球は固有磁場をもっており，その形は双極子型の磁場構造でよく近似できる．実際には，口絵2に示すように，太陽から太陽風が吹きつけることによって，太陽側の磁気圏は押しつぶされ，太陽と反対側の磁気圏は反太陽方向に長く引き伸ばされる構造をもつ．この地球磁場の勢力範囲を**地球磁気圏**（magnetosphere）とよぶ．本章では磁気圏の各領域について概説し，次に磁気圏の擾乱現象のひとつである**サブストーム**（substorm）について紹介する．なお，磁気圏・電離圏について多くの文献が出版されている．紙面の関係で，本書で詳述することのできなかった領域や現象については，参考文献にある教科書などを参考にしていただきたい．

3.1 地球磁気圏の領域

3.1.1 衝撃波面

　太陽風は超音速の流体であるため，3.1.3項で述べる磁気圏境界のさらに太陽側（上流側）に衝撃波面が形成される．この衝撃波面は，**バウショック**（bow shock）とよばれている．バウショックを通過すると，太陽風は亜音速に変化し，磁気圏境界面との間に，3.1.2項で述べる遷移層領域（**マグネトシース**, magnetosheath）が形成される．

　太陽風がバウショックを横切ると，さまざまなパラメータが不連続に変化する．いま，定常状態にある太陽風の流れを流体的に考えた場合，バウショック

の通過前後で質量，運動量，エネルギーはそれぞれ保存され，次の**ランキン-ユゴニオの関係式**（Rankine-Hugoniot equations）が成り立つ．X_u を上流側の物理量，X_d を下流側の物理量とし，$[X] = X_\mathrm{u} - X_\mathrm{d}$ とすると，

$$\left[\rho v_n^2 + p + \frac{B_t^2}{2\mu_0}\right] = 0 \tag{3.1}$$

$$\left[\rho v_t v_n - \frac{B_t}{\mu_0} B_n\right] = 0 \tag{3.2}$$

$$\left[\left(\frac{1}{2}\rho v^2 + \frac{\gamma p}{\gamma - 1} + \frac{B^2}{\mu_0}\right)v_n - (\vec{v} \cdot \vec{B})\frac{B_n}{\mu_0}\right] = 0 \tag{3.3}$$

$$[B_n] = 0 \tag{3.4}$$

$$[\vec{v}_n \times \vec{B}_t + \vec{v}_t \times \vec{B}_n] = 0 \tag{3.5}$$

が成り立つ．ここで，ρ は密度，v は速度，p は圧力，γ は比熱比，B は磁場である．また，添え字の n は法線方向の，t は接線方向の成分を表している．磁場に対して太陽風が垂直に入射している垂直衝撃波について考えた場合に，上流側と下流側の密度の比 r は，比熱比 γ を用いて，

$$r = \frac{\gamma + 1}{\gamma - 1} \tag{3.6}$$

と表される．いま，比熱比 5/3 を考えると（1.2.4 項参照），バウショック下流のマグネトシースの密度は上流の太陽風の密度に比べて，4 倍となることがわかる．

3.1.2 マグネトシース

衝撃波面と磁気圏境界面の間は，**マグネトシース**（magnetosheath）とよばれる遷移領域になっている．マグネトシースのプラズマの特徴は太陽風に近い．3.1.1 項で述べたように，衝撃波面下流にあるシースの密度は上流側の太陽風密度の数倍あり，衝撃波面で加熱されるため太陽風よりも高温になっている．速度は太陽風よりもやや遅くなるものの，磁気圏プラズマの速度と比べるときわめて高速であり，プラズマの速度のデータから磁気圏プラズマとマグネトシー

スのプラズマを区別することが可能である．マグネトシースのプラズマの平均密度は，約 $8/\text{cm}^3$，イオン温度は $150\,\text{eV}$，プラズマの速度は $400\,\text{km/s}$，そして磁束密度は $15\,\text{nT}$ 程度である．次に述べる磁気圏境界面と直接接触しているのは，このシースのプラズマと磁場である．

3.1.3 磁気圏境界面

太陽風と地球磁気圏の境界を**磁気圏境界面**（magnetopause）とよび，この境界面より内側は地球の固有磁場が支配的な場所となる．昼側の磁気圏境界の位置は，太陽風の圧力と磁気圏側の圧力がつりあう場所で決まる．ここで圧力は，動圧と磁気圧の和として与えられるが，太陽風の動圧が $2\,\text{nPa}$ 程度であるのに対して，太陽風の磁気圧は $30\,\text{pPa}$ 程度であるので，磁気圧は無視することが多い．また，簡単のために磁気圏境界付近においては，磁気圏側の圧力は磁気圧が担っていると考えると，太陽風の数密度を n，質量を m，速度を v，磁場強度を B として，太陽風と磁気圏の圧力のつり合いの式

$$2nmv^2\cos^2\varphi = \frac{B^2}{2\mu_0} \tag{3.7}$$

が成り立つことになる．ここで，φ は磁気圏境界面の法線と太陽風のなす角度を表す．地球の固有磁場が双極子型磁場で近似できるとした場合，距離 r での磁場強度は，

$$B = fB_0\left(\frac{R_\text{E}}{r}\right)^3 \tag{3.8}$$

で表される．ここで，B_0 は地球の表面磁場，R_E は地球半径である．ここで f は，地球の固有磁場が太陽風によって圧縮されることで，磁場強度が強まることを補正する項である．(3.8) 式を用いて，**太陽直下点**（sub-solar point）の $\varphi = 0$ となる場所で，磁気圏境界面の地球中心からの距離 r_mp を (3.7) 式から求めると，

$$r_\text{mp} = R_\text{E}\left(\frac{fB_0}{2\mu_0 nmv^3}\right)^{1/6} \tag{3.9}$$

となる．f の値として，2.44 程度であることが知られている（Walker and Russell, 1995）．昼側の磁気圏境界面は $10\,R_\text{E}$ 付近に位置しており，(3.9) 式から予想される位置とよく一致する．また，**コロナ質量放出**（coronal mass ejection: CME）が到来した際などには，強い動圧と昼側での磁気リコネクションに伴う

3.1 地球磁気圏の領域

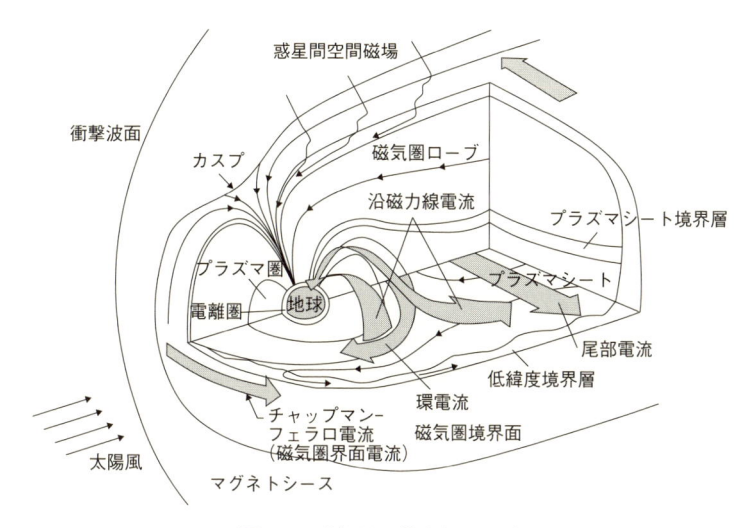

図 3.1 磁気圏の構造と電流系
太いグレーの矢印が電流を表す.

効果（3.2.2 項参照）によって，静止軌道（$6.6R_E$）よりも内側まで磁気圏境界面が入り込むことがあり，通常は北向きの地球の固有磁場が観測されている領域において，南向きの**惑星間空間磁場**（inter planetary magnetic field: IMF）が観測されることもある．この磁気圏境界面の位置を求めるために，太陽風動圧と惑星間空間磁場の強度と向きを関数とした経験的なモデル（たとえば，Shue et al., 1997）もよく使われている．

磁気圏の形状および磁気圏内を流れている電流システムを表したのが，図 3.1 である．昼側の磁力線は，低緯度においてはその両端が南北両半球につながっている閉じた磁力線になっているのに対し，高緯度のローブに接続する磁力線は遠方で惑星間空間磁場につながっており，開いた磁力線になっている．この閉じた磁力線と開いた磁力線を分けているのが**カスプ**（cusp）とよばれる領域である．カスプの粒子は，シースの粒子とよく似ているが，磁力線に沿って下向きに加速を受けている．

磁気圏境界面には**チャップマン–フェラロ電流**（Chapman-Ferraro current, 磁気圏界面電流）とよばれる電流が流れており，昼側の赤道面では図 3.1 に示すように朝側から夕方側へと向かう向きとなる．この磁気圏界面電流を，(1.80)

式で表される定常状態のつりあいの式で考えてみると，磁気圏境界には地球向きのプラズマの圧力勾配が存在しているので，朝側から夕方側に向かう電流が流れていることになる．MHD シミュレーションの結果からは，チャップマン-フェラロ電流の起源として，静穏時にはこの圧力勾配による反磁性電流が，太陽風が強くなるような期間では慣性電流（(3.36) 式参照）が主な原因であることが示されている（Fujita *et al.*, 2003）．

3.1.4　プラズマシートと磁気圏ローブ

夜側の磁気圏は，口絵 2 に示すように反太陽方向に長く引き伸ばされた構造になっている．赤道面付近には，熱いプラズマがシート状になっている**プラズマシート**（plasma sheet）とよばれる領域が存在する．プラズマシートの平均密度は $1/\mathrm{cm}^3$ 以下であり，平均温度はイオンが数 keV，電子が数百 eV となっている．**遠尾部中性線**（distant neutral line）とよばれる磁場が反平行になる場所（図 3.4 参照）が，夜側の $100 R_\mathrm{E}$ 程度のところに存在し，この場所で磁力線が閉じることになる．プラズマシートの厚みは平均 R_E の数倍程度であり，これより外側の磁気圏**ローブ**（lobe）とよばれる領域では，プラズマが反太陽方向に流れ去っていくのに対して，プラズマシート内のプラズマは太陽方向に対流運動を行っている．ローブに入ったシースのプラズマは，マントルとよばれる領域を形成している．ローブのプラズマ密度はきわめて希薄になっており，圧力のほとんどを磁気圧が有している．ローブとプラズマシートを特徴づけるひとつの量は，プラズマ β（(1.89) 式）である．ローブは磁気圧が支配的であるためにプラズマ β が低いのに対し，プラズマシートはプラズマ圧が支配的であるためにプラズマ β が高くなっている．

プラズマシートとローブの南北方向の位置関係は，定常状態ではローブの磁気圧とプラズマシートのプラズマ圧力のつり合いで決まっている．この関係を，(1.80) 式を変形した以下の式で考えてみよう．

$$\vec{J}_\perp = \frac{\vec{B} \times \nabla p}{B^2} \tag{3.10}$$

プラズマシートの圧力勾配は中心部からローブの方向に向かっている．したがって，この圧力勾配によって，プラズマシート中には図 3.1 に示すような朝側から夕方側に向かう方向に反磁性電流が流れている．この反磁性電流が流れるこ

とによってローブの磁場は強められ，逆にプラズマシートの磁場が弱くなっているというふうに理解することもできる．この反磁性電流はプラズマシート電流あるいは**尾部電流**（tail current）とよばれ，磁気圏尾部の構造を理解するためにきわめて重要である．

プラズマシートの粒子は地球に近いほど，1.1.4項で示した磁場勾配ドリフトと曲率ドリフトの影響を受けて，電子は朝側に，イオンは夕方側へとドリフトし（図4.2参照），**プラズマシートの地球側境界**（plasma sheet inner edge）が形成される．口絵3に，人工衛星が観測した電子プラズマシートの地球側境界を示す．電子のエネルギーによって，どこまで地球側に接近できるかが異なっていることがわかる．この境界位置の特徴は，3.3節で述べる内部磁気圏におけるプラズマ粒子の運動によって理解することができる．

3.1.5 プラズマシート境界層

ローブとプラズマシートの間には，**プラズマシート境界層**（plasma sheet boundary layer: PSBL）とよばれる遷移領域が存在している．PSBLの密度は，プラズマシート中心部に比べてわずかに低い．また，プラズマ β の値は，プラズマシートに比べて顕著に低くなっている．PSBLは閉じた磁力線に対応する領域と考えられており，ここでは地球向きの強い粒子ビームが観測される．

3.1.6 低緯度境界層

低緯度のシースと磁気圏の境界付近には，**低緯度境界層**（low latitude boundary layer: LLBL）とよばれるシースと磁気圏プラズマの混合層が存在する．シースで約100 eV程度のイオンはLLBL内で上昇し，プラズマシート付近では数keVまでになる．LLBLの形成過程については議論が続いているが，3.2.2項で述べるシースと磁気圏プラズマの速度差に伴う**ケルビン–ヘルムホルツ型の不安定**（Kelvin-Helmholtz instability）によって，シースプラズマが磁気圏へと侵入する過程が考えられている（Fujimoto *et al.*, 1998, Hasegawa *et al.*, 2004など）．

ここまで紹介してきた磁気圏の各領域の典型的なプラズマ密度，温度，プラズマ β，磁束密度を表3.1にまとめる．

表 3.1　磁気圏各領域のプラズマパラメータ

	シース	ローブ	プラズマシート境界層（PSBL）	プラズマシート中心部
密度 [/cm^3]	8	0.01	0.1	0.3
イオン温度 [eV]	150	100	1,000	4,200
電子温度 [eV]	25	50	150	600
β	2.5	0.003	0.1	6
磁束密度 [nT]	15	20	20	10

（関連書籍 [39]）

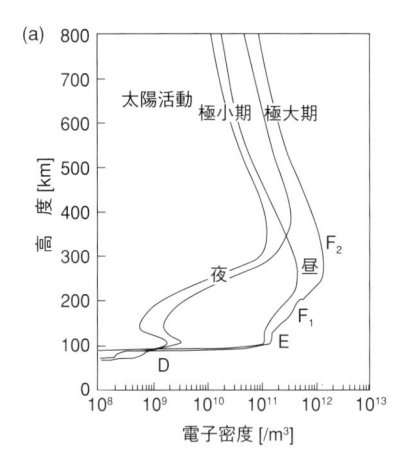

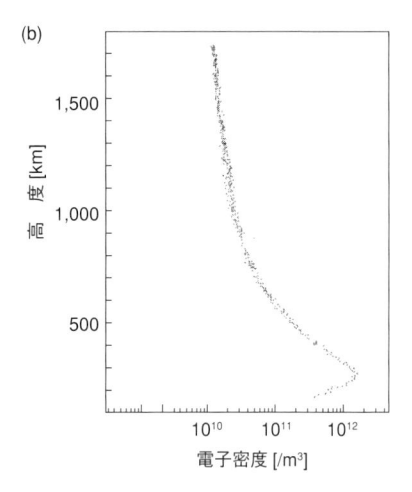

図 3.2　電離圏電子密度分布
（a）中低緯度における分布（Richmond, 1987）.（b）中緯度電離圏トップサイドの電子密度構造（Oya and Obayashi, 1967 を改変）.

3.1.7　電離圏・熱圏

　地表高度 70 km 以上においては，太陽紫外線によって原子や分子が電離し，中性粒子と荷電粒子が共存する**電離圏**（ionosphere）とよばれる構造が形成されている．電離圏は，高度 100 km 程度までを D 領域，高度 100 km から 150 km までを E 領域，150 km 以上を F 領域とよぶ．図 3.2（a）に電離圏プラズマ密度の鉛直構造を示すが，D 領域，E 領域，および F_1（150〜200 km），F_2（200 km 以上）が見えている．また，図 3.2（b）にはロケット実験による高度 1,800 km

までの電子密度分布を示す．電子密度の現象の割合が 800 km 付近からなだらかになる．これは，F 領域の主成分が酸素イオンであるのに対し，より高高度では水素イオンで構成されていることに対応している．この高度には同時に中性大気も存在し，**熱圏**（thermosphere）とよばれている．太陽紫外線や X 線によって大気が加熱され，高度 200 km において 1,000 K 程度まで熱くなっている．オーロラは，磁気圏から降りそそぐ荷電粒子がこの熱圏の原子や分子と衝突して発光する現象である．

さて，電離圏は電離度 0.1% 程度の弱電離であるものの電流を流すことができる．この結果，3.4 節に示すように磁気圏の電流系と結合して，磁気圏-電離圏結合の電流システムを形成している．ここでは，電離圏の電気伝導度について考えてみよう．

衝突がある場合の運動方程式は，(1.33) 式に衝突項を加えて，以下のように書くことができる．

$$m\frac{d\vec{v}}{dt} = q(\vec{E} + \vec{v} \times \vec{B}) - m\nu_c(\vec{v} - \vec{u}) \tag{3.11}$$

ここで，ν_c は衝突周波数，$\vec{u}$ は中性粒子の速度である．ここで定常状態を考え，また中性粒子は止まっているとして，電子の運動を考える．衝突周波数と電子のサイクロトロン周波数 ω_{ge} の比を易動係数 k_e（$= \omega_{ge}/\nu_c$）とすると，電子の速度を $\vec{v}_e$，電荷 $q = -e$ として，

$$\vec{v}_e = -\frac{k_e}{B}(\vec{E} + \vec{v}_e \times \vec{B}) \tag{3.12}$$

となり，変形して，

$$\vec{v}_e = -\frac{k_e}{B}\vec{E} + \left(\frac{k_e}{B}\right)^2 \vec{E} \times \vec{B} - \left(\frac{k_e}{B}\right)^3 (\vec{E} \cdot \vec{B})\vec{B} - k_e^2 \vec{v}_e \tag{3.13}$$

となる．したがって，

$$\vec{v}_e = \frac{1}{1+k_e^2}\left(-\frac{k_e}{B}\vec{E} + \left(\frac{k_e}{B}\right)^2 \vec{E} \times \vec{B} - \left(\frac{k_e}{B}\right)^3 (\vec{E} \cdot \vec{B})\vec{B}\right) \tag{3.14}$$

となる．イオンについては，$q = e$，k_e を k_i として，

$$\vec{v}_i = \frac{1}{1+k_i^2}\left(\frac{k_i}{B}\vec{E} + \left(\frac{k_i}{B}\right)^2 \vec{E} \times \vec{B} + \left(\frac{k_i}{B}\right)^3 (\vec{E} \cdot \vec{B})\vec{B}\right) \tag{3.15}$$

となる．電流密度 $\vec{J} = n_e e(\vec{v}_i - \vec{v}_e)$ を求めると，

$$\vec{J} = \sigma_{//}\vec{E}_{//} + \sigma_p \vec{E}_\perp - \frac{\sigma_H (\vec{E}_\perp \times \vec{B})}{B} \tag{3.16}$$

となる．ここで，σ_p, σ_H, $\sigma_{//}$ はそれぞれ

$$\sigma_p = \left(\frac{k_e}{1+k_e^2} + \frac{k_i}{1+k_i^2}\right)\frac{n_e e}{B} \tag{3.17}$$

$$\sigma_H = \left(\frac{k_e}{1+k_e^2} - \frac{k_i}{1+k_i^2}\right)\frac{n_e e}{B} \tag{3.18}$$

$$\sigma_{//} = (k_e + k_i)\frac{n_e e}{B} \tag{3.19}$$

で与えられ，電場方向のペダーセン電気伝導度（Pedersen conductivity），電場と磁場に対して垂直方向のホール電気伝導度（Hall conductivity），そして磁力線方向の電気伝導度を表す．これらの電流密度，電気伝導度は高度ごとの値であるが，電離圏を薄い層として近似し，次式の高度方向に積分した電流 $\vec{I}$，および電気伝導度 Σ_p, Σ_H で表すこともよく行われる．

$$\vec{I} = \Sigma_p \vec{E} - \frac{\Sigma_H (\vec{E} \times \vec{B})}{B} \tag{3.20}$$

磁気圏の各領域は，図 3.1 にも示しているように，磁力線を介して電離圏とつながっている．オーロラ帯はプラズマシートにつながっていると考えられており，その高緯度側のローブにつながる領域を極冠（polar cap）とよぶ．極冠には，ポーラーレイン（polar rain）とよばれる，数百 eV 程度の太陽風中の高エネルギー電子（ストロール）が電離圏に降下する様子が見られる．このポーラーレインは，惑星間空間磁場のパーカー・スパイラル（2.11 節）が away のときには北半球で，toward のときには南半球で見られる性質がある．

なお，ここでは紙面の都合により簡単に述べたが，電離圏や電離圏電気伝導度の詳細については，関連書籍 [21],[27] および [48] 中の渡部の解説なども参考にされたい．

3.2 磁気圏の大規模対流運動

3.2.1 プラズマシート中の対流運動

磁気圏のプラズマは決して止まっておらず，大規模な運動を行っている．こ

こでは，MHDの運動方程式に基づき，プラズマシートのプラズマの対流運動を見てみよう．プラズマシートの地球側境界，内部磁気圏などの磁場が強い領域においては，エネルギーの高い粒子群は磁場勾配ドリフト，曲率ドリフトによって，粒子のエネルギーに応じて異なったダイナミクスを示し，MHDでは記述することができない．これらの運動については3.3節で述べる．

1.2節において示したように，MHDの運動方程式は，

$$nm\frac{d\vec{v}}{dt} = -\nabla p_{\text{th}} + \vec{J} \times \vec{B} \tag{3.21}$$

となる．ここで，p_{th}はプラズマ圧力を示し，プラズマ圧力の勾配とローレンツ（Lorentz）力がプラズマの加速度の起源であることを意味している．(3.21)式は，

$$nm\frac{d\vec{v}}{dt} = \nabla(p_{\text{th}} + p_{\text{B}}) + \frac{1}{\mu_0}(\vec{B} \cdot \nabla)\vec{B} \tag{3.22}$$

と変形することができる．ここで，p_{B}は磁気圧を表し，また右辺第二項は磁気張力を示している．すなわち，右辺第一項のプラズマ圧の勾配，第二項の磁気圧の勾配，そして第三項の磁気張力の3つの力のバランスの変化によって，プラズマの加速度運動が起こることになる．

磁気張力の具体的な例として，夜側プラズマシートの地球–反地球方向の力のバランスを考えてみよう．プラズマの圧力平衡に関する(1.80)式を，磁気張力を陽に示した形に変形すると，

$$\nabla(p_{\text{th}} + p_{\text{B}}) = \frac{1}{\mu_0}(\vec{B} \cdot \nabla)\vec{B} \tag{3.23}$$

となる．地球に近づくにつれて固有磁場が強くなり，またプラズマの密度と温度も上昇するため，(3.23)式のp_{th}とp_{B}は大きくなり，反太陽方向に圧力勾配がかかることになる．これに対して，地球の磁力線は南北半球に根元をもつような構造をしており，地球向きに張力がかかっている．この2つの力がつり合うことで，地球–反地球方向のプラズマシートの構造は決まっている．

図3.3に示すように，プラズマシートのプラズマは太陽方向に向かって運動し，昼側で反太陽方向へと戻る運動を行う．この運動のことを**磁気圏対流**（magnetospheric convection）とよぶ．プラズマシートでは，1.2.5項で述べたような磁場の凍結（frozen-in）の条件が成立しているため，

第3章 地球磁気圏の構造

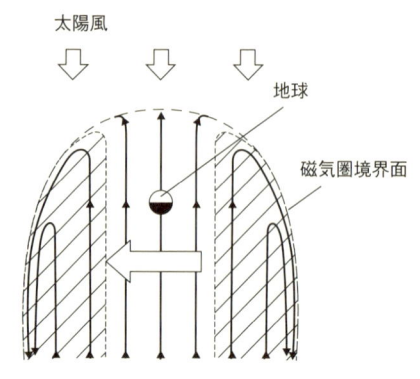

図 3.3 磁気圏赤道面におけるプラズマの対流運動
朝側から夕方側に向かう白い矢印は対流電場を表す．（Cowley, 1982）

$$\vec{E} + \vec{v} \times \vec{B} = 0 \tag{3.24}$$

が成り立っている．したがって，この太陽方向に向かう運動は，図 3.3 に示すように朝側から夕方側に向かって磁気圏に大規模な電場が印加され，プラズマが太陽方向に輸送されていると理解できる．この電場のことを，**対流電場**（convective electric field）とよぶ．この磁気圏対流は，(3.23) 式の磁気張力によって駆動されている．次にこの磁気圏対流の起源について見ていこう．

3.2.2 磁気圏対流の駆動源

Ⓐ 磁気リコネクションによる磁気圏対流

プラズマシートの対流運動を説明するために，図 3.4 に示す磁気リコネクション（1.2.9 項参照）に基づく開いた磁気圏モデル（Dungey, 1961）が提案されている．この開いた磁気圏モデルの概略は，次のとおりである．

1. 南を向いた惑星間空間磁場（磁力線 1）は，昼側の磁気圏境界面で地球の固有磁場と反平行になるため磁気リコネクションが発生し，それまで閉じていた地球の磁力線が開いた磁力線へと変化する．
2. つなぎ変わった磁力線は，片方が地球につながり，もう片方が惑星間空間磁場へとつながっている（磁力線 2）．図の 3→4→5→6 と示されるように，つなぎ変わった磁力線は太陽風とともに夜側へと流されていき，やがてロー

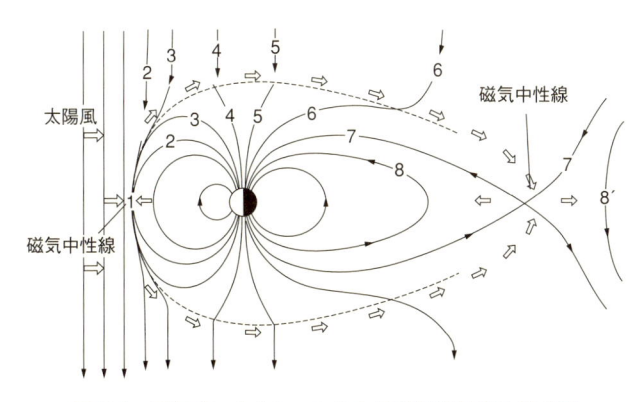

図 3.4 磁気リコネクションによる磁気圏対流の模式図

ブ領域へと蓄積していく．

3. 再結合した磁力線がローブ領域に蓄積していくにつれて，ローブの磁気圧は次第に上昇し，プラズマシートが次第に薄くなっていく．このことは，(3.10) 式に示したように，プラズマシート中を東西に流れる尾部電流が増加することに対応する．薄くなったプラズマシートにおいては，南半球に根元をもつ磁力線と，それと反平行の北半球に根元をもつ磁力線が接近し，磁力線 7 で示されるような磁気リコネクションが起こり，磁力線がつなぎ変わる．その結果，8 で示される磁力線は閉じた構造をもって地球側へと移動し，8′ で示す磁力線は完全に開いて反太陽方向へと移動していく．

4. 磁気リコネクションの結果，(3.23) 式の磁気張力が強まるため，8 の磁力線は地球方向へと加速されていく．このときのプラズマシートの流速は，速いときで数百 km/s にも達することがある．一方，反太陽方向へも磁気張力によってプラズマが加速され，惑星間空間へ放出される．

夜側で磁気リコネクション起こる場所として，地球から $100R_E$ ほど離れた場所に遠尾部中性線が定常的に存在していると考えられている．この遠尾部中性線は，3.1.5 項で述べたプラズマシート境界層につながっていると考えられている．プラズマシート境界層では，地球方向に向かう高速プラズマビームが観測されており，磁気リコネクションに伴って地球方向に加速されたプラズマと考えられている．

一方,後に述べるように,サブストームのときには,遠尾部中性線とは別に地球側に新しく磁気リコネクションが起こる場所,**近尾部中性線**(near-earth neutral line)が形成され,爆発的に地球方向にプラズマの輸送をひき起こしていると考えられている.

❸ 粘性対流

磁気圏対流の起源として,磁気リコネクションによって駆動されるモデルだけではなく,太陽風と磁気圏の粘性相互作用に基づくモデルもある(Axford and Hines, 1961).太陽風およびシースのプラズマは,反太陽方向に数百 km/s で流れており,磁気圏プラズマとの間に速度シアが生じる.電磁流体中に速度シアが存在すると,中性流体と同様のケルビン–ヘルムホルツ型の不安定が励起し(Chen and Hasegawa, 1974),渦の形成とその巻上がりが起こる.このケルビン–ヘルムホルツ型の不安定によって,太陽風・シースのプラズマと磁気圏プラズマの混合と運動量の輸送が起こり,磁気リコネクションを介さずに太陽風のプラズマが磁気圏に侵入し,また磁気圏対流が駆動される.また,このケルビン–ヘルムホルツ型不安定性は,4.4.3❸項で述べる磁気圏 Pc5 地磁気脈動の波動源としても重要であると考えられている.

3.5 節および第 4 章で述べるように,磁気圏の活動度は南向きの惑星間空間磁場に依存している.この事実は,磁気リコネクションによる磁気圏対流が磁気圏ダイナミクスにとって支配的であることを示している.一方,ケルビン–ヘルムホルツ不安定性など磁気リコネクションを介さない過程を通しても,磁気圏対流の駆動と太陽風プラズマの磁気圏への輸送が起こっていることも明らかになっており(Fujimoto *et al.*, 1998 など),その定量的な評価が進められている.

3.3 内部磁気圏

口絵 2 に示した地球に近い磁気圏領域(おおよそ静止軌道 $6.6R_E$ よりも内側の領域)を**内部磁気圏**(inner magnetosphere)とよぶ.図 3.5 に,内部磁気圏に存在するプラズマ・粒子群,すなわち**プラズマ圏**(plasmasphere),**環電流**(ring current),**放射線帯**(radiation belts)(イオン,電子)の模式図を示す.このうち,プラズマ圏のプラズマは最もエネルギーが低く,また密度が高いプラズマ群である.環電流は数十 keV のイオンと電子から構成され,プラズマの圧力

3.3 内部磁気圏

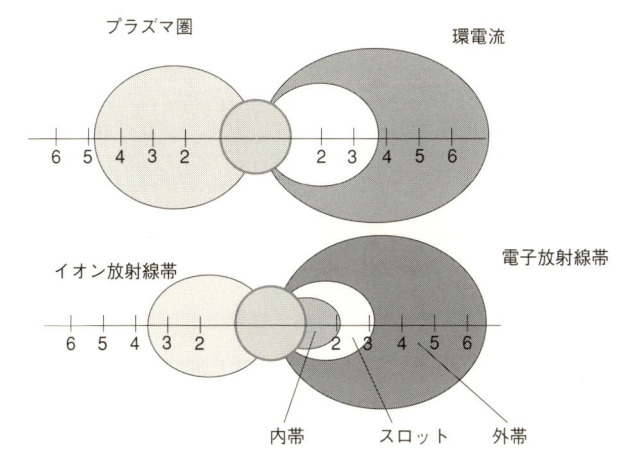

図 3.5 内部磁気圏のプラズマ・粒子分布
横軸は,地球半径で規格化した距離.

を担っている.一方,放射線帯は磁気圏で最もエネルギーが高い粒子群であり,数百 keV から数 MeV 以上のイオンと電子から構成されている.

3.3.1 内部磁気圏の粒子の運動

内部磁気圏の特徴は,地球に近いため磁場が強く,また異なるエネルギー帯の粒子が存在していることである.低エネルギー粒子の運動は電場ドリフトが支配的なのに対して,エネルギーが高くなると磁場勾配ドリフト,曲率ドリフトの影響が強くなる.このため,外部磁気圏のように MHD 近似による運動の記述が困難となる.ここでは,ハミルトニアン(荷電粒子の全エネルギー)を用いて,内部磁気圏に存在する各エネルギー帯の粒子の運動を考えてみよう.

簡単のために,磁気赤道面でピッチ角 90° の粒子を考えることにする.非相対論的な粒子の場合,電位ポテンシャルを Φ とすると,電荷 q,第一断熱不変量を μ として,粒子のハミルトニアン H は次のように書ける.

$$H = q\Phi + \mu B \tag{3.25}$$

この場合,粒子の運動は電場ドリフトと磁場勾配ドリフトの和で規定される.また,電場ドリフトが $E = -\nabla \Phi$ で表されるポテンシャル電場のみによる場合,

上記の H は保存されているため，荷電粒子は H が一定になるような軌道上を運動する．

内部磁気圏のポテンシャル電場の起源は，慣性系でみた際の地球の自転に伴う**共回転電場**（corotation electric field）と対流電場である．いま，簡単のために，対流電場に対するポテンシャルを

$$\Phi_{\text{convection}} = -E_0 r \sin \varphi \tag{3.26}$$

共回転電場に対するポテンシャルを

$$\Phi_{\text{convection}} = -\frac{\omega_E B_0 R_E^3}{r} \tag{3.27}$$

と表す．ここで φ は磁気経度を表し，太陽方向が $0°$ である．また，ω_E は地球の自転角速度である．地球の磁場強度 B を双極子磁場で考えると，(3.25) 式の右辺第二項は

$$\mu B = \mu \frac{B_0 R_E^3}{qr^3} \tag{3.28}$$

と表され，電場ドリフト，磁場勾配ドリフトを合わせた粒子のドリフト速度 $\vec{v}_d$ は，

$$\vec{v}_d = \frac{\vec{B}}{B^2} \times \nabla \left(-E_0 r \sin \varphi + \frac{\mu B_0 R_E^3}{qr^3} - \frac{\omega_E B_0 R_E^3}{r} \right) \tag{3.29}$$

となる．

3.3.2　プラズマ圏

電離圏上部から地球半径の数倍の領域のうち，低温高密度のプラズマが存在する領域をプラズマ圏とよぶ．プラズマ圏プラズマの起源は，電離圏のプラズマが宇宙空間に湧き出したものであり，もともと冷たい電離圏のプラズマがその起源であるために，エネルギーは数 eV 以下ときわめて低い．一方，密度はきわめて高く，場所によっては $1,000/\text{cm}^3$ を超える．プラズマ圏の外側境界は**プラズマ圏界面**（プラズマポーズ，plasmapause）とよばれ，その外側ではプラズマ密度が急激に減少している．

(3.25) 式を使って，磁気圏でのプラズマ圏プラズマの運動を考えてみよう．プラズマ圏プラズマのエネルギーを $0\,\text{eV}$（すなわち $\mu = 0$）と近似した場合，

3.3 内部磁気圏

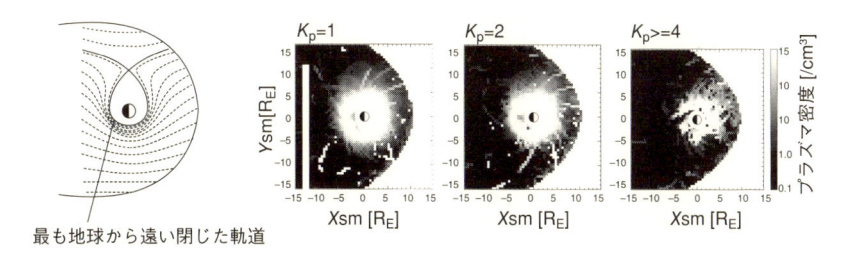

図 3.6 左から赤道面での $\mu = 0$ のプラズマの流線
朝側から夕方側に向かって，0.3 mV/m の一様な電場を印加したもの (Kavanagh et al., 1968)，および THEMIS 衛星による冷たいプラズマの統計的な密度分布構造．$K_\mathrm{p} = 1, 2$ および 4 以上に対応する．

(3.25) 式は

$$H = q\Phi \qquad (3.30)$$

と書くことができる．すなわち，プラズマ圏のプラズマの運動は，電場ドリフトのみによって規定され，その運動は等ポテンシャル線に沿って動くことになる．電位ポテンシャル Φ を (3.26) 式と (3.27) 式の重ね合わせで考えると，(3.30) 式の H で表される流線は，図 3.6 のようになる．プラズマは，この流線（等ポテンシャル面）を横切って動くことはできないことに注意しよう．

図 3.6 から，プラズマの運動には地球のまわりを周回する閉じた線と，その外側に磁気圏の夜側から昼側へと続く開いた流線とがあることがわかる．この閉じた流線の内側の部分がプラズマ圏に相当し，開いた流線と閉じた流線の境界がプラズマポーズに対応する．この線は，last-closed equipotential line（最も地球から遠い閉じた軌道）ともよばれ，$\mu = 0$ のプラズマの last-closed equipotential line がプラズマポーズに対応する（Nishida, 1966 など）．プラズマポーズの外側では，電離圏から湧き上がってきたプラズマは対流電場によって流れていくため，密度は低い．一方，プラズマポーズの内側では電離圏から湧き上がってきたプラズマが蓄積するため，高密度となる．

3.2.2 項で述べたように，惑星間空間磁場が南を向くと磁気リコネクションが促進され，対流電場が大きく変化する．また，第 4 章で述べる磁気嵐のときには，対流電場の強さはとりわけ大きくなる．したがって (3.30) 式からわかるように，プラズマポーズの位置は対流電場の大きさによって変化し，対流電場が

第 3 章 地球磁気圏の構造

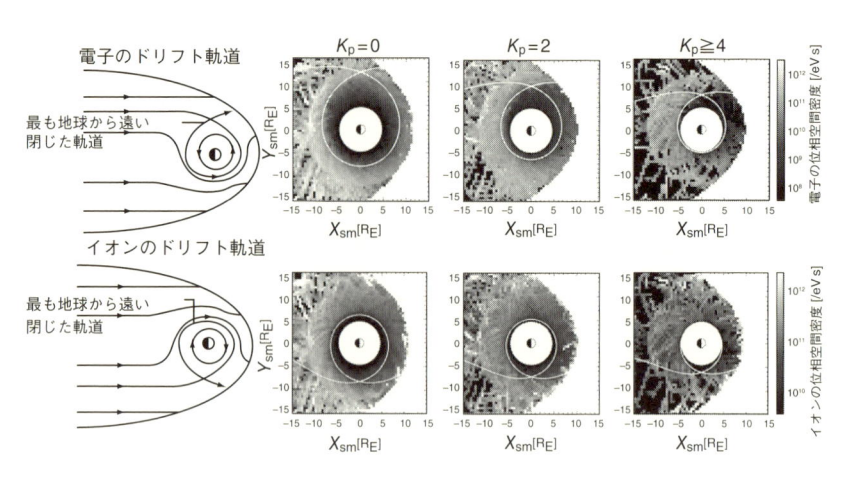

図 3.7 イオンと電子のドリフト軌道
（上）左から電子のドリフト軌道（Wolf, 1995），THEMIS 衛星による 100 eV/nT の電子の統計分布（$K_p = 0, 2, 4$ 以上に対応）．THEMIS 衛星図中の白線は，計算から出された最も地球から遠い閉じた軌道．（下）100 eV/nT のイオンのドリフト軌道．

強くなるとプラズマポーズは地球側へと接近することになる．

図 3.6 に，THEMIS によって調べられた，異なる Kp 指数（付録参照）ごとに整理した統計的なプラズマ密度分布を示す．密度が急激に変化する明瞭な境界（プラズマポーズ）が見られるとともに，対流電場が発達して Kp 指数が大きくなるに従って高密度の領域が小さくなり，対流活動によってプラズマ圏が収縮していることがわかる．

3.3.3 環電流粒子

内部磁気圏には，数百 eV から数百 keV にわたる高エネルギー粒子群が存在する．図 3.1 に示した環電流を担っているエネルギー帯の粒子ということで，**環電流**（ring current）**粒子**とよばれる．

環電流の粒子はイオンと電子から構成されている．環電流の粒子の起源のひとつは，プラズマシートの熱いプラズマである．このエネルギー帯の粒子のダイナミクスには，(3.25) 式の右辺第一項，第二項で表される電場ドリフト，および磁場勾配ドリフトの両方が重要となる．図 3.7 に，プラズマシートから内部磁気圏における，イオンおよび電子のドリフト軌道と，THEMIS 衛星の統計

解析に基づくプラズマシートの位相空間密度分布を示す．1.1.4項の議論からもわかるように，磁場勾配ドリフトは粒子のエネルギーおよび電荷に依存する．磁場が弱いプラズマシートの領域では，(3.25)式の右辺第一項が卓越し，粒子は地球方向にドリフトしてくる．この粒子は，地球に近づくにつれて右辺第二項の影響のため，電子は朝側へ，イオンは夕方側へとドリフトする．この結果，図3.7に示したように，プラズマシートから内部磁気圏につながる開いたドリフト軌道と，地球の周りを取り囲む閉じたドリフト軌道があることがわかる．

プラズマシートから地球方向に移動してくる粒子は，閉じた領域には入ることができず，閉じた軌道と開いた軌道の境界に3.1.4項で示した**プラズマシートの地球側境界**（plasma sheet inner edge）をつくる．図3.7に示したTHEMIS衛星によるプラズマシートの電子・イオンの統計分布からも明瞭な境界があることがわかる．なお，(3.25)式および口絵3からもわかるようにこの内側境界の場所や形状は粒子の第一断熱不変量によって異なる（Ejiri（1978））．

もし(3.25)式のΦが一定であれば，開いたドリフト軌道にいる粒子は地球を1周することができない．実際の磁気圏では，Φが時々刻々と変化しているため，それまで開いたドリフト軌道上を運動していた粒子が閉じたドリフト軌道に乗り替えることが起こる．このように対流電場Φの時間変化は，環電流を構成する粒子のドリフト軌道に大きくかかわるため，磁気嵐の発達に本質的な役割を果たしている．

さて，粒子の第一，第二断熱不変量が保存されている場合，(3.25)式で表されるドリフト運動中の粒子のエネルギーとピッチ角を考えてみよう．ここでは，簡単のために非相対論的粒子の場合を示す．(1.40)式に示したように，第一断熱不変量は

$$\mu = \frac{mv_\perp^2}{2B}$$

であり，第一断熱不変量が保存された状態で粒子が磁場の強い場所に輸送される場合，磁力線に垂直方向の粒子のエネルギーは増加することになる．たとえば，磁場強度B_0の場所において磁場に垂直方向の速度$v_{0\perp}$をもつ粒子が，磁場強度B_1の場所に移動する場合の磁力線に垂直方向の速度$v_{1\perp}$には，第一断熱不変量の保存から，

$$v_{1\perp}^2 = v_{0\perp}^2 \frac{B_1}{B_0} \tag{3.31}$$

で与えられる．一方，第二断熱不変量を保存している粒子は，地球に近づき磁力線が短くなるに従って，磁力線平行方向のエネルギーが増加する．ここで，双極子型の磁場を考えると，赤道面での背景磁場強度は $1/L^3$ に比例し，また磁力線の長さはおおよそ L に比例するため，第一，第二断熱不変量は，

$$\begin{aligned} \mu &\propto \frac{v_\perp^2}{B} = v_\perp^2 L^3 = \text{const.} \\ J &= \int m v_{//} \, ds \propto v_{//} L = \text{const.} \end{aligned} \tag{3.32}$$

と表される．この関係を用いて，粒子のピッチ角 α の L 値依存性を求めると，

$$\alpha = \tan^{-1}\left(\frac{v_\perp}{v_{//}}\right) \sim \tan^{-1}(L^{-1/2}) \tag{3.33}$$

となる．したがって，第一，第二断熱不変量を保存した粒子が，L 値が小さい地球に近いところに移動した場合，粒子のエネルギーは増加し，またピッチ角も $90°$ 方向へと変化することになる．このとき磁力線垂直方向が平行方向よりも選択的に加速されるため，プラズマシートの粒子群が地球方向に輸送される際には，速度分布関数の非等方性が発達する．この非等方性（温度異方性）は，4.3 節で述べるプラズマ波動の励起にとって本質的なものとなる．

この対流電場による輸送過程では，(3.25) 式で示すようにハミルトニアンは一定であるから，粒子のエネルギーは対流電場のポテンシャル電位差以上には加速されない．図 4.1 に示すように，通常の磁気圏対流電場（極冠電位差）は数十 kV 程度であり，磁気嵐のときには 200 kV 程度まで上昇する．したがって数百 keV 以上の粒子を輸送するためには，対流電場による輸送以外のメカニズムを考える必要がある．

また，第 4 章に示すように，環電流を構成している粒子の中には数十 keV から数百 keV のエネルギーをもつ電離圏起源の 1 価の酸素イオンも存在していることがわかっており，とくに大きな磁気嵐の発達に重要な役割を果たしている可能性が指摘されている（Hamilton *et al.*, 1988, Daglis *et al.*, 1999 など）．

3.3.4 放射線帯

内部磁気圏には，**放射線帯**（radiation belts）とよばれる磁気圏で最もエネル

3.3 内部磁気圏

ギーの高い粒子群も存在している（図3.5）．放射線帯は，1958年にアイオワ大学のVan Allenのグループによる人工衛星の観測によって発見されたが（Van Allen *et al.* 1958; Van Allen and Frank, 1959），この発見は飛翔体による宇宙観測の幕開けとなった画期的なものであった．なお，放射線帯のエネルギーの高い粒子は，人工衛星の深部・表面**帯電**（charging）や**シングルイベントアップセット**（single event upset）とよばれる回路の誤作動をひき起こし，人工衛星の劣化や故障をひき起こすやっかいな存在でもある（Baker *et al.*, 1987, Lanzerotti, 2001など）．したがって，放射線帯の高エネルギー粒子の変動の理解とその予測は，**宇宙天気研究**（Space Weather）の重要な課題となっている．

図3.5に示したように，イオン放射線帯は地球半径の2～3倍程度のところにフラックスのピークをもち，地球を取り囲むようなベルト状の構造をもっている．電子放射線帯は，1 MeV以下の電子では**内帯**（inner belt）と**外帯**（outer belt）の二重構造を持ち，両者の間にはフラックスの少ない**スロット領域**（slot region）が存在する．一方，MeV帯の電子では通常内帯は見られず，地球半径約3倍の位置に「侵入障壁（impenetrable barrier）」と呼ばれる境界があり，それより内側のフラックスは，巨大磁気嵐による増加を除いて，通常は極めて小さい．

イオン放射線帯のうち数十MeV以上のイオンの起源は，銀河宇宙線や太陽の高エネルギー粒子が地球の超高層大気と衝突し，アルベドニュートロン崩壊（**宇宙線アルベドニュートロン崩壊** cosmic ray Albedo neutron decay: CRAND, 太陽陽子アルベドニュートロン崩壊 solar proton Albedo neutron decay: SPAND）を起こしてできた2次陽子が地球磁気圏に捕捉されたものと考えられている．また，イオン放射線帯を構成する数百keVから数MeVの粒子は，環電流イオンと同様に太陽風起源，電離圏起源の両方があると考えられている．

一方，外帯電子については，プラズマシートに起源をもつと考えられている．ここで，放射線帯粒子について，(3.25)式を $q\Phi \ll \mu B$ として放射線帯粒子の運動を考えてみよう．この場合，(3.25)式は

$$H = \mu B \tag{3.34}$$

となる．すなわち，エネルギーが高い粒子のドリフト軌道は，ポテンシャル電場の影響を受けず，等磁場面に沿って地球のまわりを取り囲むように運動することになり，対流電場のみでは，放射線帯の高エネルギー粒子の輸送を行うことができない．そのため対流電場以外の輸送メカニズムを考える必要がある．

放射線帯粒子の運動に影響を及ぼす効果のひとつは，環電流などの発達に伴う背景磁場の変形によるものである．このとき，放射線帯粒子の第三断熱不変量が保存されているとすると，粒子は断熱不変量を保存するように運動する（**Dst効果** Dst effect（Dessler and Karplus, 1961, Kim and Chan, 1997など））．すなわち，環電流の発達によって内部磁気圏の磁場が減少する場合，粒子のドリフト軌道は磁束を保存しようとして外側へと移動する．このとき粒子は背景磁場強度が弱いところに移動するため，第一断熱不変量の保存から粒子のエネルギーは減少する．背景磁場が回復すると，粒子のドリフト軌道は内側に移動し，またエネルギーも増加する．このDst効果は可逆過程であるため，磁場の変形の前後で粒子のフラックスは変化しない．しかし，第4章で述べる磁気嵐をはじめとする磁気圏の擾乱時には，外帯の電子フラックスは減少・増加し，Dst効果以外の過程がはたらいていることを示唆している．

放射線帯電子の増加メカニズムのひとつとして，誘導電場との相互作用による**動径方向拡散**（radial diffusion）が起源のひとつとして考えられている（Schulz and Lanzerotti, 1974など．4.4.2項参照）．このとき第一，第二断熱不変量を保存したまま，粒子が磁場の強い地球側に輸送されるため，3.3.3項に示したように電子のエネルギーが増加する．また，4.4.2項で示すように，放射線帯の中で波動粒子相互作用によってエネルギーの低い電子が加速されて，放射線帯を形成するというメカニズムも提案されている．なお，粒子のエネルギーが，特殊相対論で示される静止エネルギー（電子 511 keV，イオン 911 MeV）に対して無視できない値の場合，第一断熱不変量は (1.40) 式ではなく，

$$\mu = \frac{p_\perp^2}{2m_0 B} \tag{3.35}$$

となる．ここで，$p_\perp$ は垂直方向の運動量である．

一方，電子の内帯の起源は上記のアルベドニュートロン崩壊に加えて，磁気圏起源の電子も寄与していると考えられている．とくに大規模な磁気嵐のときには電子内帯においてもフラックスの顕著な増加がみられるが，このようなときには外帯電子がスロット領域を越えて内帯に流入していると考えられている．

第4章でも述べるように，この放射線帯の電子は，ホイッスラー（Whistler）モード波動との波動粒子相互作用によって，ピッチ角散乱（5.6.6項参照）を受ける．ピッチ角散乱を受けてロスコーンに入った電子は，大気へと落下して

いく（Kennel and Petschek, 1966）．Lyons *et al.*（1972），Lyons and Thorne（1973）は，観測から得られたホイッスラーモード波動のスペクトルをもとにピッチ角散乱係数を計算し，フォッカー–プランク（Fokker-Planck）方程式を解くことで，放射線帯電子のピッチ角分布と L 値方向の分布を計算し，スロット領域の起源がピッチ角散乱による電子の消失に起因することを明らかにした．

本節で示したように，内部磁気圏はエネルギーや起源の異なるプラズマ粒子群が共存している．近年では第 4 章で述べるように，異なる領域や，異なるエネルギー階層のプラズマ粒子群が，波動粒子相互作用や沿磁力線電流（3.4 節）を介して動的に結合して放射帯の粒子加速や内部磁気圏のダイナミクスを作り出す「領域間結合（cross-regional coupling）」「エネルギー階層間結合（cross-energy coupling）」が重要であると考えられるようになっている．

3.4　磁気圏を流れる電流

図 3.1 に示したように，磁気圏にはさまざまな電流が流れており，磁気圏システムを理解するうえで電流構造は本質的に重要である．ここでは，まず磁力線と垂直方向に流れる電流を考え，次に磁力線方向に流れる**沿磁力線電流**（field-aligned current）を考えてみよう．なお，磁気圏電流については，Sato（1982）や関連書籍 [48] 中の塩川による解説なども参考にされたい．

3.4.1　磁力線を垂直方向に流れる電流

磁力線と垂直方向に流れる電流は，(3.21) 式を変形することによって，以下のように得られる．

$$J_\perp = \frac{\vec{B} \times \nabla p_{\mathrm{th}}}{B^2} + \frac{nm}{B^2}\left(\vec{B} \times \frac{d\vec{v}}{dt}\right) \tag{3.36}$$

右辺第一項はプラズマの圧力勾配によって流れる**反磁性電流**（diamagnetic current），第二項はプラズマの加速度に伴って流れる**慣性電流**（inertial current）である．すでに述べたように，プラズマシートを流れている尾部電流（cross-tail current）は反磁性電流である．

また，プラズマシートの地球側を流れる環電流も，反磁性電流である．ここでは，環電流について詳しく見てみよう．プラズマシートの動径方向の圧力分

布を考えると，圧力のピークよりも地球側では東向きの電流が，反地球側では西向きの電流が流れる．Lui et al.（1987）による AMPTE/CCE 衛星の観測によると，西向きと東向きの電流密度はほぼ同じであることが示されている．しかし，西向きに流れる電流領域のほうが広いので，トータルの電流量は西向きが卓越している（Ebihara and Ejiri, 2000）．第 4 章で述べるように，磁気嵐のときには対流電場が増加し，プラズマシートがより地球側に侵入し，地球に近い場所で大きな西向き電流が流れることになる．この西向き電流は，地上では地球の固有磁場（北向き）を打ち消すような磁場を作り出すため，Dst 指数で表されるように地表の北向き磁場成分が大きく減少することになる（図 4.1 参照）．

環電流についてイオンの運動を考慮して，さらに詳しく考えてみよう（Parker, 1957）．磁力線に垂直方向の圧力を $P_\perp$，平行方向の圧力を $P_{//}$ とする．イオンの磁場勾配ドリフト，曲率ドリフトに伴って流れる電流は，

$$\vec{J}_\perp = \frac{\vec{B}}{B^2} \times \left(\frac{p_\perp}{B} \nabla B + \frac{p_{//}}{B^2} (\vec{B} \cdot \nabla B) \vec{B} \right) \tag{3.37}$$

と書ける．ここで，右辺第一項は磁場勾配ドリフトに，第二項は曲率ドリフトによるものである．一方，イオンのジャイロ運動に伴う電流は

$$\vec{J}_{\perp C} = \frac{\vec{B}}{B^2} \times \left(\nabla p_\perp - \frac{p_\perp}{B} \nabla B - \frac{p_\perp}{B^2} (\vec{B} \cdot \nabla B) \vec{B} \right) \tag{3.38}$$

となる．環電流は，(3.37) 式と (3.38) 式の和として，以下のように表される．

$$\vec{J}_\perp = \frac{\vec{B}}{B^2} \times \left(\nabla p_\perp + \frac{(p_\perp - p_{//})}{B^2} (\vec{B} \cdot \nabla) \vec{B} \right) \tag{3.39}$$

ここからわかるように，イオンの磁場勾配ドリフトによって流れる電流はイオンのジャイロ運動による電流に打ち消されるため，イオンの磁場勾配ドリフトは環電流には寄与しない．また，$p_\perp$ と $p_{//}$ が等しい場合，(3.39) 式は MHD の圧力勾配による電流 (3.10) 式と同じ表式となり，圧力勾配のみによって環電流が流れていることがわかる．環電流を構成しているイオンは，磁場勾配ドリフト，曲率ドリフトによって西向きに移動する．しかし，西向きの環電流に主に寄与しているのは，イオンの圧力勾配である．

3.4.2 磁力線に沿って流れる電流

次に磁力線に沿って流れる電流（沿磁力線電流）を考えてみよう．定常状態

3.4 磁気圏を流れる電流

では，電流は連続であるため，電流ベクトルの発散は常に 0 になる．すなわち，3.4.1 項で見てきた磁力線を垂直方向に流れる電流が垂直面内のみで閉じない場合には，磁力線に沿って流れることになる．

電流の連続性を考えると，磁力線に垂直な電流 $J_\perp$ と沿磁力線電流 $J_{//}$ は，

$$\nabla \cdot \vec{J} = \nabla \cdot (\vec{J}_\perp + \vec{J}_{//}) = 0 \tag{3.40}$$

となるので，

$$\nabla \cdot \vec{J}_\perp = -\nabla_{//} \cdot \vec{J}_{//} = -\vec{B}\frac{\partial}{\partial s}\left(\frac{\vec{J}_{//}}{B}\right) \tag{3.41}$$

となる．(3.36) 式と (3.31) 式を用いると，沿磁力線電流は

$$J_{//} = \vec{B} \cdot \int \left(\frac{2}{B^2}\vec{J}_\perp \cdot \nabla B + nm\frac{\vec{B}}{B^3} \cdot \frac{d(\nabla \times \vec{v})}{dt} - \frac{\vec{J}_{\mathrm{in}} \cdot \nabla(nm)}{nmB}\right) ds \tag{3.42}$$

となる（Hasegawa and Sato, 1979, Sato and Iijima, 1979, Vasyliunas, 1984, Harendel, 1990, Paschman et al., 2003）．ここで $\vec{J}_{\mathrm{in}}$ は慣性電流を表し，次のように書かれる．

$$\vec{J}_{\mathrm{in}} = \frac{nm}{B^2}\left(\vec{B} \times \frac{d\vec{v}}{dt}\right) \tag{3.43}$$

(3.42) 式を見ると，磁気圏で沿磁力線電流を駆動するのは，(1) 磁場の勾配と同じ方向に流れている磁力線に垂直な電流，(2) プラズマの渦（シアー）の時間変化，そして (3) 背景プラズマの密度勾配方向に流れる慣性電流の 3 つであることがわかる．

次に，この沿磁力線電流について，MHD 方程式に基づいて，より一般的なかたちで見ていこう．以下のような (3.21) 式の運動方程式，磁場の時間発展方程式，そして (3.40) 式の電流の保存の式を考える．

$$nm\frac{d\vec{v}}{dt} = -\nabla p_{\mathrm{th}} + \vec{J} \times \vec{B} \tag{3.21}$$

$$\frac{\partial \vec{B}}{\partial t} = \nabla \times (\vec{v} \times \vec{B}) \tag{3.44}$$

$$\nabla \cdot \vec{J} = \nabla \cdot (\vec{J}_\perp + \vec{J}_{//}) = 0 \tag{3.40}$$

(3.21) 式を (3.40) 式に代入することで，これまでの議論と同様に沿磁力線電流の式が得られる．簡単のために，慣性電流を無視すると，

$$\frac{d\Omega_{//}}{dt} = \frac{B^2}{nm}\nabla_{//}\frac{\vec{J}_{//}}{B} - \frac{2\vec{B}\cdot\nabla p \times \nabla B}{nmB^2} \tag{3.45}$$

となる．ここで，$\vec{\Omega} = \nabla\times\vec{v}$ は渦度を表し，また，$\Omega_{//} = (\vec{B}\cdot\vec{\Omega})/B$，$\nabla_{//} = (\vec{B}\cdot\nabla)/B$ である．一方，(3.44) 式より，$\nabla\times\vec{B} = \mu_0\vec{J}$ を用いて，

$$\frac{d\vec{J}_{//}}{dt} = \frac{1}{\mu_0}\nabla_{//}B\Omega_{//} \tag{3.46}$$

が得られる（ここで，$\nabla_{//}(\vec{v}\cdot\mu_0\vec{J})/\nabla_{//}B\Omega_{//} \ll 1$ より，$\nabla_{//}(\vec{v}\cdot\mu_0\vec{J})$ の項を落としている）．

(3.45) 式において，定常状態を考えると，

$$\nabla_{//}\frac{\vec{J}_{//}}{B} = \frac{2\vec{B}\cdot\nabla p \times \nabla B}{B^2} \tag{3.47}$$

となり，プラズマの圧力勾配が沿磁力線電流に寄与することがわかる．

次に，圧力勾配がない状態を考えると，(3.45) 式と (3.47) 式を加えて

$$\frac{1}{2B}\frac{\partial}{\partial t}(nm\Omega_{//}^2 + \mu_0 J_{//}^2) = \nabla_{//}\Omega_{//}\vec{J}_{//} \tag{3.48}$$

が得られる（ここで，$d/dt \approx \partial/\partial t$ としている）．(3.48) 式を磁力線に沿って積分すると，

$$\int \frac{1}{2B}(nm\Omega_{//}^2 + \mu_0 J_{//}^2) ds = \mathrm{const.} \tag{3.49}$$

となる．地球磁気圏の場合には，北から見て時計回りの渦運動がある場合には，磁気圏から電離圏から向かう方向に，逆に反時計回りの渦運動がある場合には，電離圏から磁気圏に向かう方向に沿磁力線電流が流れていることになる．また，(3.45) 式と (3.46) 式は，沿磁力線電流は，磁力線に沿ってアルフヴェンモード（0 次のモードと交流成分）として伝わっていくことを意味している（Ogino, 1986）．

なお，1.2.5 項でみた磁場の凍結（frozen-in）の状態を考えると，

$$\vec{E} + \vec{v}\times\vec{B} = 0 \tag{3.50}$$

が成り立つので，この式の発散をとって変形すると，

$$\nabla\cdot\vec{E} = -\vec{B}\cdot\nabla\times\vec{v} = -B\Omega \tag{3.51}$$

となり，プラズマの渦運動は，$\nabla\cdot\vec{E}$ で表される空間電荷と等価である．

3.4.3 沿磁力線電流と電離圏電流

沿磁力線電流の存在は，電離圏上空を飛翔している低高度衛星の磁場観測から明らかにされている．いま注目している時間スケールにおいて，(1.23) 式のアンペール（Ampère）の法則において変位電流の寄与を無視すると，電流と磁場の関係は，

$$\vec{J} = \frac{1}{\mu_0} \nabla \times \vec{B} \tag{3.52}$$

となる．沿磁力線電流が東西方向に広がったシート状になった構造と考えると，その電流密度は

$$J_{//} = -\frac{1}{\mu_0} \frac{\partial B_e}{\partial x} \tag{3.53}$$

となる．ここで，B_e は磁場の東西成分であり，x は北向きを示す．$J_{//}$ については電離圏から磁気圏に向かう**上向き電流**（upward field-aligned current）を正，磁気圏から電離圏に向かう**下向き電流**（downward field-aligned current）を負とする．

口絵 4 に，「あけぼの」衛星が観測した極域上空の磁場のデータを示す．ここでは，磁場は地球の固有磁場成分を差し引いた変動成分のみを示している．このうち東西方向の磁場成分からは上向き沿磁力線電流と，下向き沿磁力線電流とが隣り合って存在していることがわかる．また，上向き沿磁力線領域には，3.5.3 項で述べる**逆 V 字**（inverted-V）形とよばれる沿磁力線加速電場によって加速された電子が見えている．

この沿磁力線電流の電離圏高度での平均的な分布を示したものが，図 3.8 である（Iijima and Potemra, 1978）．高緯度では，朝側で下向き電流（磁気圏から電離圏に向かう電流），夕方側で上向き電流（電離圏から磁気圏に向かう電流）の領域となっており，**領域 1 電流**（region-1 current）とよばれている．その低緯度側には，朝側で上向き電流，夕方側で下向き電流が流れており，**領域 2 電流**（region-2 current）とよばれている．沿磁力線電流が電離圏に流れ込む下向き電流領域では電離圏は正に，上向き電流領域では負に帯電することになる．

図 3.9 に示すように，電離圏は大局的には朝側で正に，夕方側で負に帯電し，極冠領域には朝側から夕方側に向かう電場がかかっている．この電場に対応する電位を**極冠電位**（cross-polar cap potential）とよぶ．この電場によるドリフ

第 3 章 地球磁気圏の構造

(a) |AL| < 100 nT
(b) |AL| ≥ 100 nT

■ 磁気圏から電離圏に向かう電流
□ 電離圏から磁気圏に向かう電流

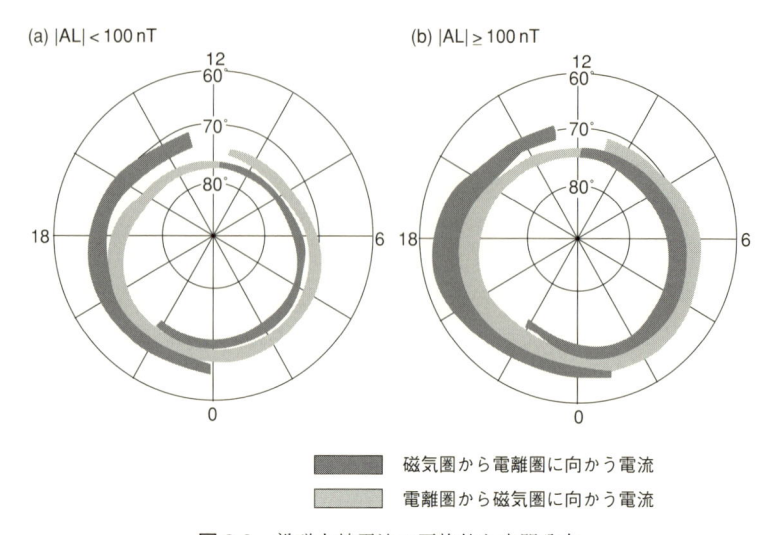

図 3.8　沿磁力線電流の平均的な空間分布
（a）地磁気活動静穏時，（b）地磁気活動活発時．（Iijima and Potemra, 1978）

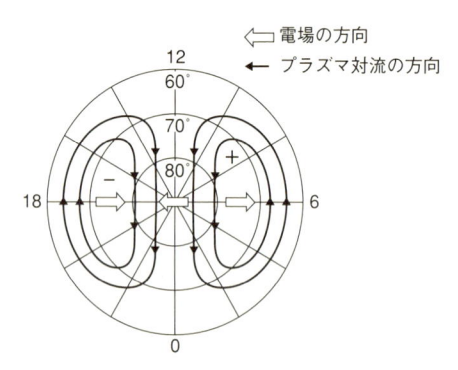

⇐ 電場の方向
← プラズマ対流の方向

図 3.9　高緯度電離圏の等ポテンシャル線と電場構造
朝側と夕方側の 2 つのセル構造から，ツー・セル（two cell）構造ともよばれる．

ト運動によって，電離圏プラズマは対流運動を行う．電離圏電場は，$\vec{E} = -\nabla \Phi$ としてポテンシャル Φ を使って書けるので，$\vec{E} \times \vec{B} = \vec{B} \times \nabla \Phi$ より，電離圏のプラズマは等ポテンシャル線に沿って運動することになる．また，沿磁力線電場がないかぎり，同一の磁力線上では等電位とみなすことができる．したがって，この電離圏電位ポテンシャルが磁気圏に投影されたものが，図 3.3 で示し

た磁気圏対流電場である．

　次に，この領域1電流と領域2電流が，磁気圏のどのような電流系と結びついているかを見てみよう．図3.3に示されているように，磁気圏には夜側から昼側に向かう大規模な対流が存在しており，地球を北極側から見たときに，朝側では時計回りの，夕方側では反時計回りの渦構造が形成されている．3.4.2項の議論をふまえると朝側では磁気圏から電離圏に向かう沿磁力線電流が，夕方側では電離圏から磁気圏に向かう沿磁力線電流が流れるが，これが領域1電流系を形成している一因と考えられている．なお，領域1電流系の形成過程にはさまざまな要因が考えられており（Tanaka, 1995など），現在も議論が続いている．

　一方，(3.42)式の右辺第一項を考えた場合，地球の固有磁場は動径方向に勾配をもっているので，磁場に垂直な電流のうち，動径方向成分がとくに重要となる．プラズマシートから内部磁気圏にプラズマが注入され，局所的に圧力が高い領域（部分環電流）が形成されると，その高圧領域の朝側では反地球方向の電流が流れるために $\vec{J} \cdot \nabla B$ が負になり，夕方側では地球方向の電流が流れるために $\vec{J} \cdot \nabla B$ が正となる．したがって，夕方側では磁気圏から電離圏に向かう沿磁力線電流が，朝方側では電離圏から磁気圏に向かう沿磁力線電流が流れることになり，これが領域2電流系をおもに形成していると考えられる．

3.5　サブストーム

　極域のオーロラが1〜3時間の間に急激に増光し，また元の状態に戻る現象がある．赤祖父（Akasofu, 1964）は，極域で得られたオーロラ画像の詳細解析により，このときのオーロラの典型的な発達過程を図3.10のように6段階にまとめ，**オーロラサブストーム**（auroral substorm）と名づけた．その後の研究により，このオーロラサブストームは，磁気圏〜電離圏全体で起こる大規模なプラズマ不安定現象の一側面であることがわかり，これらの大規模プラズマ不安定現象，およびエネルギー蓄積・解放過程のことを総称して，**磁気圏サブストーム**（magnetospheric substorm）とよぶ．

　ここでは，磁気圏サブストーム時に磁気圏，電離圏で見られる現象を概説する．また，現在の磁気圏物理学の課題のひとつである磁気圏サブストームの開

第 3 章 地球磁気圏の構造

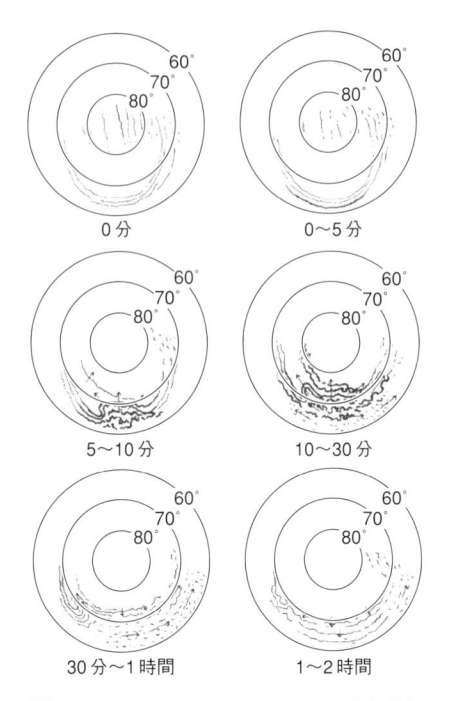

図 3.10 オーロラサブストームの発達過程
真夜中のアーク状のオーロラの一部から低緯度から輝きを増し始めた時間を break up とよび 0 分とする．(Akasofu, 1964)

始機構について，おもな考え方を紹介する．なお，最近のサブストーム研究については，関連書籍 [48] 中の塩川の解説に詳しく紹介されている．

3.5.1 オーロラの分類

極域の空に輝くオーロラは，磁気圏から降ってきた電子やプロトンが熱圏大気と衝突し，衝突によって励起された原子・分子・イオンのエネルギー準位がもとの状態に戻るときに固有の発光が生じる．

たとえば電子が酸素原子に衝突すると可視光域に**オーロラ緑色輝線**（auroral green line emission, 波長：557.7 nm）や**オーロラ赤色輝線**（auroral red line emission, 波長：630.0 nm）を，また窒素分子と衝突して**オーロラ青色輝帯**（auroral blue band emission, 波長：427.8 nm）を生じる．励起された状態から基底状態

に自然に移るのには時間がかかり，酸素原子の 557.7 nm では 0.74 s, 630.0 nm では 110 s となる．この間に中性粒子と衝突し，エネルギーを失うと光を放出することができない．したがって，酸素との衝突による緑色の光が，比較的中性粒子との衝突頻度が高い E 領域でも発光できるのに対し，赤色の光は衝突頻度が低い高度 200 km 以上で光ることになる．また，プロトンの場合は，プロトンが大気と衝突する際に電荷交換反応を起こして水素となり（第 4 章参照），発光する．これを**プロトンオーロラ**（proton aurora）とよぶ．一般に肉眼で見ることができる可視光域で強い光を放つオーロラは，電子オーロラである．また，このような可視光領域以外にも，紫外線領域や赤外線領域においても発光する．また，大気に降下していく電子からは，制動放射によって X 線が放射されている．紫外線や X 線を用いたオーロラ観測は地上からではできないため，人工衛星による観測が行われている．

オーロラは，カーテン状やアーク状など，さまざまな形状で出現する．オーロラの分類として，その形状をもとにしてディスクリートオーロラ，ディフューズオーロラという区分がよく使われている（Lui *et al.*, 1973, Akasofu, 1981 など）．

ディスクリートオーロラ（discrete aurora）：オーロラは，カーテン状，アーク状のはっきりとした構造をもって現れる．おもに夕方から真夜中にかけて出現することが多い．降下電子のエネルギースペクトルは，沿磁力線方向に加速されて数 keV 程度のエネルギーにピークをもつ構造になっている．

ディフューズオーロラ（diffuse aurora）：オーロラは全体がぼやっと光り，明瞭な構造をもたない．ディスクリートオーロラの低緯度側に出現することが多い．降下電子のエネルギースペクトルは，ほぼマクスウェル分布であり，沿磁力線方向に加速は受けていない．ディフューズオーロラをひき起こす電子は，ホイッスラーモード波動や静電的電子サイクロトロン高調波（第 4，第 5 章参照）によるピッチ角散乱によって降下したものと考えられている（Thorne *et al.*, 2010 など）．

また，オーロラはオーロラオーバルとよばれる環状の領域に出現する．オーロラオーバルの位置は磁気緯度と磁気地方時座標に対して固定されており，地磁気活動の変化に伴って，その場所が変化する（関連書籍 [33] 参照）．

3.5.2 サブストームの発達過程

Ⓐ 成長相

太陽風の磁場が南を向いたとき，昼側で磁気リコネクションが促進され，磁気圏対流が強化される．このとき，図 3.11a に示すようにローブの磁場フラックスが増加し，プラズマシートが薄くなり，同時に尾部電流が増加して磁力線が夜側に引き伸ばされる．また，オーロラオーバルは徐々に低緯度へと移動する．この期間のことを**成長相**（growth phase）とよび，典型的には 1 時間程度継続する．

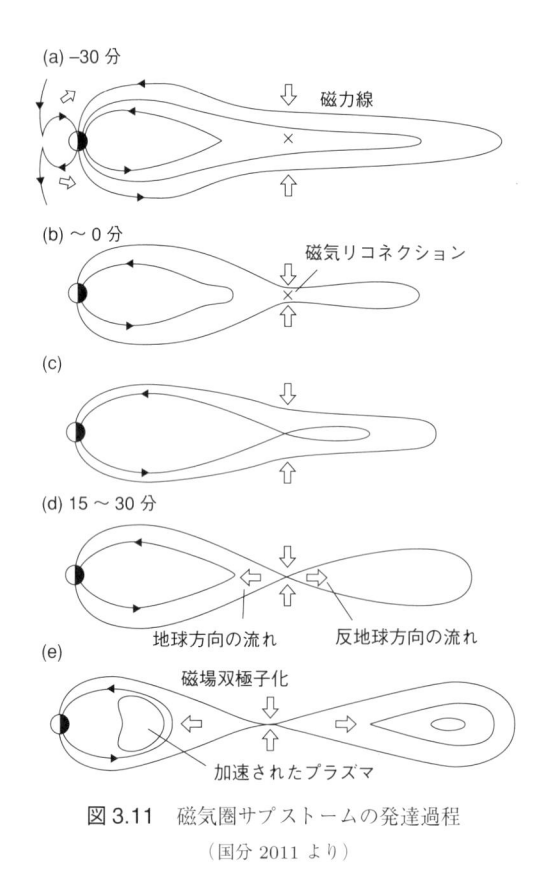

図 3.11　磁気圏サブストームの発達過程
（国分 2011 より）

3.5 サブストーム

Ⓑ 爆発相

　成長相の状態は，あるとき急激に**爆発相**（expansion phase）とよばれる状態へと遷移していく．地上でオーロラを観測している場合，夜側の複数のオーロラアークのうち低緯度側から増光をはじめ（**initial brightening**），その後，急激に明るさを増したオーロラアークが極側および東西へと拡大していく．このことを **auroral breakup** とよぶ（口絵16参照）．サブストームの開始（**サブストームオンセット** substorm onset）は，initial brightning の時刻をもって決められることが多い．オーロラアークが拡大していく領域の全体はオーロラバルジ（bulge）とよばれ，バルジの極方向への拡大のことを**極方向爆発**（poleward expansion），また西方向への拡大のことを **westward traveling surge** とよぶ．バルジが極方向爆発するにつれて高緯度側で強いアークが見られる一方，低緯度側ではディフューズなオーロラが見られる．また，朝側では**脈動オーロラ**（パルセーティングオーロラ pulsating aurora）とよばれるディフューズなパッチ状のオーロラが数秒から数十秒の周期で明滅する様子が観測される．

　サブストーム開始に関するモデルについては3.5.4項で述べるが，爆発相開始時において，図3.11b, c に示すように，夜側の約 $20R_E$ の領域に近尾部中性線が形成され，磁気リコネクションが起こっている．中性線でプラズマが加速された結果，図3.11d に示すようにプラズマシートでは地球方向の速い流れが発生し（earthward flow, bursty bulk flow），その速度は 400 km/s 以上にも及ぶ．また，図3.11e に示すように，このとき数十 keV 程度のエネルギーの高いイオンと電子がプラズマシートから内部磁気圏へ経度方向に狭い領域で**インジェクション**（**注入** injection）され，その後，磁場勾配ドリフト，曲率ドリフトによって朝側，夕方側へとドリフトしていく．さらに，図3.11e に示すように，磁気圏では成長相で引き伸ばされた磁力線が元に戻る**磁場双極子化**（**ダイポーラリゼーション** dipolarization）とよばれる現象が起こっている．また，磁気中性線よりも反地球側ではプラズモイドとよばれるプラズマの塊が放出されていく．

　サブストーム時にプラズマシートから内部磁気圏に注入された電子のもつ温度異方性によって，ホイッスラーモード波動が励起され，コーラス波動として成長する（図4.2参照）．明け方でよく観測されることから，**明け方のコーラス**（dawn chorus）とよばれることも多い．このコーラスとの波動粒子相互作用の

第 3 章 地球磁気圏の構造

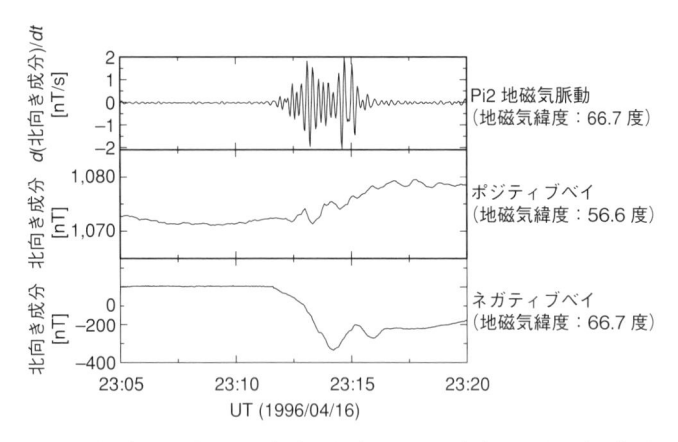

図 3.12 サブストームオンセット時における Pi2，ポジティブベイ，ネガティブベイの変化
Pi2 脈動のデータはサーチコイル磁力計のデータにバンドパスフィルタをかけたもの．ポジティブベイ，ネガティブベイのデータは，フラックスゲート磁力計のデータによる．

結果起こるのが，パルセーティングオーロラ（脈動オーロラ）とよばれる明滅するオーロラである（Nishimura et al., 2010 など）．

地上の磁場観測では，図 3.12 のような特徴的な変化が観測される．まず，**Pi2 脈動**（Pi2 pulsation）とよばれる 40～150 s 周期の突発的な地磁気脈動が観測される．Pi2 脈動はサブストーム開始時に特徴的に現れるため，サブストーム開始を同定する際に用いられることが多い．近年の Pi2 研究については，Keiling and Takahashi（2011）などにまとめられている．また，高緯度の夜側電離圏では，オーロラジェット電流とよばれる西向き電流が強まるため，地上磁場の北向き成分は，数百 nT 程度，負に減少する．このことを**ネガティブベイ**（negative bay）とよぶ．一方，中低緯度の夜側の磁場観測では，数～数十 nT 程度の正の変化を示す．この変化のことを，**ポジティブベイ**（positive bay）とよぶ．

これらの地上磁場の変動は，図 3.13 に示す電流系（**サブストームカレントウェッジ** substorm current wedge）の形成による，磁気圏尾部**電流の寸断**（current disruption）と磁気圏-電離圏結合として理解されている．成長相においては磁力線が反地球方向に引き伸ばされ，プラズマシートには東西方向に尾部電流が流れている．サブストームの爆発相においては，この尾部電流が切断され朝側で磁気圏から電離圏に流れ込み，夕方側で電離圏から磁気圏に流れ込むような

3.5 サブストーム

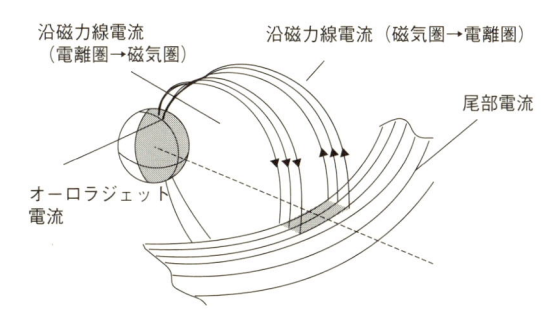

図 3.13 サブストームカレントウェッジの概念図
尾部電流が沿磁力線電流に接続し，くさび形の電流系が形成される．（Clauer and McPherron, 1974）

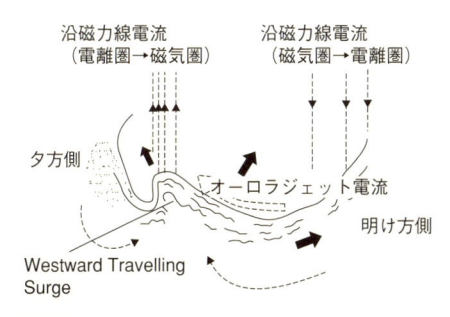

図 3.14 オーロラバルジと沿磁力線電流構造
点線で表すように西向きの強いオーロラジェット電流が流れ，それが沿磁力線電流と結合している．黒い矢印はバルジの拡大を示す．（大林，1970）

"くさび型"の電流系を形成していると考えられている．この朝側と夕方側の沿磁力線電流は，図3.14に示すように電離圏では**オーロラジェット電流**（aurora electrojet）とよばれる西向きの電流を介してつながっている．サブストームの指標として用いられるAL指数（付録参照）が大きな負の値を示すのは，この西向きのオーロラジェット電流の発達による．このため，この西向き電流の下では北向き磁場の減少，すなわちネガティブベイが観測される．一方，尾部電流が作り出す磁場は地球側では南向きの磁場である．この尾部電流が寸断されると南向き磁場成分が弱くなり，北向きの磁場が強くなるように観測される．この尾部電流の寸断に伴う沿磁力線電流の効果によって，ポジティブベイが中低緯度で観測されると考えられている．また，この尾部電流の寸断に伴って，静

止軌道での磁場には特徴的な北向き成分の増加（ダイポーラリゼーション）が観測される．なお，サブストームの爆発相において，電離圏でオーロラが極方向，西方向に拡大するのに対応して，磁気圏で尾部電流が寸断されている領域（サブストームカレントウェッジ）も東西，そして尾部側に拡大していく．

このサブストームカレントウェッジにおいては，図 3.14 に示すように真夜中よりも夕方側に強い上向き沿磁力線電流が形成される．低高度衛星の観測からも，とくにオーロラバルジの高緯度側において強い上向き沿磁力線電流が流れていることが明らかになっている（Fujii et al., 1994 など）．3.5.3 項で説明するように，プラズマシートの少量の電子で強い沿磁力線電流を担うために，電子は加速される必要がある．実際，上向き電流領域で強い沿磁力線方向の加速域が形成され，これにより，数～数十 keV に加速された電子がオーロラを光らせている．

また，加速域の発達に伴って，**オーロラキロメートル電波**（auroral kilometric radiation: AKR）とよばれる沿磁力線加速領域（3.5.3 項参照）で加速された電子が放射する電磁波の強度や周波数が大きく変化する．AKR のモードとして R-X モード（第 5 章参照）を考えると，加速域のようにプラズマ密度が極端に低い領域（プラズマキャビティ）では，AKR の周波数は放射領域の電子サイクロトロン周波数に対応している．したがって，地球磁場の構造を仮定することにより，放射領域すなわち沿磁力線加速領域の高度を推定することができる．なお，サブストームオンセットの直前に高周波数の AKR が強まり，極方向爆発の際に低周波数の高高度から放射される AKR が出現することが明らかになっている（Morioka et al., 2008）．これは，極方向爆発の際に，高高度に新たな加速域が形成されていることを示している．この加速域で下向きに加速された電子による**チェレンコフ放射**（Cherenkov radiation）によって，**オーロラヒス**（aurora hiss）とよばれるホイッスラーモード帯のプラズマ波動も発生し，地上や衛星で観測されている（Ondoh, 1990）．

ⓒ 回 復 相

爆発相開始から 30 分～1 時間ほどして，拡大したオーロラバルジは元の状態へと戻っていく．これをサブストームの**回復相**（recovery phase）とよぶ．磁気圏では，プラズマシートがふたたび厚みをもった構造へと回復する．このとき，朝側ではパルセーティングオーロラが発生し，またホイッスラーモードのコー

表 3.2 サブストームの相と磁気圏・電離圏の各領域で見られる変化

	成長相	爆発相	回復相
地上	オーバルの低緯度への拡大	initial brightening aurora breakup 極方向爆発 パルセーティングオーロラ コーラスの発生 ポジティブベイ（中低緯度）	ダブルオーバル パルセーティングオーロラ コーラスの発生
極域高高度	低高度加速域の形成 AKR（高周波）の強度増加： 低高度加速域の強化	高高度加速域の形成 AKR （低周波）の発生：高高度加速域の形成 オーロラヒスの発生	
静止軌道	磁力線の引伸ばし	北向き磁場成分の増加 粒子注入	粒子フラックスの増大
近尾部	薄いプラズマシート 尾部電流の増大 地球方向のプラズマの流れ	尾部電流の寸断 地球方向のプラズマの流れ	厚いプラズマシート
中尾部	薄いプラズマシート 尾部電流の増大	磁気中性線の形成（磁気リコネクション） プラズモイドの形成・発達	厚いプラズマシート
遠尾部	反地球方向の流れ	反地球方向の流れ	プラズモイドの通過

ラス波動が観測される．

以上の各相での変化を，表 3.2 に領域ごとの特徴としてまとめる．

ここでは，成長相から回復相に至る流れを説明したが，成長相の途中では，initial brightening 的なオーロラの増光，およびネガティブベイ，Pi2，高周波 AKR の強度増加が何回も繰り返して発生し，最後に爆発相に至るという変化を示すことが多い．これらのオーロラの極方向爆発を伴わない変化のことを，**pseudo-breakup** とよぶ．Pseudo-breakup で見られる現象はバルジがグローバルに発達しないということ以外は，サブストームの開始時の特徴と同じとされている（Nakamura et al., 1994 など）．

3.5.3 沿磁力線電流の担い手と沿磁力線加速

ここで，沿磁力線電流の担い手（キャリア）について考えてみよう．明るいオーロラの上空に流れる電離圏から磁気圏へと向かう強い上向き電流を担っているのは，磁気圏から電離圏へと向かう電子である．このとき，電離圏へと流

れ込む沿磁力線電流に寄与しているのは，**ロスコーン**（loss cone）の中の電子である．磁気圏の赤道面でのロスコーンの大きさ α_{loss} は，1.1.5 項で見たように赤道面での磁場強度 B_{eq} と電離圏での磁場強度 B_{atm} とを用いて，

$$\alpha_{\mathrm{loss}} = \sin^{-1} \sqrt{\frac{B_{\mathrm{eq}}}{B_{\mathrm{atm}}}} \tag{3.54}$$

で与えられる．オーロラ帯の典型的な磁場強度を 50,000 nT，一方赤道面の磁場強度を 20 nT とすると，ロスコーンの大きさは約 1° となる．このように，磁気圏赤道面で見たときにはロスコーンの大きさがきわめて小さいため，沿磁力線電流に寄与できる電子の数が少ない．そこで何らかの方法で，ロスコーンの中に電子を落とし，沿磁力線電流に寄与する電子の数を増やす必要がある．

速度空間において，ロスコーンの外にある電子をロスコーンの中に落とす方法は 2 つある．ひとつは，5.6.6 項に示すようなプラズマ波動との波動粒子相互作用などによるピッチ角散乱で，電子のピッチ角を変化させて，ロスコーンの中に電子を入れる過程である．もうひとつは，5.6.1 項に示すように磁力線に平行方向に電子を加速することによって，ロスコーンの中に電子を入れる過程である．

図 3.15 に，ロケットによるオーロラの電子観測の結果を示す．通常の磁気圏電子のエネルギースペクトルはマクスウェル分布であるのに対して，磁力線方向に 1～10 keV 程度加速されていることがわかり，**沿磁力線加速領域**（field-aligned acceleration region）が存在していることがわかる．この沿磁力線加速領域は，図 3.16 に示すような構造をしており，高度 3,000～12,000 km 程度に存在している．この加速領域より低高度側では，電離圏に向かって加速された電子が，加速領域よりも高高度側では磁気圏に向かって加速されたイオンが観測されており，上向きの沿磁力線電場の存在に対応している．この沿磁力線加速領域を南北方向に横切る衛星によって観測すると，口絵 4 のようなエネルギーと時間の関係が観測される．赤色から黄色で示されたバンド状に粒子フラックスが強くなっている部分が，沿磁力線方向に加速された電子を表すが，軌道に沿ってバンドの中心エネルギーが低いエネルギーから高いエネルギーに変化し，ふたたび低いエネルギーへと変化する逆 V 字形の構造を示すことがわかる．この構造を逆 V 字形構造とよび，磁力線に沿った電位差の存在とその緯度方向分布を示している．

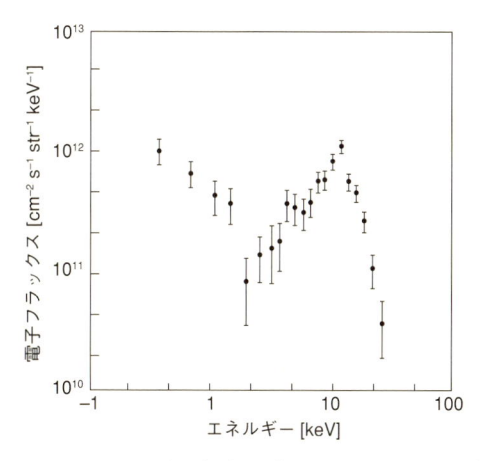

図 3.15 オーロラアーク中に打ち上げられたロケットで測定された降下電子のエネルギースペクトル
10 keV 付近に加速された電子の分布が見えている．（Bryant *et al.*, 1978）

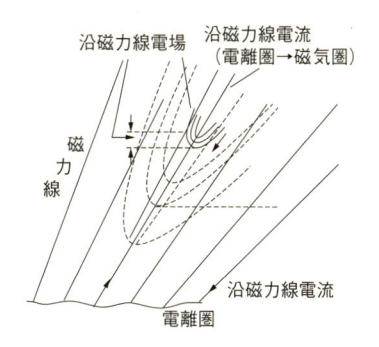

図 3.16 沿磁力線加速領域の空間構造
（大家，1984）

　磁力線方向に加速域を発生させるメカニズムは，まだよくわかっていない（Borovsky（1993）や Paschmann *et al.*（2003）などを参照）．メカニズムのひとつは，イオンと電子のミラー運動によるもので，高度 3,000 km 付近に存在する沿磁力線加速域を説明するようである（たとえば Chiu and Schulz, 1978）．一方，異常抵抗モデルとよばれる，おもに電流駆動不安定性によるモデルも考えられている（たとえば，Kindel and Kennel, 1971）．これは，沿磁力線電流があ

る閾値を超えると，イオン音波などのプラズマ波動が励起し，この波動が電子の運動を阻害する抵抗としてはたらき，磁力線に沿った電場が形成されるとする考え方である．

また，1996年に打ち上げられたFAST衛星や，2005年に打ち上げられた「れいめい」衛星の観測などから，**分散性アルフヴェン波動**（dispersive Alfvén wave）による加速も注目されている（たとえばStasiewicz et al., 2000, Chaston et al., 2008, Asamura et al., 2009, Keiling 2009 など）．通常の磁力線に沿って伝搬するアルフヴェン波動の場合，磁力線方向に有意な電場をもつことはないが，分散性をもつに従って伝搬ベクトルが磁力線に対して傾くため，磁力線方向に電場が発生することになる．しばしば逆V字形領域，またその高緯度側において，数百eV付近まで加速されたバースト的な電子変動が観測されるが，これは分散性アルフヴェン波動によって加速されたものと考えられている．

このように沿磁力線方向に加速された電子が電離圏に降り込むと，はっきりとした構造をもつ明るいオーロラ（ディスクリートオーロラ）を光らせる．一方，ピッチ角散乱で降り込んだ電子は，構造のはっきりしないぼんやりとしたディフューズオーロラを光らせている．また，アルフベン波動によって加速された電子は，より微細な構造をもつオーロラの発光に寄与している可能性が指摘されている．

さて，ここまで見てきたように，沿磁力線電流を実際に担っているのは磁力線方向を運動する電子である．磁力線方向に電位差が生じていない場合に流れる最大の沿磁力線電流 $J_{//}$ の量は，

$$J_{//} = en_e \left(\frac{k_B T_e}{2\pi m_e}\right)^{1/2} \tag{3.55}$$

となる．これを**熱電流**（thermal current）とよぶ．ここで，T_e は磁気圏側の電子温度である．もし，磁気圏プラズマの運動で駆動される沿磁力線電流が，この熱電流を上回る場合，熱電流のみでは必要な沿磁力線電流を流すことはできない．このとき，沿磁力線電場が形成され，ロスコーンに多くの電子が落ちれば，より大きな沿磁力線電流を流すことができる．磁力線に沿って形成される電位差を $V_{//}$ とすると，(3.55)式は以下のように変形される．

$$J_{//} = en_\mathrm{e} \left(\frac{k_\mathrm{B} T_\mathrm{e}}{2\pi m_\mathrm{e}}\right)^{1/2} \left(\frac{B_\mathrm{atm}}{B_\mathrm{eq}}\right) \left[1 - \left(1 - \frac{B_\mathrm{eq}}{B_\mathrm{atm}}\right) \exp\left(-\frac{eV_{//}}{k_\mathrm{B} T_\mathrm{e} \left(\frac{B_\mathrm{atm}}{B_\mathrm{eq}} - 1\right)}\right)\right]$$
(3.56)

(3.56) 式のことを**ナイトの式**（Knight relation）とよび，沿磁力線電流と，キャリア電子の密度と温度，ロスコーン，そして沿磁力線電場を関係づける式である（Knight, 1973, Lyons, 1981）．(3.56) 式の解釈のひとつとして，もし注目している電流系が定電流回路である場合には，(3.56) 式の左辺で要求される沿磁力線電流 $j_{//}$ を流すのに，(3.55) 式の熱電流のみでは不十分な状態では，磁力線方向に電位差 $V_{//}$ を形成する必要がある，と見ることができる．

また，もし，$1 \ll eV_\mathrm{e}/k_\mathrm{B} T_\mathrm{e} \ll B_\mathrm{atm}/B_\mathrm{eq}$ の場合には，(3.56) 式は，

$$J_{//} = KV_{//} \tag{3.57a}$$
$$K = \frac{e^2 n_\mathrm{e}}{(2\pi m_\mathrm{e} k_\mathrm{B} T_\mathrm{e})^{1/2}} \tag{3.57b}$$

と近似することができる．(3.57b) 式に示すように，(3.57a) 式の K は，等価的に磁力線方向の電気伝導度に相当する．

3.5.4 サブストームの開始モデル

サブストームの爆発相を開始するメカニズムについては，現在まだ結論が得られておらず，さまざまなモデルが提案されている．ここでは，そのなかで最有力候補として考えられている2つモデルを紹介する（本項は，関連書籍 [48] 中の塩川による解説を参考にした）．

1つ目の考え方は，尾部の約 $20R_\mathrm{E}$ 付近での磁気リコネクションが起こることによって，サブストームの爆発相を開始するというモデルであり，**Outside-In モデル**とよばれている．もうひとつの考え方は，$10R_\mathrm{E}$ よりも地球側で何らかのプラズマ不安定性が発生することによってサブストームの爆発相を開始するというモデルであり，**Inside-Out モデル**とよばれている．Inside-Out モデルにおいては，近尾部で発生した**希薄波**（rarefaction wave）が尾部側に伝搬して，磁気リコネクションを発生させていると考えられている．

図 3.17 に Outside-In モデルと Inside-Out モデルの概略を示す．惑星間空間

第 3 章 地球磁気圏の構造

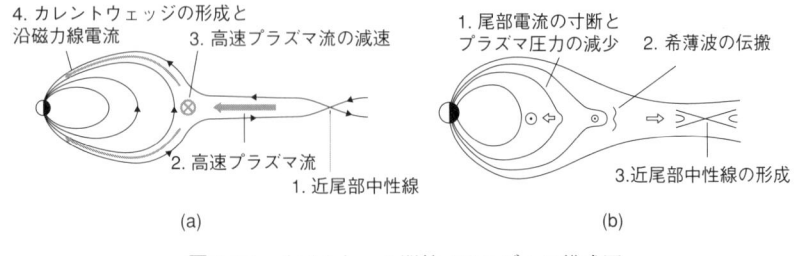

図 3.17　サブストーム開始メカニズムの模式図
（a）Outside-In モデル，（b）Inside-Out モデル．（Lui, 2004）

　磁場が南向きになり，昼側での磁気リコネクションと磁気圏対流が増大すると，ローブの磁場フラックスが増加し，プラズマシートは磁気圧によって薄くなる．これが成長相である．このとき，力のつり合いは 3.2.1 項で見たように反地球方向の圧力勾配と地球向きの磁気張力のバランスでつり合っている．この力のつり合いをやぶり，地球方向にプラズマを高速で輸送するために，Outside-In モデルでは磁気リコネクションによって磁力線を短くし，張力でプラズマを加速すると考える．加速された地球方向のプラズマの流れが，やがて反地球向きの圧力勾配力によって減速され停止する．このとき，プラズマ流の停止に伴って，もともとの尾部電流とは逆に東向きの慣性電流が流れる（Haerendel, 1992）．この東向きの電流は，図 3.13 のカレントウェッジでの尾部電流の寸断と等価であり，沿磁力線電流の駆動源になると考えられている．また，地球向きの高速流は北向きの磁場を地球方向に運ぶ役割を果たしているが，高速流の減速により近尾部に磁場が堆積（pileup）し，この堆積する領域が反地球方向に広がっていくと考えられている．これはカレントウェッジの尾部側への拡大に対応しており，その電離圏側の根元では極方向爆発として観測される．堆積領域が尾部側へと拡大し，20～30R_E の磁気リコネクション領域に達すると，磁気リコネクション領域で北向きの磁場が強まるため，それ以上，磁気リコネクションが進まなくなる．これが，Outside-In モデルの概略である（Baumjohann *et al.*, 1999 など）．
　一方，Inside-Out モデルにおいては，何らかの不安定性により，10R_E よりも地球側で反地球向きの圧力勾配が急に減少することを考える．圧力勾配が減少すると，磁気張力によって圧力が減った領域に向かってプラズマが流れ込む

ようになる．プラズマが移動すると，その場所の圧力が減少するため，さらに尾部側のプラズマが地球向きに移動する．このように，最初 $10R_E$ よりも地球側で発生した圧力の減少が，次々に尾部へ**希薄波**（rarefaction wave）として伝わっていく．この希薄波が $20 \sim 30R_E$ 付近に達すると，プラズマシートが南北方向に薄くなって磁気リコネクションが誘発される．$10R_E$ よりも地球側で圧力勾配の減少をひき起こすメカニズムのひとつとして，電流駆動型不安定性が考えらえている（Lui, 2001）．電流駆動型不安定が発生すると，尾部電流が弱くなるので，カレントウェッジに対応する尾部電流の寸断と対応することになる．この電流駆動不安定性を起こす原因はわかっていないが，オーロラアークに伴う電場や，プラズマシートでのイオンのメアンダリング運動に伴う尾部電流の増大，バルーニング不安定（Cheng, 2004）によってプラズマシートが薄くなる効果が考えられている．

第4章 磁気嵐

　磁気嵐（magnetic storm）とは，太陽に起因する擾乱がジオスペース（地球磁気圏，電離圏，熱圏）にひき起こす，ジオスペースで最大の擾乱現象である．地磁気変動の研究から発展してきたこともあり，磁気嵐あるいは**地磁気嵐**（geomagnetic storm）という用語が歴史的に使われてきたが，磁気嵐が地磁気の変動だけではなくジオスペースの全領域で起こるダイナミックな変動であることをふまえ，最近では**宇宙嵐**（space storm あるいは geospace storm）という用語も使われるようになっている．

　磁気嵐は，図4.1の下段の **Dst 指数**（Dst index）が示すように中低緯度の地磁気水平成分が数時間減少する**主相**（main phase）とよばれる変化で定義づけられる．地球の固有磁場は北向きであるから，その水平成分が減少することは，地球のまわりに南向きの磁場を作り出す西向きの電流が流れていることを示している．この西向き電流の主成分が，内部磁気圏を流れる**環電流**（ring current）である．主相で減少した磁場は，その後数日をかけて緩やかに回復していく（**回復相**, recovery phase）．

　通常，磁気嵐の変化は，Dst 指数（もしくは Sym-H 指数，付録参照）によって表される．Dst 指数は，低緯度の地磁気観測所（4地点）で観測される北向き磁場データの変動分の平均から構築されている．磁気嵐の規模は，Dst 指数の最小値で表されることが多く，Dst 指数が負に大きな値をとるほど，より規模の大きい磁気嵐ということになる．一般的には，Dst 指数が $-30 \sim -50$ nT 以下の場合を磁気嵐とよぶことが多い．$-50 \sim -300$ nT 程度の磁気嵐は1太陽活動

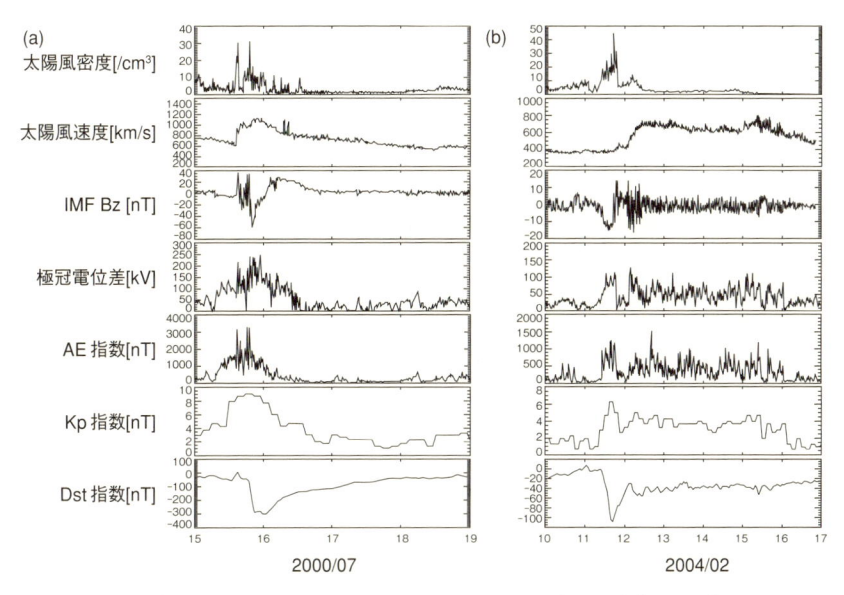

図 4.1 (a) 2000 年 7 月に CME によって発生した磁気嵐，(b) 2004 年 2 月に CIR によって発生した磁気嵐

上から太陽風密度，太陽風速度，惑星間空間磁場の南北成分，磁気圏の対流電場（極冠電位差），AE, Kp, Dst 指数．極冠電位差は PC 指数から経験式（Troshichev *et al.*, 1996）に基づいて導出している．両方の磁気嵐とも，惑星間空間磁場が大きく南向きになっている期間で磁気嵐が起こっている．また，CIR 性磁気嵐の回復相の期間はコロナホール起源の高速太陽風領域に対応しているため，太陽風速度は速く，惑星間空間磁場が大きく振動している．

周期に 400 回程度発生するのに対し（McPherron, 1991），$-300 \sim -500$ nT の巨大磁気嵐は，1 太陽活動周期に数回程度しか発生しない．

磁気嵐は地磁気の変動だけでなく，ジオスペースの各領域が活性化し，かつ領域間の非線形な結合が強化されることによって進行するジオスペースの全領域で起こるダイナミックな変動であり，ジオスペースのさまざまな場所において大きな変動が発生する．本章では，環電流の消長に代表される磁気嵐時の内部磁気圏のダイナミクスを中心に，磁気嵐をひき起こす太陽風構造や，磁気嵐時に各領域やエネルギーの異なるプラズマ粒子がダイナミックに結合していく様子について述べる．なお，磁気嵐時の電離圏の変動については，紙面の都合から割愛した．関連する文献を参考いただきたい．

第 4 章 磁気嵐

4.1 環電流の消長

4.1.1 初　相

　Dst 指数が負の値に大きく発達する主相の前に，地磁気の北向き成分が急激に正にふれることがあり，これを**初相**（initial phase）という．また，正にふれはじめることを**磁気嵐急始**（storm sudden commencement: SSC）とよぶ．このような変化は，太陽風動圧の急激な上昇に対応していることが多い．太陽風の動圧が上昇すると，磁気圏界面電流（3.1.3 項参照）は強まるとともに，磁気圏境界面が地球に近づく．この磁気圏界面電流は昼側低緯度では朝側から夕方側に向かう方向に流れているため，地表に北向きの磁場成分を作り出す．このように，低緯度の地磁気の北向き成分の代表値である Dst 指数は，環電流だけではなく尾部電流や磁気圏界面電流の影響も受けるため，Dst 指数の変化が環電流の時間変化と必ずしも対応しないことがある．このことをふまえ，Dst 指数（D_{st}）から磁気圏界面電流からの寄与をとりのぞいた D_{st}^* という量も提案されている．

$$D_{\mathrm{st}}^* = D_{\mathrm{st}} - bP_{\mathrm{SW}}^{1/2} + c \tag{4.1}$$

ここで，P_{SW} は太陽風動圧を，また b, c は補正係数を表す（たとえば，Gonzalez et al., 1994 などを参照のこと）．

4.1.2 主相での発達

　西向き成分が卓越する環電流が発達すると，アンペール（Ampère）の法則から地表には南向きの磁場成分が印加されるため，Dst 指数は小さくなることになる．第 3 章で見たように環電流はおもにプラズマの圧力勾配によって流れている．したがって，環電流を発達させるためには，内部磁気圏にプラズマ圧力が高い領域を形成することが必要となる．イオンと電子を比べるとイオンのほうが温度が高いため，環電流を駆動する圧力勾配はおもにイオン圧力が担っていると考えられている．

　環電流を駆動しているイオンの起源のひとつは，プラズマシートから内部磁

4.1 環電流の消長

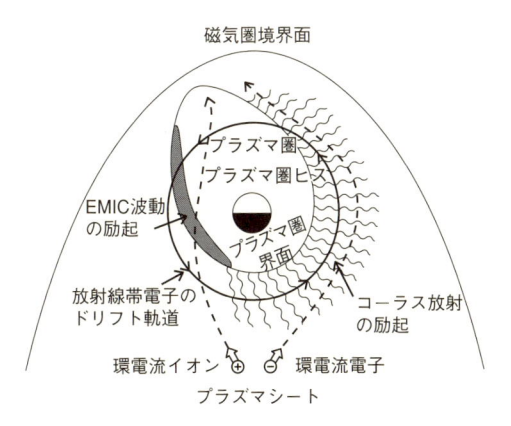

図 4.2 プラズマシートから，内部磁気圏に向かう電子とイオンの動き
磁気嵐時に，プラズマシートから内部磁気圏に輸送される粒子は，イオンは夕方側，電子は朝側に移動する．この結果，プラズマ圧力が高い領域が真夜中から夕方側に形成され，その圧力勾配によって環電流が流れる．また，電子およびイオンのプラズマ不安定によって，さまざまなプラズマ波動が励起する．(Summers *et al.*, 1998)

気圏に輸送されたものである．この輸送には，3.3 節で見たようにポテンシャル電場によって $E \times B$ ドリフトで輸送されるものと，磁場の時間変化に伴う誘導電場によって輸送されるものとがある．磁気圏の朝夕（dawn-dusk）方向にかかっているポテンシャル電場で輸送される場合には，粒子の全エネルギー $H = q\Phi + \mu B$（(3.25) 式））が保存されているので，磁場の強い内部磁気圏に移動するに従って，粒子の運動エネルギーが上がることになる．粒子が内部磁気圏に移動するにつれて，磁気勾配ドリフト，曲率ドリフトの影響が大きくなり，図 4.2 に示すようにプラズマシートのイオンは夕方（dusk）側，電子は朝（dawn）側へとドリフトしていく．したがって，夕方側から昼側にかけてプラズマ圧の高い領域が形成されるのに対して，朝側でのプラズマ圧力は大きくは発達せず，環電流も夕方側に強く流れることになる．このように局在化した環電流のことを**部分環電流**（partial ring current）とよぶが，磁気嵐主相の環電流構造は基本的に部分環電流となっている．

環電流のイオンは，地球外圏大気（ジオコロナ）との電荷交換反応を起こし，電荷を失う．この**電荷交換反応**（charge exchange）では，次に表されるように**高速中性原子**（energetic neutron atom: ENA）が放出され，もともと環電流を

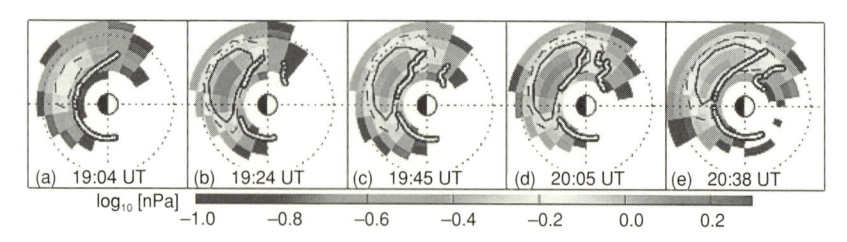

図 4.3 2002 年 4 月 17 日の IMAGE 衛星 HENA 観測器から導出された 10〜60 keV プロトンの圧力分布

白抜き線は，IMAGE 衛星による EUV 観測器から同定されたプラズマポーズの位置．プラズマ圏外側の真夜中から夕方側にかけて圧力が高い領域が発達していることがわかる．(Goldstein et al., 2005)

構成していたイオン分布の情報をもたらす．

$$H^+ + H^* \longrightarrow H + H^{*+}$$

$$O^+ + H^* \longrightarrow O + H^{*+}$$

$$He^{2+} + H^* \longrightarrow He^+ + H^{*+}$$

$$He^+ + H^* \longrightarrow He + H^{*+}$$

ここで，H^* はジオコロナの水素原子を表す．この ENA の分布を観測することにより，環電流イオンの分布を遠隔観測することができる．図 4.3 は，磁気嵐の主相中に IMAGE 衛星が観測した H，O の ENA 分布である．地方時 0 時から 18 時付近にかけて，ENA フラックスが大きい領域が観測され，部分環電流が発達していることがわかる．

4.1.3 磁気嵐のエネルギー量

地磁気水平成分の減少，すなわち Dst 指数は環電流を流す粒子群のもつエネルギー E に比例することが知られている（デスラー–パーカー–スコプケ **Dessler-Parker-Sckopke** の関係式：Dessler and Parker, 1959, Sckopke, 1966）．

$$\Delta B = D_{st} = B_0 \frac{2E}{3E_M} \tag{4.2}$$

ここで，ΔB は環電流による磁場減少（〜Dst 指数），B_0 は赤道面での平均磁場強度（〜30,000 nT），E_M は地球より外側の双極子磁場のもつ全磁場エネルギー

で約 8×10^{17} J である．この (4.2) 式を用いると，たとえば Dst 指数の最小値が $-100\,\mathrm{nT}$ の磁気嵐の場合，環電流は 4×10^{15} J 程度のエネルギーをもっていることになる．なお，サブストーム 1 回の平均的なエネルギー量は，約 10^{15} J 程度である（Baker et al., 1997 など）．

この関係をふまえ，Dst 指数の変化で表される磁気嵐の時間発展は，次のエネルギーバランス方程式で考えることができる（Burton et al., 1975）．

$$\frac{d(|D_{\mathrm{st}}|)}{dt} = \frac{dE}{dt} = Q - L = Q - \frac{E}{\tau} \tag{4.3}$$

ここで Q はエネルギー入力を，L は減衰率 τ をもつ消失過程を表す．

環電流に寄与する圧力勾配は，おもに 100 keV 以下のプロトンによって担われていると考えられており，環電流を発達させるエネルギー注入は，内部磁気圏へのイオンの流入によってひき起こされる．このイオンの流入が，対流電場によって制御されていると考えると，対流電場が強まっている間，磁気嵐は発達を続け，対流電場が弱まると磁気嵐は衰退していくことになる．(3.25) 式からもわかるように，磁気圏に印加される電位ポテンシャル Φ が大きくなれば，対流電場の増加に伴ってイオンは地球により接近し，そのエネルギーも増加する．したがって圧力勾配によって流れる環電流の量も大きくなり，大きな磁気嵐が起こることになる．一方，このように対流電場が強まっている期間は，サブストームも頻発する．図 4.1 をみると，サブストームの指標である AE 指数が磁気嵐中に大きくかつ連続的に変化していることがわかる．サブストーム時には，**インジェクション**（injection）とよばれる粒子注入過程が発生し，プラズマシートから内部磁気圏に熱いプラズマが流入する．対流電場およびサブストームのどちらの過程による内部磁気圏への粒子流入が，環電流の発達に本質的かについては議論が続いている．

なお，後に述べるように地球電離圏起源の 1 価の酸素イオンが環電流の発達に及ぼす影響も注目されている．

4.1.4　回復相

対流電場が弱まると，プラズマシートから内部磁気圏へのイオンの輸送が弱まる．したがって，内部磁気圏へのエネルギー入力が弱まるため，エネルギーバランス方程式で表される消失過程がエネルギー入力を上まわるようになり，それま

で発達を続けていた環電流の衰退が始まる．これが，磁気嵐の回復相のはじまりであり，環電流の発達に寄与していたイオンが徐々に減少を始める．イオンの減少をひき起こすメカニズムとしては，先に述べた地球外圏大気との電荷交換反応，プラズマ圏の熱的プラズマとの**クーロン相互作用**（Coulomb scattering）によるピッチ角散乱やエネルギー減少，そして電磁イオンサイクロトロン波動（EMIC 波動：4.4.3 ❸項）によるピッチ角散乱などが挙げられる．イオンのエネルギーによって効果的にはたらくメカニズムは異なっており，環電流の主成分である数十 keV のイオンに対しては電荷交換反応による消失が最も寄与する（Kistler et al., 1989 など）．エネルギーバランス方程式をもとに考えると，もしエネルギー入力がなくなった場合，Dst 指数は，時定数 τ で指数関数的に回復していくことになる．電荷交換反応による消失の時定数は，$L = 4$ で 30 keV のプロトンの場合で 8.5 時間，50 keV で 20 時間となる．一方，100 keV の場合の時定数は 110 時間となり，エネルギーが高くなると時定数は急激に長くなる（Fok et al., 1991）．

また，対流電場が弱くなるため，(3.25) 式で表されるハミルトニアンにおいて $q\Phi < \mu B$ の状態となり，磁場ドリフトが電場ドリフトに対して卓越することでイオンの軌道は地球のまわりを 1 周するようになる．したがって磁気嵐主相で夕方側に形成されていたプラズマ圧の高い領域が，圧力を徐々に弱めながら地球のまわりを取り囲むように分布し，部分環電流からいわゆる環電流へと変化する．

なお，磁気嵐時には，しばしば **SAR アーク**（stable aurora red arc）とよばれる酸素原子の放つ 630.0 nm の赤い発光がサブオーロラ帯で観測され，その場所はプラズマポーズとよく対応することが知られている．磁気嵐回復相で対流電場が減少することにより，プラズマポーズが拡大し，環電流を構成する高エネルギーイオンとオーバーラップする領域が拡大する．このとき，環電流イオンとプラズマ圏プラズマとがクーロン相互作用を起こし，その熱フラックスが電離圏 F 領域の酸素を加熱することによって，SAR アークが光っていると考えられている（Kozyra et al., 1997）．

図 4.4 に，環電流イオンとプラズマ圏の分布，およびこれまで述べてきた環電流イオンの主な消失過程についてまとめる．

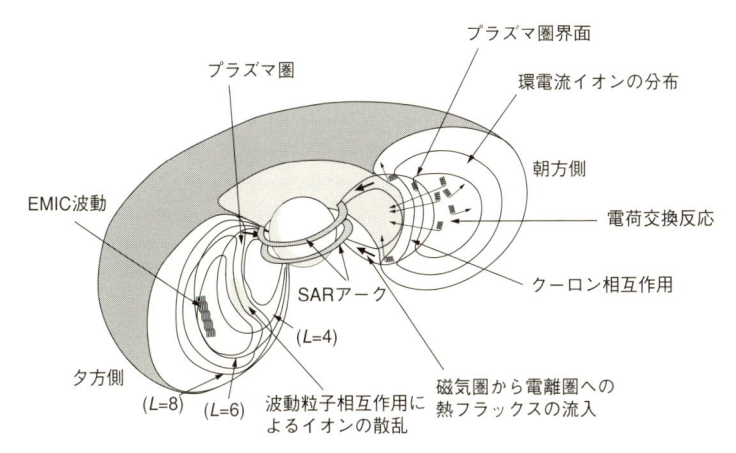

図 4.4 環電流イオンの主要消失過程
（Kozyra et al., 1997 を改変）

4.2 磁気嵐を起こす太陽風

前節において，磁気嵐を起こすためには磁気圏にかかっている電位ポテンシャルが大きくなり，対流電場が促進されることが重要であると述べた．では，どのようなときに磁気圏の対流電場は大きくなるのであろうか．

第3章で示したように，磁気圏対流は磁気圏昼側の磁気リコネクションによって駆動されており，その大きさは太陽風の電場（太陽風の速度と南向き惑星間空間磁場の南北成分の積）に比例する．したがって，強い南向き惑星間空間磁場をもった太陽風が（これは，強い惑星間空間電場に対応する）地球磁気圏にやってくると，対流電場が大きくなる．

この太陽風の電場と磁気嵐（Dst 指数）の発達を表す式として，(4.3) 式のエネルギーバランス方程式に基づいた次の関係式が提案されている（Burton et al., 1975, O'Brien and McPherron, 2000）．

$$\frac{d(D_{st}^*)}{dt} = Q(vB_s) - \frac{D_{st}^*}{\tau(vB_s)} \tag{4.4}$$

v は太陽風の速度を，B_s は南向きの惑星間空間磁場を表す．

ここで，

第 4 章 磁気嵐

$$Q(vB_\text{s}) = \alpha(vB_\text{s} - E_\text{c}) \qquad : vB_\text{s} > E_\text{c}$$
$$= 0 \qquad\qquad\qquad\quad : vB_\text{s} < E_\text{c}$$

E_c として 0.5 mV/m などの値が使われている（O'Breien and McPhenon, 2000）. すなわち，南向きの惑星間空間磁場（$B_\text{s} > 0$）のときにのみ Q は値をもつ．したがって，南向き惑星間空間磁場のときには Dst* 指数が発達するのに対し，北向き惑星間空間磁場では D_st^* は時定数 τ で減少する．この式は，観測される Dst* 指数を比較的よく再現することが知られており，環電流発達が太陽風電場に起因するという考え方と調和的である．

　惑星間空間において，磁気嵐をひき起こすような強い太陽風電場を作り出すことのできる太陽風構造は限られており，第 2 章で述べた惑星間空間への**コロナ質量放出**（interplanetary coronal mass ejection: ICME）に関係する太陽風，および太陽風の遅い流れと速い流れの間にできる**共回転相互作用領域**（corotating interaction region: CIR）が知られている（Gosling *et al.*, 1991, Richardson *et al.*, 2006 など）.

　ICME は，高速の**磁気雲**（magnetic cloud）とよばれる構造が，太陽から惑星間空間を飛んでいく現象であり，磁気雲の前面には**衝撃波**（interplanetary shock）とシース（sheath）が形成される．このシースおよび磁気雲の中には強い惑星間空間磁場が含まれており，その磁場が南向きの場合に磁気嵐が起こることになる．図 4.1a の CME 性磁気嵐を見ると，惑星間空間磁場が南向きの期間に磁気嵐の主相が発生し，Dst 指数も大きく負に変化しており，その後，惑星間空間磁場が北向きになると磁気嵐は回復相へと入ることがわかる．また，対流電場の強さを表す極冠電位差も，惑星間空間磁場が南向きの期間に大きく増加する．なお，磁気雲が通過している際には，通常よりも低いマッハ数および低いプラズマ β の太陽風が到来しており，これに伴って磁気圏で特徴ある変化が発現する（Lavraud and Borovsky, 2008 など）.

　一方，背景太陽風の中にコロナホールからの速い流れ（coronal hole stream）があると，図 4.1b に示すように速い流れと遅い流れが接触する領域（CIR）が圧縮され，磁場強度が強くなる．この接触領域に強い南向きの磁場が含まれていると磁気嵐が起こる．地球軌道（1 AU）では，CIR に含まれる磁場の強度はそれほど強くないため（Lindsay *et al.*, 1995 など），CIR が起こす磁気嵐は相

対的に小規模となり，Dst 指数が $-100\,\mathrm{nT}$ を超えるような CIR 性磁気嵐の発生頻度は低い．なお，Dst 指数が $-150\,\mathrm{nT}$ を超える磁気嵐は通常 ICME によって起こされている（Kataoka and Miyoshi, 2006 など）．

図 4.1a に示されているように CME 性磁気嵐は，多くの場合明確な初相をもち，しばしば大きな磁気嵐に発達する．磁気嵐回復相で Dst 指数は単調に増加することも，CME 性磁気嵐の特徴である．この変化は，CME の構造を考えると次のように理解される．CME 性磁気嵐において，主相をひき起こすのはシースもしくは磁気雲の中に含まれる南向きの惑星間空間磁場である．磁気雲はフラックスロープとよばれる構造をもつため，地球磁気圏に影響を及ぼす南北磁場の極性は磁気雲の通過に伴って，(i) 南から北へ，もしくは (ii) 北から南へと回転する．(i) では，磁気嵐回復相が磁気雲に含まれる強い北向きの惑星間空間磁場の通過に対応するため，(4.4) 式では $Q = 0$ となる．また，(ii) では，磁気嵐回復相は，通常の背景太陽風に対応するため，強い南向きの惑星間空間磁場はなく，比較的小さな値の Q が間欠的に続くことになる．

なお，規模の大きな磁気嵐の主相は，しばしば 2 段階の発達を示すことが知られている（Kamide *et al.*, 1998 など）．この発達をひき起こす太陽風構造では，最も多いタイプとして，CME の前面に形成されるシース中の南向きの惑星間空間磁場が第一段階の発達をひき起こし，続いて到来する磁気雲中の南向きの惑星間空間磁場が 2 段階目の発達をひき起こす過程が知られている（Zhang *et al.*, 2008）．

CME 性磁気嵐のときの環電流イオンの変化を見てみよう．口絵 5b と c には，CME 性磁気嵐のときの環電流を担うイオンの L-時間ダイヤグラムが示されている．磁気嵐の主相では，プラズマシートから大量のイオンが内部磁気圏の地球に近いところに運ばれる．一方，磁気嵐の回復相になると新しいイオンの流入は見当たらず，主相で増加したイオンが徐々に減少する様子が見てとれる．口絵 5b と c を比べると，規模の大きな磁気嵐の場合にはイオンがより地球側に注入されている様子がわかる．

一方，CIR 性磁気嵐では明確な初相が観測されないことも多く，また磁気嵐の規模も比較的小さい．しかし，回復相においては，Dst 指数はなかなか回復せず，しばしば数日から 10 日以上にわたって回復相が継続する．(4.4) 式で考えると，消失とつりあうようなエネルギー注入 Q が，回復相において持続してい

ることを意味する．CIR 性磁気嵐の回復相は，太陽風ではコロナホールからの高速風の領域に対応する．コロナホール流の特徴のひとつは速度が速いことであるが，同時にアルフヴェン波的な惑星間空間磁場の擾乱が存在し，図 4.1b からもわかるように惑星間空間磁場の南北成分が数 nT 程度の振幅で南北方向に不規則に振動している．このとき，地球磁気圏では，AE 指数からもわかるように，擾乱に含まれる南向きの惑星間空間磁場によって，数日間にわたってサブストームが発生し，また弱い対流が持続しているため，近地球領域にプラズマシートからイオンが連続注入される（Tsurutani et al., 2006 など）．実際，CIR 性磁気嵐回復相では極冠電位差が高い状態が数日間にわたって続いており，図 4.1a と b の比較からもわかるように，その値は CME 性磁気嵐回復相よりも高くなっている．また，太陽風の速度が速いため，プラズマシートの温度が通常よりも高温になっている（Borovsky et al., 1998, Denton et al., 2006 など）．したがって，CIR 性磁気嵐では，高温イオンの連続注入によって環電流が維持され，長時間にわたる回復相が続く．また，CIR 性磁気嵐が発生する前には，**嵐の前の静けさ**（calm before storm）とよばれる地磁気的に静穏な状態がしばしば発生することが知られている（Borovsky and Steinberg, 2006）．

　CIR 性磁気嵐のときの環電流イオンの様子も見てみよう．口絵 5a に，CIR 性磁気嵐のときの環電流を担うイオンの変化を示す．CME 性磁気嵐と同様，主相でプラズマシートから地球側にイオンが輸送される．イオンが輸送される位置は，口絵 5b の CME 性磁気嵐とほぼ同じである．両者は，平均的な Dst 指数および極冠電位差もほぼ同じであるため，地球方向に注入されるイオンの位置も似たものとなっている．CIR 性磁気嵐では，磁気嵐回復相においてもサブストームの発生や対流が継続しているため，プラズマシートから連続したイオンの流入が続いている．ただし，磁気嵐の主相に比べると対流電場の規模が小さいため，イオンの流入は地球から遠いところで起こっており，地球に近いところでは主相で流入したイオンがゆっくりと減衰している．なお，CIR およびコロナホール流通過時の磁気圏応答に関する最近の研究の動向は，Tsurutani et al.（2006）でレビューされている．

　ところで，地磁気活動は，春と秋に活発になりやすい傾向があり，Dst 指数や放射線帯フラックスの変化など半年周期変化が見られる現象は多い．この半年周期変動の起源としていくつかのメカニズムが提案されているが，地球の磁軸の

傾きの季節依存性と太陽風のパーカー・スパイラルの極性（toward/away）（2.11節）によって，惑星間空間磁場の南北成分のベースラインが変化することに起因するとするラッセル–マクフェロン効果（Russell-McPherron effect）（Russell and McPherron, 1973）が有力視されている．

4.3　大きな磁気嵐

　2.12 節で述べた Carrington が報告した磁気嵐では，インドで $-1,600\,\mathrm{nT}$ の水平磁場成分の減少が観測されたとの報告があり，観測史上最大の磁気嵐とされている．一方，Dst 指数が定常的に算出された以降で最も大きな磁気嵐は，1989 年 3 月 14 日に発生した Dst 指数が $-589\,\mathrm{nT}$ の磁気嵐である．Dst 指数が $-300\,\mathrm{nT}$ を超える巨大磁気嵐は，1957 年から 2010 年までに 21 回起こっている．

　前節で，太陽風の電場が強いほど磁気嵐の規模も大きくなることを述べたが，巨大磁気嵐の場合でも同じであろうか？ これまでの研究によれば，大きな磁気嵐のときには，太陽風の電場は確かに大きくなるものの，それだけでは観測されるような磁気嵐の規模を説明できないことがわかっている．その理由は，磁気圏に印加される極冠電位差の値は太陽風電場に対して線形に増加するのではなく，ある値（約 200～260 kV）のところで飽和するためである．図 4.5 に DMSP 衛星で計測された磁気嵐中の極冠電位差とそのときの太陽風電場の大きさを示

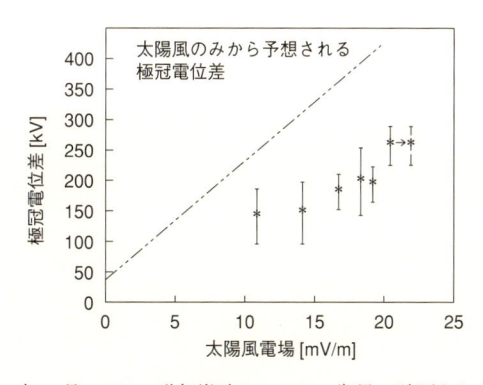

図 4.5　2001 年 3 月 31 日の磁気嵐時に DMSP 衛星で計測された極冠電位差（∗）とそのときの太陽風電場
　　破線は，経験モデルを用いて太陽風から予想される極冠電場．（Hairston et al., 2003）

す.太陽風からの予想では,太陽風電場に比例して,極冠電位差が大きくなることが予想されるが,実際の極冠電位差はある値で頭打ちになっていることがわかる.この飽和を生み出すメカニズムについては,昼側の磁気リコネクション率の低減や,太陽風のアルフヴェン伝導度 ($1/\mu_0 v_A$) の低減などさまざまなメカニズムが提案されており,議論が続けられている(Siscoe *et al.*, 2002, 2004, Kivelson and Ridley, 2008, Borovsky *et al.*, 2009 など).

それでは,巨大な磁気嵐はどのようにして発達するのであろうか? ひとつの考え方として,巨大磁気嵐のときには環電流を構成するイオンの密度が大きくなっていることが考えられる.密度の増加はそのままエネルギーの増加になるため,環電流は大きく発達する.計算機シミュレーションからは,プラズマシートの密度が増加した場合に,磁気嵐の規模が大きくなることも示されているが(Jordanova *et al.* 1998 など),密度がより高くなった場合には後に述べる遮蔽効果によってプラズマシートから内部磁気圏へのイオンの輸送を抑制することも指摘されている(Ebihara *et al.*, 2005).また,巨大な磁気嵐の際には,環電流イオンの組成において,数十 keV 以上の 1 価の酸素イオンが占める割合が大きくなることが観測的に明らかにされており(Daglis *et al.*, 1999 など),電離圏起源のイオンが環電流を担うことにより,巨大な磁気嵐が起こっている可能性も指摘されている.

4.4　内部磁気圏で起こる変化

4.4.1　プラズマ圏

すでに述べてきたように磁気嵐のときに,環電流は大きく発達するが,このとき内部磁気圏の他の領域にも著しい変化が発生する.プラズマ圏のプラズマは磁場ドリフトの影響が無視できるため((3.30) 式:$H = q\Phi$),対流電場と共回転電場によってその形状が決定されることは第 3 章ですでに述べた.磁気嵐のときに対流電場が大きくなると,それまで地球のまわりに閉じていたプラズマ対流の流線が開いた軌道へと変化し,プラズマ圏のプラズマは惑星間空間に向かって流れていく.図 4.6 に,2003 年の 10 月に発生した巨大磁気嵐のときに,IMAGE 衛星によって観測されたプラズマ圏の He イオンの共鳴散乱光の

4.4 内部磁気圏で起こる変化

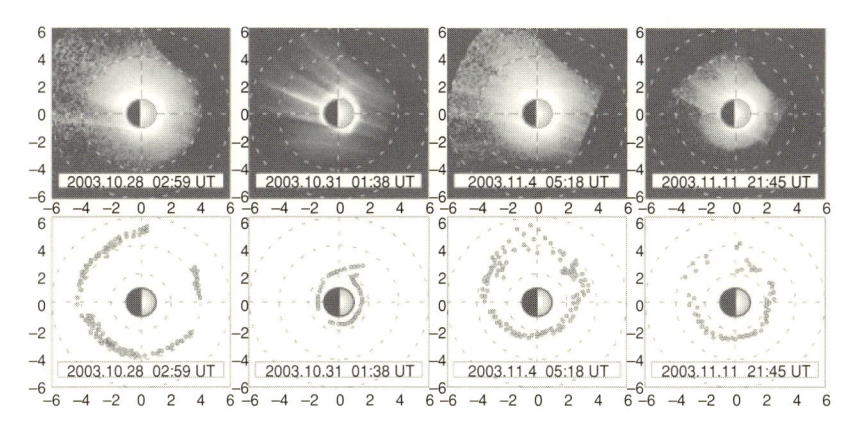

図 4.6 IMAGE 衛星極端紫外光撮像装置が観測した 2003 年 10 月の磁気嵐時の He^+ の共鳴散乱光．図の右側が太陽の方向．
分布の形がプラズマ圏界面の形状を表す．下段は，共鳴散乱光のデータから読み取ったプラズマ圏界面の位置．2003 年 10 月 31 日 01:38UT 付近では，プラズマ圏界面が地球半径の 1.5 倍程度まで縮小している．(Baker et al., 2004)

分布を示す．図の下段にドットで示した箇所がプラズマポーズであるが，磁気嵐前に比べて収縮するとともに，午後側に張り出していることがわかる．この 2003 年 10 月に起きた巨大磁気嵐時には，プラズマ圏界面は地球半径の 1.5 倍程度にまで収縮している．プラズマポーズの位置は，対流電場の大きさで変化し，Kp 指数などの地磁気指数の経験的な関数として表されることも多い（O'Brein and Moldwin, 2003 など）．

磁気嵐の回復相で対流電場が減少すると，プラズマ対流の流線はふたたび閉じた軌道を描くようになり，電離圏から沸き上がってきたプラズマは地球のまわりを共回転するようになる．電離圏からプラズマが沸き上がってくる（リフィリング，refilling）には有限の時間がかかるため，対流電場が弱まってからプラズマポーズが膨張するまでには，数時間以上の遅れが生じる．

また，3.3.4 項で述べた環電流の時間変化に伴う誘導電場（Dst 効果）は，プラズマ圏の運動に大きな影響を及ぼしていることが「あけぼの」衛星の観測から明らかにされている（Oya, 1997）．

4.4.2 放射線帯

磁気嵐が起こると放射線帯にも大きな変化が起こるが，その変化はプラズマ圏や環電流とは異なったものである．また，いわゆる磁気嵐でない状態（Dst 指数が静穏な低い状態）においても，放射線帯の外帯は太陽風擾乱によって大きな変動を示す．とくに静止軌道領域の外帯電子フラックスは，コロナホール流到来時に大きく増加し，太陽風速度（Paulikas and Blake, 1979 など）とコロナホール流中の南向きの惑星間空間磁場（Miyoshi and Kataoka, 2008a, b など）が強まると大きく増加する．

口絵 6 は，「あけぼの」衛星による放射線帯の外帯電子の変動例を 1993 年 1～6 月について示したものである．典型的な変化として，95 日付近や 130 日付近で見られるように外帯電子は磁気嵐主相で消失し，回復相で磁気嵐前のフラックスレベルよりも大きく増加する．一方，48 日付近のように，磁気嵐回復相においても外帯のフラックスレベルが増加しない事例や，40 日付近のように磁気嵐前のフラックスレベルにまでしか回復しない事例なども観測されている．統計的には，磁気嵐に対する放射線帯の外帯の応答は，磁気嵐後に増加するイベントの割合が約 50%，磁気嵐前よりも減るイベント，および磁気嵐前のレベルまでしか回復しないイベントの割合がそれぞれ 25% 程度である（Reeves et al., 2003）．

口絵 7a に，CIR 性磁気嵐と CME 性磁気嵐について，静止軌道での 2 MeV 電子フラックスの平均的な変化を示す．CIR 性磁気嵐は，磁気嵐としての規模は小さいものの放射線帯電子が大きく増えるのに対し，CME 性磁気嵐では磁気嵐が起こる前程度のレベルまでしか回復しないことがわかる．口絵 7b には，300 keV 電子の L-時間ダイヤグラムを示す．CME が起こす大きな磁気嵐の場合には，放射線外帯はより地球に近い領域（外帯の内側やスロット領域）で増加することがわかる（Miyoshi and Kataoka, 2005）．このように，磁気嵐の規模が大きくなるほど，外帯の中心が地球側に近づく傾向がある（O'Brien et al., 2003）．

磁気嵐主相の外帯電子消失の原因は，現在まだ特定されていない（Millan and Thorne, 2007 などに現在の研究がまとめられている）．ひとつのメカニズムは，3.3.4 項で述べた Dst 効果である．このメカニズムは可逆であるため，磁気嵐回

復相において,背景磁場強度が戻るとフラックスも元に戻るはずである.しかし,口絵6のように減少したまま回復しない状態は,外帯電子が放射線帯から実際に失われていることを示している.磁気嵐主相では4.4.3項で紹介するホイッスラーモード波動や電磁イオンサイクロトロン波動(EMIC波動)などのプラズマ波動が強まるため,ピッチ角散乱による大気への消失効果が強くなり,外帯の消失に寄与していることが指摘されている.また,磁場の変形や磁気圏境界面の圧縮によって,それまで地球のまわりを取り囲むようにしていた閉じたドリフト軌道が開いたドリフト軌道に変化し,電子が惑星間空間へと逃げ出していく過程も考えられている.

磁気嵐回復相の高エネルギー電子の増加メカニズムについて,現在活発な議論が続けられている.ひとつのメカニズムは,3.3.4項で述べた動径方向拡散である.高エネルギー電子は,(3.34)式に示すように $H = \mu B$ であることに注意しよう.すなわち,エネルギーが高い外帯の電子は,対流電場のみによって輸送することはできず,電子を動径方向に輸送するためには誘導電場が必要となる.この誘導電場は,4.4.3❸項で紹介する**Pc5地磁気脈動**(Pc5 pulsation)によって担われていることが考えられている.

この動径方向拡散を記述するために,分布関数の平均的な時空間変化を,次のような粒子の位相空間密度 f の動径方向(L値)に対するフォッカー–プランク(Fokker-Plank)方程式((5.217)式参照)で記述することが多い.

$$\frac{\partial f}{\partial t} = L^2 \frac{\partial}{\partial L}\left(\frac{D_{\mathrm{LL}}}{L^2}\frac{\partial f}{\partial L}\right) + \mathrm{source} - \mathrm{loss} \tag{4.5}$$

拡散の強さは拡散係数(D_{LL})で与えられ,拡散の方向は位相空間密度の空間勾配を緩和する方向に動くことになる.外帯のフラックスの増加とPc5地磁気脈動の強度の増加が対応する事例が多いことは(Rostoker *et al.*, 1998など),このメカニズムが有効にはたらいていることの傍証とされている.また,外帯電子の増加は太陽風の速度ともよく相関していることが知られている(Paulikas and Blak, 1979など).太陽風速度が速い状態では,Pc5地磁気脈動の強度が増加することも観測されている(Mathie and Mann, 2001).この事実は,太陽風速度が強まるとPc5地磁気脈動の強度が増加し,動径方向拡散が活性化して,外帯電子フラックスの増加が起こるというモデルと調和的である.

一方,これとは別のメカニズムも提案されている.それは,**ホイッスラーモー**

第 4 章 磁気嵐

ド波動（whistler mode waves）の**コーラス放射**（chorus emission）による加速である．図 4.2 に示したように，朝側のプラズマ圏界面の外側で励起したコーラス放射は，電子と**サイクロトロン共鳴**（cyclotron resonance）をすることが可能である．この共鳴を繰り返すことによって，もともと数百 keV 程度のエネルギーの電子は MeV 以上のエネルギーへと加速される．口絵 8 に「あけぼの」衛星によって観測された 1993 年 11 月に起こった磁気嵐の回復相における内部磁気圏のプラズマ波動と放射線帯電子の変化の様子を示す．最上段のパネルには，**高域ハイブリッド共鳴波動**（upper hybrid resonance: UHR）が見えている．高域ハイブリッド共鳴波動の周波数は，(2.14) 式のように電子プラズマ周波数と電子サイクロトロン周波数の 2 乗平方和で表されるため，UHR の周波数変化からプラズマ密度の変化を知ることができ，内部磁気圏においては人工衛星が観測している L 値が大きくなる際に UHR 周波数が急激に下がる場所がプラズマポーズである．中段のパネルをみると，プラズマポーズの外側で強いコーラス波動が観測されていることがわかり，下段のパネルに示すように，コーラス波動が強い場所で放射線帯の外帯の増加が起こっている．

この加速過程の間では，電子の全断熱不変量が波動粒子相互作用によって破れている．このメカニズムでは，さまざまなエネルギーをもつプラズマ・粒子が加速にかかわっていることに注意しよう．ホイッスラーモードコーラス波動を励起しているのは，プラズマシートから対流電場やサブストームに伴って運ばれてきた数十 keV の電子の**温度異方性**（temperature anisotropy）である．また，プラズマ波動の分散関係や，波動粒子相互作用の共鳴条件は，背景のプラズマ密度によって変化するため，プラズマ圏およびプラズマ圏の外の熱的プラズマの変化にも影響を受けることになる．すなわち，異なるエネルギー階層のプラズマ・粒子群がプラズマ波動を介して動的に結合しながら加速が行われていることになる（Summers *et al.*, 1998, Miyoshi *et al.*, 2003, Omura *et al.* 2007 など）．

上記のように波動粒子相互作用による加速が効果的にはたらく場合には，プラズマシートから内部磁気圏に熱い電子が流入していることが重要になる．この流入には，磁気圏対流やサブストームに伴う粒子流入が重要な役割を果たしており，環電流のところで述べたように惑星間空間磁場が南向きのときに活性化する．外帯電子の増加は，太陽風の速度だけではなく惑星間空間磁場が南向

きのときに大きく促進されるが，このことは波動粒子相互作用による加速と調和的であると考えられる．

なお，放射線帯の変化や加速機構については，関連書籍 [48] 中の三好や大村の解説も参照されたい．

4.4.3 プラズマ波動

磁気嵐時には，対流電場の増大あるいはサブストームによって，プラズマシートから大量の熱いプラズマが流れこんでくる．このような熱いプラズマの流入に伴って，内部磁気圏ではさまざまなプラズマ波動が生起する．図 4.2 に示したように，プラズマシートの電子は内部磁気圏の朝側に流入する．このとき，第一，第二不変量を保存しているため，電子は磁力線に対して垂直方向に強く加速される．したがって，電子の温度異方性（磁力線に垂直方向の温度と水平方向の温度の比）は，内部磁気圏の磁場が強いところにいくに従って大きな値を示す（3.3.3 項）．電子に垂直方向に卓越する温度異方性があった場合，サイクロトロン共鳴によってホイッスラーモード波動が成長する．サイクロトロン共鳴は，波動の周波数を ω，波数ベクトルを $\vec{k}$，粒子の速度ベクトルを $\vec{v}$，電子サイクロトロン周波数を Ω_e とし，以下の条件が成り立ったときに発生する．

$$\omega - \vec{k} \cdot \vec{v} = n \frac{\Omega_e}{\gamma} \tag{4.6}$$

ここで，n は整数であり，$n = 0$ のときが**ランダウ共鳴**（Landau resonance），$n \neq 0$ のときが**サイクロトロン共鳴**（cyclotron resonance）に対応する．また，$\gamma = \left(1 - \frac{v^2}{c^2}\right)^{-\frac{1}{2}}$ である．この式は，速度 $\vec{v}$ で運動する粒子から見えるドップラー（Doppler）シフトした波動の周波数が，粒子のサイクロトロン周波数の整数倍となったときに共鳴が起こることを示している．

Ⓐ ホイッスラーモード波動：コーラス，ヒス

ホイッスラーモード波動の線形成長率は，プラズマ密度が低く磁場強度が強い場所ほど大きな値をもつために（Kennel and Petschek, 1966），朝側のプラズマポーズのすぐ外側で強いホイッスラーモード波動が励起することになる．強いホイッスラー波動はさらに非線形発展を示し，コーラス放射が発生する（Santolik et al., 2003, Katoh and Omura, 2007, Omura et al., 2008 など）．Cluster 衛星が観測したコーラス放射を口絵 9 に示す．このコーラスは，サイクロトロン周

波数の半分以下の周波数帯の**低域コーラス**（lower-band chorus）と，半分以上の周波数帯の**高域コーラス**（upper-band chorus）とに分かれており，サイクロトロン周波数の半分のところで明瞭なギャップが存在し，低域コーラス波動は時間とともに周波数が上昇するような際立った特徴を示す．第3章で述べたディフューズオーロラ，とくにパルセーティングオーロラは，このコーラスとの相互作用によってひき起こされていると考えられている．また，4.4.2項に述べたように，このコーラスは放射線帯の電子加速に対して重要な役割を果たしていることが考えられている．

口絵10に，CRRES衛星によって観測された磁気嵐時の内部磁気圏のプラズマ波動分布を示す．周波数数〜数百kHzにわたってバンド状にみえている波動がUHRおよび**Z-mode 波動**である．図の左右でUHRの周波数が急激に変化する時間帯があるが，ここでCRRES衛星がプラズマポーズを横切っている．また，電子サイクロトロン周波数の上には，電子サイクロトロン周波数の$(n+1/2)$倍の高調波構造（ここでnは整数）をもつ**静電的電子サイクロトロン高調波**（electrostatic cyclotron harmonic: ESCH）波動が見られる．これは，速度分布関数上での異方性をもった数十eV程度の温度のプラズマによって励起されていると考えられており，磁気嵐時に熱いプラズマが内部磁気圏に流入していることを示唆している（Shinbori et al., 2007など）．このESCH波動も，ディフューズオーロラを起こす電子のピッチ角散乱に寄与していることも指摘されている（Kennel and Ashour-Abdalla, 1982など）．

プラズマ圏の外に発生するコーラスとは別に，プラズマ圏の中では，**ヒス**（hiss）とよばれる広帯域のノイズ状のホイッスラーモード波動が受信される．典型的な強度は数十pT程度である．ヒスの起源は長らく不明であったが，近年，コーラスがプラズマ圏内部に伝搬した結果，ヒスとして観測されているという報告が行われ注目を集めている（Bortnick, et al. 2008, 2009など）．ホイスラーモード波動は，R-モードの波動であり**低域ハイブリッド共鳴周波数**（lower hybrid resonance: LHR）よりも低い周波数では，**磁気音波**（magnetosonic mode waves）とよばれる波動に接続する．

❸ 電磁イオンサイクロトロン波動

さらに低い周波数帯には，イオンに関係する**電磁イオンサイクロトロン**（electromagnetic ion cyclotron: EMIC）**波動**が存在する．図4.2のように夕方側へ

4.4 内部磁気圏で起こる変化

と流入したプラズマシートのイオンは，ホイッスラー波動の場合と同様に，内部磁気圏に移動するに従って温度異方性が発達し，サイクロトロン共鳴によって電磁イオンサイクロトロン波動が励起する．図 5.5 に示すように電磁イオンサイクロトロン波動はイオンサイクロトロン周波数以下に存在する L-モードの波動であり，数百 pT から数 nT の振幅をもち，Pc1 地磁気脈動ともよばれる．

　磁気圏では複数のイオン種が共存しているため，各イオン種に対応した電磁イオンサイクロトロン波動が存在し，内部磁気圏では，プロトンバンド電磁イオンサイクロトロン波動と，ヘリウムバンド電磁イオンサイクロトロン波動がよく観測される．なお，これらのバンドの間には，波動が伝搬できないストップバンドとよばれる**禁止周波数帯**（stop-band）が存在する（Kozyra *et al.*, 1984, Erlandson and Ukhorskiy, 2001 など）．電磁イオンサイクロトロン波動は，環電流を担うイオンとサイクロトロン共鳴によって，ピッチ角散乱を起こしプロトンオーロラを光らせることが知られている（Sakaguchi *et al.*, 2008 など）．

　一方，このイオンサイクロトロン波動は，通常，電子とサイクロトロン共鳴を起こすことができない．しかし，電子のエネルギーが高くなると，(4.6) 式の右辺の分母にある γ が大きな値となり，サイクロトロン共鳴を起こしやすくなる（Thorne and Kennel, 1971, Miyoshi *et al.* 2008 など）．このイオンサイクロトロン波動との共鳴によって，放射線帯外帯電子がピッチ角散乱を受け大気に降り込んでいく過程が，4.4.2 項で述べられた放射線帯外帯の消失の一部を担っていると考えられている（Jordanova *et al.*, 2008 など）．これらの放射線帯ダイナミクスにおけるプラズマ波動に関する最近の研究は，Thorne (2010) によってまとめられている．

　このようなプラズマシートからの熱いプラズマの流入によるプラズマ波動の励起と，関連する粒子の加速やディフューズオーロラ，プロトンオーロラの発生は，磁気嵐だけではなくサブストームのときにも起こっている．磁気嵐のときには対流電場が強くなっているため，プラズマシートから注入された粒子はより地球に近いところまで侵入し，地球に近いところで波動が発生する．このため，コーラス波動による放射線帯高エネルギー電子の生成はより地球に近いところで起こるとともに，ディフューズオーロラ，プロトンオーロラもより低緯度で見られるようになる．

第 4 章　磁気嵐

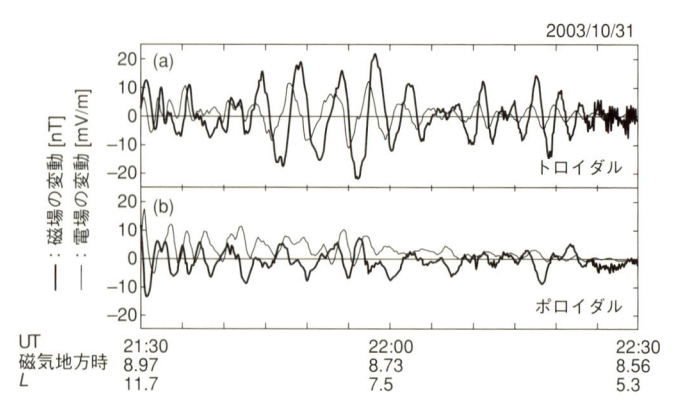

図 4.7　Cluster 衛星によって観測された Pc5 地磁気脈動の電場と磁場成分
太線が磁場の変化，細線が電場の変化を表す．(a) はトロイダル成分であり，経度方向の磁場と動径方向の電場を，(b) はポロイダル成分であり動径方向の磁場と経度方向の電場を表す．(Zong et al., 2007)

ⓒ 電磁流体波動

さらに，イオンサイクロトロン周波数より低周波の電磁流体波動も，内部磁気圏では観測されている．このうち代表的な電磁流体波動は，Pc5 地磁気脈動とよばれる周期 2.5 min から 10 min 程度の低周波波動である．図 4.7 に人工衛星によって観測された Pc5 地磁気脈動の電場と磁場の変化を示す．周期 5 分程度で見られる波動構造が Pc5 地磁気脈動であり，この場合はトロイダルモードが卓越していることがわかる．

Pc5 波動の起源として，図 4.8 に示すように高速の太陽風に伴って磁気圏界面で発達するケルビン–ヘルムホルツ（Kelvin–Helmholtz）型不安定性および太陽風の動圧の時間変化によって磁気圏界面で励起する速進波（fast mode, 1.2.8 項参照）が考えられている（Takahashi and Ukhorskiy, 2007）．この磁力線を横切って伝わる速進波が磁力線に沿って伝わるアルフヴェン波動にモード変換されることにより，Pc5 波動は地上の磁場の変化としても観測される．また，太陽風が駆動する Pc5 に加えて，環電流のイオンとの**ドリフト–バウンス共鳴**（drift-bounce resonance）（Southwood et al., 1969, Kivelson, 1995）によって，夕方側で成長発達する Pc5 も知られている．このドリフト共鳴は，粒子のドリフト周波数を ω_d，バウンス周波数を ω_b，波動の周波数を ω，波動の経度方向

4.4 内部磁気圏で起こる変化

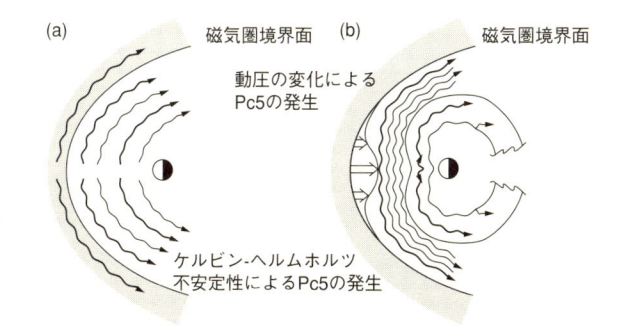

図4.8 Pc5 の発生と伝搬
(a) 磁気圏界面でのケルビン-ヘルムホルツ不安定性による，(b) 太陽風動圧の時間変化によって磁気圏界面が変形することによる．波線は波面の伝搬を表す．また太い破線の場所では共鳴（磁力線共鳴，キャビティ共鳴）を起こし，波動の強度が強くなる．(Kivelson, 1995)

のモード数を m, N を整数としたときに，

$$\omega - m\omega_\mathrm{d} = N\omega_\mathrm{b} \tag{4.7}$$

を満たすときに起こる．

4.4.2 項で述べたように，この Pc5 帯の地磁気脈動は特に放射線帯の高エネルギー粒子の輸送に重要な役割を果たしていると考えられている．

❹ プラズマ圏の変化による波動特性の変化

第 5 章で述べるように，波動の励起，成長そして伝搬過程には，プラズマ周波数とサイクロトロン周波数の比が重要となる．内部磁気圏では，プラズマ圏が存在するため，プラズマポーズの中と外においては，このプラズマ周波数とサイクロトロン周波数の比が大きく異なる．たとえば，口絵 10 の UHR の周波数変化からは CRRES 衛星がプラズマポーズを横切った場所がわかるが，この前後でプラズマ波動の特性が大きく異なっていること様子が示されている．磁気嵐中においては，環電流の発達に伴って背景磁場が変化するとともに，プラズマ圏の形状も大きく変化するため，プラズマ波動の分布もダイナミックに変化している．

4.4.4　内部磁気圏の電場構造と電離圏との結合過程

4.1 節で述べたように，磁気嵐主相では夕方側を中心とした部分環電流が形成

第 4 章 磁気嵐

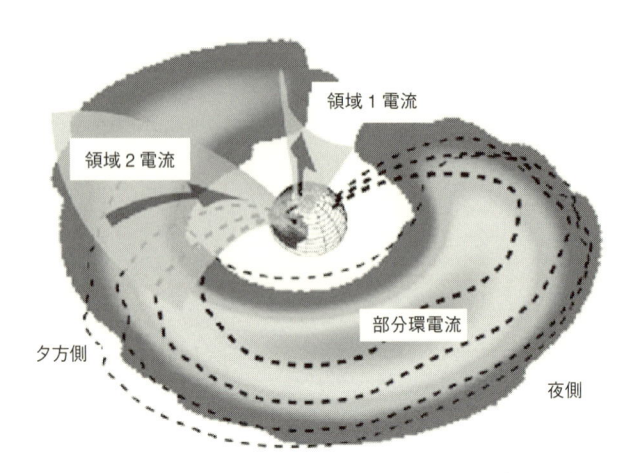

図 4.9 環電流イオンの圧力分布とそこから推測される沿磁力線電流
（Brandt *et al.*, 2008）

される．(3.40) 式で示したように磁気圏の電流は連続であるので，赤道面で閉じることのない電流は沿磁力線電流として電離圏に流れ込むことになる．これが領域 2 電流系である．図 4.9 に，部分環電流の発達によって，磁気圏から電離圏へと流れ込む領域 2 電流の様子を示す．

3.4.3 項で述べたように電離圏に沿磁力線電流が流れ込むと，下向き沿磁力線領域では正に，上向き沿磁力線領域では負に，電離圏が帯電したことと等価になる．沿磁力線電流が流れ込むことで，電離圏ポテンシャルは再構成される．ここで，沿磁力線電流 $J_\parallel$ と電離圏電場 $\vec{E}$ の関係は，次のオーム（Ohm）の法則で与えられる．

$$J_\parallel \sin I = -\nabla \cdot \left(\Sigma_\mathrm{P} \vec{E} + \Sigma_\mathrm{H} \frac{\vec{B} \times \vec{E}}{B} \right) \tag{4.8}$$

ここで，$\vec{E} = -\nabla \Phi$ である．また，Σ_P, Σ_H は，それぞれ高度積分されたペダーセン（Pedersen），ホール（Hall）電気伝導度を示し（3.1.7 項参照），I は伏角である．したがって，電離圏の電気伝導度と沿磁力線電流の配置によって，電離圏ポテンシャル分布が決まることがわかる．3.4.3 項で述べたように沿磁力線電場がない場合には，磁力線上は等電位と考えることができるため，再配位された電離圏ポテンシャルは，磁気圏での粒子の運動に直接影響を及ぼす．した

4.4 内部磁気圏で起こる変化

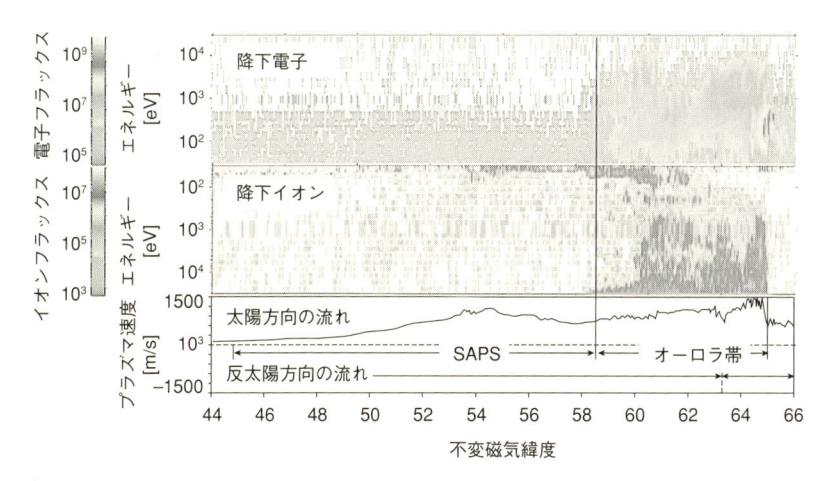

図 4.10 降下電子, 降下イオンのエネルギー–磁気緯度スペクトログラムおよびイオンのドリフト速度
2001 年 4 月 12 日に, DMSP 衛星（高度 850 km）で観測された. 磁気地方時は 20:00. オーロラ帯の低緯度側（電子の降込みが卓越する領域の低緯度側）において, 1,000 m/s 程度の西向き（太陽方向）の SAPS とよばれる高速プラズマ流が観測されている．（Foster and Vo, 2002）

がって, 磁気圏と電離圏が沿磁力線電流とポテンシャルを介して結合していることになる.

さて, 電離圏ポテンシャルの配位は, 電離圏の電気伝導度の空間分布に大きく影響を受ける. 領域 2 電流系がつながる夜側サブオーロラ帯の電気伝導度は一般に低いが, その高緯度のオーロラ帯ではオーロラ粒子の降込みによって電気伝導度が高くなっているため, 電気伝導度の急峻な空間勾配が存在する. 電気伝導度が低いサブオーロラ帯では, 同じ沿磁力線電流の流入に対して強い電場が生じ, 電離圏では 1,000 m/s 以上の速い西向きのプラズマ流として観測される. これが, **SAPS**（**sub-auroral polarization stream**）（Foster and Vo, 2002）, **SAID**（**sub-auroral ionosphere drift**）（Spiro et al., 1979）とよばれる現象である. 図 4.10 に, 低高度衛星が夕方側の地方時で観測した SAPS の観測結果を示す. 電子の降込みが卓越するオーロラ帯の低緯度側に, 西向き（太陽方向）の 1,000 m/s 以上の高速プラズマ流が存在することがわかる.

領域 2 電流系が電離圏に作り出す電場は夕方側から朝側に向かう方向であり, 領域 1 電流系が作り出す電離圏電場と逆向きである. 磁気嵐の主相では, 領域

第4章　磁気嵐

1電流系による電場がプラズマシートから内部磁気圏へのプラズマ対流を促進し，これにより発達する部分環電流によって領域2電流系が発達する．ここで惑星間空間磁場が急激に北に向いた場合には，領域1電流系が急激に減少する．このとき，領域2電流系がつくる夕方側から朝側に向かう電場が，領域1電流系が作り出す対流電場を上回り，通常とは逆向きの電場が，一時的に磁気圏に印加されることがある．このことを**過遮蔽電場**（over shielding）とよぶ．

4.4.5　磁気嵐における領域間の結合とエネルギー階層間の結合

これまで述べてきたように，磁気嵐は，コロナ質量放出や共回転相互作用領域など，強い南向き磁場を伴った太陽風の大規模構造が到来することによってひき起こされるジオスペースの擾乱現象である．このとき，磁気圏対流が大きく増加するとともに，サブストームが活性化することに起因して，プラズマシートの熱い粒子群が内部磁気圏に大量に流入することによって環電流が発達し，地上では北向き磁場の減少として観測される．磁気圏の中では，粒子・プラズマの加熱・加速，輸送，電場の生成，粒子の増加と消失，波動の励起などが起こり，さらにこれらの現象の線形・非線形相互作用が電離圏，磁気圏の広い領域で起こる．

この磁気嵐のときのジオスペースシステムのダイナミクスを理解するために重要となるのがジオスペースの**領域間結合**（cross-regional coupling）と，**エネルギー階層間結合**（cross-energy coupling）の概念である．本来，磁気圏は無衝突プラズマ系であるために，粒子間相互作用によって，お互いが影響を及ぼすことはない．しかし，沿磁力線電流と電場，またプラズマ波動を介在として，異なる領域やエネルギー階層が動的に結合して，ダイナミクスを作り出している．

ここでは，これらの結合についてのいくつかの例を紹介する．また，Ebihara and Miyoshi（2011）なども参考にしていただきたい．

Ⓐ 沿磁力線を介した領域間結合

磁気嵐のときには，内部磁気圏にプラズマや粒子が流入し，同時に領域2沿磁力線電流が強化され，磁気圏と電離圏の結びつきが強まる．図4.11に磁気圏–電離圏結合の概念図を示す（Ebihara et al., 2004に基づく）．

電離圏の電位分布は，電離圏の電気伝導度の分布と沿磁力線電流によって決まり，この電位分布が磁気圏に投影されて，磁気圏プラズマ・粒子の運動と分

4.4 内部磁気圏で起こる変化

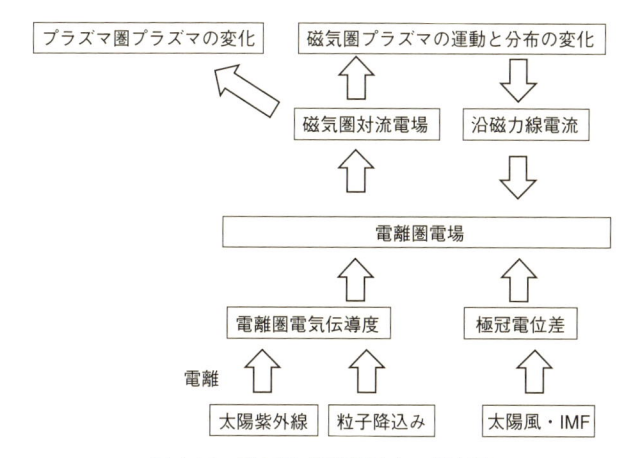

図 4.11　磁気圏-電離圏結合の概念図
電離圏の電場が磁気圏にマッピングされ磁気圏プラズマの運動を引き起こすとともに，沿磁力線電流によって電離圏の電場構造を変形させるフィードバックシステムとなっている．(Ebihara et al., 2004 に基づく).

布の変化をひき起こす．この結果，磁気圏で環電流を担うプラズマの分布が変わることにより，沿磁力線電流が変化し，電離圏の電位分布を変化させる．すなわち，磁気圏と電離圏は，電場と沿磁力線電流を介したフィードバックシステムになっている．電離圏の電気伝導度は，太陽紫外線やオーロラ粒子の降込みによって変化するため，これらのパラメータの変化も電離圏の電気伝導度の時間変化に影響を及ぼすことになる．

また，磁気圏電場の時間発展はプラズマ圏プラズマの運動を変化させ，環電流イオンの分布とプラズマ圏プラズマが沿磁力線電流と電場を介して結合していることになる．

❸ 物質輸送による領域間結合

4.3 節で述べたように，大きな磁気嵐の発達には，電離圏起源のイオンが重要な役割を果たしていると考えられている．電離圏イオンが磁気圏へと流出してく過程や，流出後の輸送過程の概要はわかってきているが (Seki et al., 2001 など)，磁気圏の中での詳細な輸送過程や加速過程についてはまだ不明な点が多く，今後の定量的な研究が必要とされている．物質輸送を通して，電離圏が磁気圏の構造やダイナミクスを変化させることが可能であり，このような領域間

第4章 磁気嵐

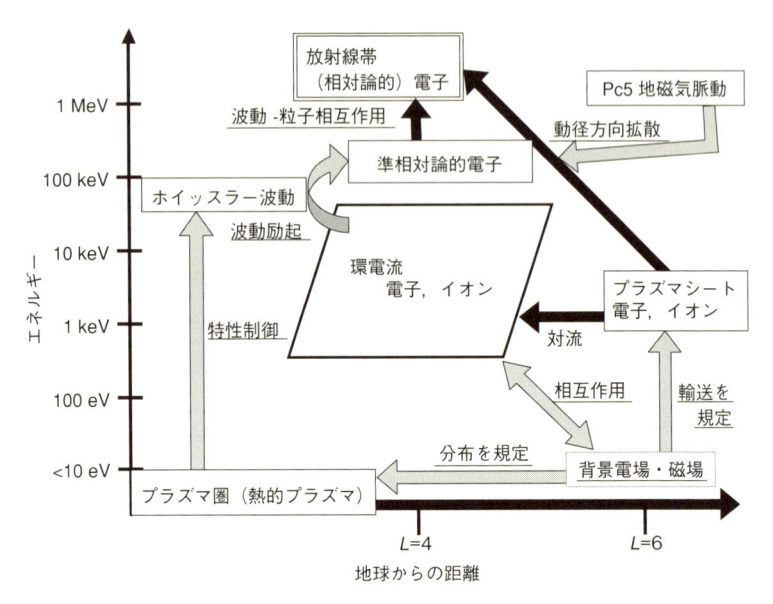

図4.12 放射線帯外帯電子の形成過程
MHD波動を介した外部供給と，ホイッスラー波動を介した内部加速過程．各エネルギー階層が波動を介して結合し，加速を引き起こしている．

結合もジオスペースのダイナミクスを考えるうえで重要である．

ⓒ 場の変化を介したエネルギー階層間結合

磁気嵐時には，環電流が発達することによって背景磁場が変化するが（Dst効果），この背景磁場の変化によって放射線帯粒子の分布が変化する．放射線帯の粒子と環電流とはエネルギー階層が異なっているが，このように背景場を介在とした相互の結合も起こっている．

ⓓ 波動を介したエネルギー階層間結合

放射線帯の高エネルギー粒子の加速や消失に見られるように，プラズマ波動は磁気圏の粒子分布に大きな影響を与える．図4.12に，4.4.2項で述べた放射線帯電子の加速過程（動径方向輸送による加速，プラズマ波動による加速）が，プラズマ圏，環電流，放射線帯のどのような結びつきによって生じているかをまとめたものを示す．同じ場所にエネルギー方向の異なる分布が存在しているが，これらが波動を介して動的に結合する．たとえば，ホイッスラー波動を介した加速を例にとると，

4.4　内部磁気圏で起こる変化

(1) プラズマシートから内部磁気圏に輸送された環電流電子がホイッスラー波動を励起する．
(2) ホイッスラー波動がさらに高いエネルギー帯の電子を加速し，放射線帯のMeV帯の電子群を形成する．
(3) このときプラズマ圏プラズマなど，背景の冷たいプラズマ密度分布が変わると，波動粒子相互作用の共鳴条件や加速効率が大きく変化する．

というプロセスが考えられる．すなわち，環電流電子群のもっているエネルギーが波動を介して，高エネルギー電子群の形成に使われており，同時に冷たいプラズマがその形成効率を制御していることになる．したがって，1 eV から 1 MeV 以上にわたる 6 桁以上の異なるエネルギー階層のプラズマ粒子群が波動によって動的に結合しており，その最終結果として放射線帯電子が生成されているともいうことができる．この波動を介した結合は，異なるエネルギー階層の結合という点に加えて，ミクロな波動がマクロな構造を変化させているスケール間結合という面もあわせもっている．

このように，磁気嵐の発達とそのなかで生起する現象を理解するためには，領域間結合，エネルギー階層間結合，そしてスケール間結合とを考慮することが本質的となる．すなわち，磁気嵐を理解するためには，太陽風から磁気圏・電離圏の各領域における素過程を正しく把握するとともに，異なる領域やエネルギー階層そしてスケールが動的に結合しながら発達していく過程を，ひとつのシステムとして自己無撞着に理解することが重要である．このためにさまざまな観測データの総合解析に加え，シミュレーションとあわせた研究に基づいて理解していくことが必要となる．

また，極端に速い太陽風や，強い惑星間空間磁場を含んだ磁気雲が到来した際に発生する大規模な磁気嵐においては，通常規模の磁気嵐から線形的に予測されるのとは異なる変化を磁気圏が示すことがある．磁気圏–電離圏システムにおいて非線形性が強まることによって，新たなダイナミクスが形成されている可能性があり，極端な太陽風状況下における研究も，磁気圏システムを理解するためには欠かせないものである．

2010 年代以降，内部磁気圏や放射線帯を対象として各国で人工衛星計画が進められており（Van Allen Probes 衛星（米国：2012 年-2019 年），あらせ衛星

第4章 磁気嵐

（日本：2016年-）など），新しい観測結果をもとに，ジオスペースにおける粒子やプラズマ波動ダイナミクスの研究が大きく進展している．同時に，レーダーネットワーク観測に基づく電離圏対流構造や地磁気脈動のダイナミクス観測，光学ネットワーク観測によるオーロラの空間分布の観測など，近年地上観測のネットワーク化が急速に進み，電離圏の面的な観測から，ジオスペースのリモートセンシングを行うことが可能になっている．また，さらにこういったジオスペースの観測と定量的に比較できるシミュレーションの開発も活発に行われている．

今後，地上からの面的な観測と，磁気圏での衛星による詳細観測を相補的に組み合わせるとともに，シミュレーションとの定量的な比較を通して，各領域やエネルギー階層で発動している現象とそれらの結びつきを理解し，磁気圏システム全体がどのように発達するか，同時に磁気圏システム全体の変化が各領域，各エネルギー階層，各スケールにどのような影響を及ぼすかのフィードバック過程を明らかにすることが，磁気嵐に代表されるジオスペースシステムの構造と変化を理解するために必要である．

第5章 太陽地球圏プラズマ中の電磁波動論

 太陽地球圏のプラズマ中でひき起こされている素過程の代表的なものとして，プラズマ波動の伝搬と励起・減衰過程がある．これらの過程はMHDで記述されるようなマクロな過程とは異なって，大規模なエネルギーや物質の輸送をひき起こしたり，プラズマ媒質の性質を大きく変化させることはないと思われてきた．しかし，**平均自由行程**（mean free path）が1**天文単位**（astronomical unit：AU）のスケールサイズを超えた**無衝突プラズマ**（collisionless plasma）であるはずの太陽風や磁気圏プラズマにおいて，**磁気リコネクション**（magnetic reconnection）や**衝撃波**（shock wave）が発生しており，それらの現象の理解にあたってはプラズマ素過程を起源とする等価衝突効果に基づく等価粘性や磁気拡散などの必要性を考えることが本質的に重要である．

 近年のプラズマや電磁場の計測技術の向上，さらには現実により近い条件による計算機実験の実施に伴って，波動粒子相互作用による粒子加速（たとえば，第3，第4章におけるオーロラ粒子加速や放射線帯粒子加速など）が指摘されている．また，衝撃波，磁気リコネクション領域における波動粒子相互作用の重要性なども指摘されるようになり，プラズマ素過程がMHDスケールでの事象に影響を及ぼすスケール間結合の可能性も認識され，同時に宇宙プラズマの中で実証されようとしている（たとえば，Ergun et al., 1991, Fujimoto et al., 2011 など）．

 したがって今後は，MHDスケールでの大規模なプラズマダイナミクスのなかで，その粘性，拡散などの実態となるプラズマ素過程の理解が不可欠な事柄

第5章 太陽地球圏プラズマ中の電磁波動論

となってくるであろう．

本章では，プラズマ素過程の基礎として，プラズマ波動の**分散関係**（dispersion relation）を，冷たいプラズマ（cold plasma）および熱いプラズマ（hot plasma）の取扱いをもとに導出する．また，プラズマ素過程の基礎的な事柄として，波動の伝搬と減衰やプラズマの加速を取り上げ概説する．

5.1 マクスウェル方程式と誘電率テンソル

プラズマ中の電磁波動を論ずるには，以下のマクスウェル（Maxwell）方程式から出発する．

$$\nabla \times \vec{E} = -\frac{\partial \vec{B}}{\partial t} \tag{5.1}$$

$$\nabla \times \vec{H} = \varepsilon_0 \frac{\partial \vec{E}}{\partial t} + \vec{J} = \frac{\partial \vec{D}}{\partial t} \tag{5.2}$$

$$\nabla \cdot \vec{B} = 0 \tag{5.3}$$

$$\nabla \cdot \vec{E} = \frac{\rho}{\varepsilon_0} \tag{5.4}$$

ここに含まれる4個の物理量（$\vec{E}, \vec{B}, \vec{H}, \vec{J}$）を定めるには，次の関係式を用いる．

$\vec{B} = \mu_0 \vec{H}$　　　　　　磁気誘導（magnetic flux density）（磁束密度）

$\vec{D} = \varepsilon_0 \vec{E} + \vec{P}$　　　　電気変位（electric displacement）（電束密度）

$\vec{P}:$　　　　　　　　電気分極（electric polarization）

$\vec{D} = \varepsilon_0 [\mathbf{K}] \cdot \vec{E}:$　　　誘電率テンソル（dielectric tensor）

(5.1) 式において回転（ローテーション）を作用させ，これと (5.2) 式より $\vec{H}$ を消去すると

$$\begin{aligned}\nabla \times (\nabla \times \vec{E}) &= -\nabla \times \frac{\partial \vec{B}}{\partial t} = -\frac{\partial}{\partial t} \mu_0 (\nabla \times \vec{H}) \\ &= -\mu_0 \frac{\partial}{\partial t} \left(\varepsilon_0 \frac{\partial \vec{E}}{\partial t} + \vec{J} \right)\end{aligned} \tag{5.5}$$

ここで $\vec{J}$ として変位電流（分極電荷の時間変動によって生ずる等価交流電流）を考えると，

5.1 マクスウェル方程式と誘電率テンソル

$$\vec{J} = \frac{\partial \vec{P}}{\partial t} \tag{5.6}$$

であるから，(5.5) 式は

$$\begin{aligned}
\nabla \times (\nabla \times \vec{E}) &= -\mu_0 \frac{\partial}{\partial t}\left(\varepsilon_0 \frac{\partial \vec{E}}{\partial t} + \frac{\partial \vec{P}}{\partial t}\right) \\
&= -\mu_0 \frac{\partial}{\partial t}\frac{\partial \vec{D}}{\partial t} \\
&= -\mu_0 \varepsilon_0 \frac{\partial^2}{\partial t^2}[\mathbf{K}]\cdot \vec{E}
\end{aligned} \tag{5.7}$$

となり，波動方程式を得ることになる．よって，プラズマ波動の分散を得ることは

$$\nabla \times (\nabla \times \vec{E}) + \frac{1}{c^2}\frac{\partial^2}{\partial t^2}[\mathbf{K}]\cdot \vec{E} = 0 \tag{5.8}$$

を解くことに帰結する．

いま，プラズマ波動現象が，周波数 ω，波数ベクトル $\vec{k}$ をもつ $\exp i(\vec{k}\cdot\vec{r}-\omega t)$ なる変化をするものとする．また電場，磁場，粒子の速度変動成分は，時間空間に関するフーリエ（Fourier）空間上で記述するものとする．すると，時間微分と空間微分は，それぞれ

$$\nabla \to i\vec{k}$$

$$\frac{\partial}{\partial t} \to -i\omega$$

を変換の演算子として使用できる．よって，プラズマ波動の分散関係を導出することは，(5.8) 式に含まれる誘電率テンソル $[K]$ を求めることになる．つまり，電気変位の式から

$$\begin{aligned}
\varepsilon_0[\mathbf{K}]\cdot\vec{E} &= \varepsilon_0\vec{E} + \vec{P} \\
&= \varepsilon_0\vec{E} + \int \vec{J}dt
\end{aligned} \tag{5.9}$$

あるいは，

$$\varepsilon_0[\mathbf{K}]\cdot\vec{E} = \varepsilon_0\vec{E} + \frac{i}{\omega}\vec{J} \tag{5.10}$$

より，$\vec{J}$ を求めること，すなわち j 種のプラズマ種を考慮した場合では，

第 5 章　太陽地球圏プラズマ中の電磁波動論

$$\vec{J} = \sum_j n_j q_j \vec{v}_j \tag{5.11}$$

において，電荷の速度の期待値 $\langle \vec{v}_j \rangle$ を求めることが本質的な問題である．

$\vec{v}_j$ を求めるために，次の 2 通りの方法，冷たいプラズマの扱い，および熱いプラズマの扱いを考えることができる．

(1) 冷たいプラズマの扱い

ここでは，プラズマの熱運動を無視する．$\vec{v}_j$ を 1 次の微少量として扱い，0 次の無擾乱時に，初期条件においてすべての荷電粒子が静止しているとする．このとき，運動方程式

$$m\frac{d\vec{v}}{dt} = q(\vec{E} + \vec{v} \times \vec{B})$$

に従って，すべての粒子は同一の運動をひき起こす．すなわち，冷たいプラズマ近似の扱い（全粒子が $t=0$ において停止している（絶対零度の条件））では，単一荷電粒子の運動方程式を全プラズマ粒子に対して適用する．

(2) 熱いプラズマの扱い

0 次の無擾乱状態においてプラズマが熱運動をしているとする．これは統計物理学的プラズマの取扱いに従って，(5.9) 式の**変位電流**（displacement current）を求めていく立場である．このときプラズマの運動については，プラズマの速度分布関数 $f(\vec{r}, \vec{v})$ を定義して，この**分布関数**（distribution function）が従う**ブラソフ方程式**（Vlasov's equation）

$$\frac{\partial f}{\partial t} + \vec{v} \cdot \frac{\partial f}{\partial \vec{r}} + \frac{q}{m}(\vec{E} + \vec{v} \times \vec{B}) \cdot \frac{\partial f}{\partial \vec{v}} = 0$$

を線形化などの操作を行って解き，

$$f(\vec{r}, \vec{v}) \text{ の速度のモーメント}: \langle \vec{v}_j \rangle = \frac{1}{n_j} \int \vec{v}_j f_j(\vec{v}) \, d\vec{v} \tag{5.12}$$

によって $\langle \vec{v}_k \rangle$ を得る方法がとられる．このとき変位電流 $\vec{J}$ は

$$\vec{J} = \sum_j n_j q_j \vec{v}_j = \sum_j q_j \int \vec{v}_j f_j(\vec{v}) \, d\vec{v} \tag{5.13}$$

により得られる．

なお，相対論効果を考慮したブラソフ方程式においては

$$\frac{\partial f}{\partial t} + \vec{v} \cdot \frac{\partial f}{\partial \vec{r}} + \frac{d\vec{p}}{dt} \cdot \frac{\partial f}{\partial \vec{v}} = 0 \tag{5.14}$$

ここで，　　　$\vec{p} = m\vec{v}, \quad m = m_0 \left(1 - \frac{v^2}{c^2}\right)^{-\frac{1}{2}}$

あるいは，　　$\vec{p} = \gamma m_0 \vec{v}, \quad \gamma = \left(1 - \frac{v^2}{c^2}\right)^{-\frac{1}{2}}$

このとき，　　$\Omega = \frac{qB_0}{m} = \frac{\Omega_0}{\gamma}, \quad \Omega_0 = \frac{qB_0}{m_0}$

のように取り扱うことができる．

5.2 冷たいプラズマ近似による分散方程式の解

5.2.1 アップルトン–ハートリーの電子プラズマ波動分散関係

誘電率テンソルの分極電流項について，(5.13) 式中の $\vec{v}_j$ を，運動方程式

$$\frac{d\vec{v}_j}{dt} = \frac{q_j}{m_j}(\vec{E} + v_j \times \vec{B}) \tag{5.15}$$

を解いて求める．ここで $\vec{v}_j$ ならびに $\vec{E}$ は 1 次の微少量である．また，

$\vec{B} = \vec{B}_0 + \vec{B}_1$

($\vec{B}_0$ は 0 次量（外部磁場），$\vec{B}_1$ は 1 次の微少量（波動場））

として線形化を行うと，(5.15) 式は

$$\frac{d\vec{v}_j}{dt} = \frac{q_j}{m_j}(\vec{E} + \vec{v}_j \times \vec{B}_0) \tag{5.16}$$

となり，さらに 1 次微少量の変化が，$\exp i(\vec{k} \cdot \vec{r} - \omega t)$ に従うとすると

$$-i\omega \vec{v}_j = \frac{q_j}{m_j}(\vec{E} + \vec{v}_j \times \vec{B}_0)$$

$$\vec{v}_j = \frac{iq_j}{m_j\omega}(\vec{E} + \vec{v}_j \times \vec{B}_0) \tag{5.17}$$

である．0 次の磁場 $\vec{B}_0$ の方向に z 軸をとると

第 5 章　太陽地球圏プラズマ中の電磁波動論

$$\vec{v}_j \times \vec{B}_0 = \begin{vmatrix} \hat{\mathbf{x}} & \hat{\mathbf{y}} & \hat{\mathbf{z}} \\ v_x & v_y & v_z \\ 0 & 0 & B_0 \end{vmatrix} = v_y B_0 \hat{\mathbf{x}} - v_x B_0 \hat{\mathbf{y}} \tag{5.18}$$

つまり，

$$\vec{v}_j = \frac{iq_j}{m_j \omega} \{(E_x + v_y B_0)\hat{\mathbf{x}} + (E_y - v_x B_0)\hat{\mathbf{y}} + E_z \hat{\mathbf{z}}\} \tag{5.19}$$

であるから，速度の各成分は次のようになる．

$$\begin{cases} v_x = \dfrac{iq_j}{m_j \omega} E_x + \dfrac{iq_j}{m_j \omega} v_y B_0 \\ v_y = \dfrac{iq_j}{m_j \omega} E_y - \dfrac{iq_j}{m_j \omega} v_x B_0 \\ v_z = \dfrac{iq_j}{m_j \omega} E_z \end{cases} \tag{5.20}$$

(5.20) 式の第一式と第二式から v_y を消去すると，

$$\begin{aligned} v_x &= \frac{iq_j}{m_j \omega} E_x + \frac{iq_j B_0}{m_j \omega} \left(\frac{iq_j}{m_j \omega} E_y - \frac{iq_j B_0}{m_j \omega} v_x \right) \\ &= i\frac{\Omega_j}{B_0 \omega} E_x + i\frac{\Omega_j}{\omega} \left(\frac{i\Omega_j}{B_0 \omega} E_y - i\frac{\Omega_j}{\omega} v_x \right) \\ &= i\frac{\Omega_j}{B_0 \omega} E_x - \frac{\Omega_j^2}{B_0 \omega^2} E_y + \frac{\Omega_j^2}{\omega^2} v_x \end{aligned} \tag{5.21}$$

となる．よって，v_x について整理すると

$$\left(1 - \frac{\Omega_j^2}{\omega^2}\right) v_x = \frac{i\Omega_j}{B_0 \omega} E_x - \frac{\Omega_j^2}{B_0 \omega^2} E_y = \frac{iE_x}{B_0} \frac{\Omega_j}{\omega} - \frac{E_y}{B_0} \frac{\Omega_j^2}{\omega^2} \tag{5.22}$$

したがって，

$$\begin{aligned} v_x &= \frac{\omega^2}{\omega^2 - \Omega_j^2} \left(\frac{iE_x}{B_0} \frac{\Omega_j}{\omega} - \frac{E_x}{B_0} \frac{\Omega_j^2}{\omega^2} \right) \\ &= \frac{iE_x}{B_0} \frac{\omega \Omega_j}{\omega^2 - \Omega_j^2} - \frac{E_y}{B_0} \frac{\Omega_j^2}{\omega^2 - \Omega_j^2} \end{aligned} \tag{5.23}$$

である．同様に v_y と v_z 成分についても

$$v_y = \frac{E_x}{B_0} \frac{\Omega_j^2}{\omega^2 - \Omega_j^2} + \frac{iE_y}{B_0} \frac{\omega \Omega_j}{\omega^2 - \Omega_j^2} \tag{5.24}$$

$$v_z = i\frac{E_z}{B_0} \frac{\Omega_j}{\omega} \tag{5.25}$$

5.2 冷たいプラズマ近似による分散方程式の解

となる．ここで，Ω_j は j 種粒子のサイクロトロン周波数であり，$\Omega_j = \dfrac{q_j B_0}{m_j}$ として定義される量である．（この Ω に関して，電荷素量の q は，電子の場合は $-e$，イオンの場合は e であるが，電子のサイクロトロン運動を正に，イオンのサイクロトロン運動を負として，$\Omega = \dfrac{-qB_0}{m}$ のように記載している教科書もあるので注意が必要である．）

以上より，変位電流は，上で求めた速度を (5.13) 式に代入することで得られ，

$$\begin{cases} J_x = \sum_j n_j q_j \left(\dfrac{iE_x}{B_0} \dfrac{\omega \Omega_j}{\omega^2 - \Omega_j^2} - \dfrac{E_y}{B_0} \dfrac{\Omega_j^2}{\omega^2 - \Omega_j^2} \right) \\ J_y = \sum_j n_j q_j \left(\dfrac{E_x}{B_0} \dfrac{\Omega_j^2}{\omega^2 - \Omega_j^2} + \dfrac{iE_y}{B_0} \dfrac{\omega \Omega_j}{\omega^2 - \Omega_j^2} \right) \\ J_z = \sum_j n_j q_j \dfrac{iE_z}{B_0} \dfrac{\Omega_j}{\omega} \end{cases} \quad (5.26)$$

と求められる．これより誘電率テンソルを求めるが，まず $\dfrac{n_j q_j}{B_0} = \dfrac{m_j}{q_j B_0} \dfrac{n_j q_j^2}{\varepsilon_0 m_j} \varepsilon_0 = \dfrac{\varepsilon_0 \Pi_j^2}{\Omega_j}$ を用いて，

$$\begin{aligned} J_x &= \sum_j \dfrac{\varepsilon_0 \Pi_j^2}{\Omega_j} \left[\dfrac{\omega \Omega_j}{\omega^2 - \Omega_j^2} iE_x - \dfrac{\Omega_j^2}{\omega^2 - \Omega_j^2} E_y \right] \\ J_y &= \sum_j \dfrac{\varepsilon_0 \Pi_j^2}{\Omega_j} \left[\dfrac{\Omega_j^2}{\omega^2 - \Omega_j^2} E_x + \dfrac{\omega \Omega_j}{\omega^2 - \Omega_j^2} iE_y \right] \\ J_z &= \sum_j \dfrac{\varepsilon_0 \Pi_j^2}{\Omega_j} iE_z \end{aligned} \quad (5.27)$$

と整理する．次に，$\vec{D} = \varepsilon_0 \vec{E} + \dfrac{i}{\omega} \vec{J} = \varepsilon_0 [\mathbf{K}] \cdot \vec{E}$ の形にまとめるため，

$$\begin{aligned} D_x &= \varepsilon_0 E_x - \left[\sum_j \varepsilon_0 \Pi_j^2 \dfrac{1}{\omega^2 - \Omega_j^2} \right] E_x - i \left[\sum_j \varepsilon_0 \Pi_j^2 \dfrac{1}{\omega^2 - \Omega_j^2} \dfrac{\Omega_j}{\omega} \right] E_y \\ D_y &= i \left[\sum_j \varepsilon_0 \Pi_j^2 \dfrac{1}{\omega^2 - \Omega_j^2} \dfrac{\Omega_j}{\omega} \right] E_x + \varepsilon_0 E_y - \left[\sum_j \varepsilon_0 \Pi_j^2 \dfrac{1}{\omega^2 - \Omega_j^2} \right] E_y \\ D_z &= \varepsilon_0 E_z - \sum_j \dfrac{\varepsilon_0 \Pi_j^2}{\omega^2} E_z \end{aligned} \quad (5.28)$$

したがって，

第 5 章　太陽地球圏プラズマ中の電磁波動論

$$\vec{D} = \varepsilon_0 \begin{bmatrix} 1 - \sum_j \dfrac{\Pi_j^2}{\omega^2 - \Omega_j^2} & -i \sum_j \dfrac{\Pi_j^2}{\omega^2 - \Omega_j^2} \dfrac{\Omega_j}{\omega} & 0 \\ i \sum_j \dfrac{\Pi_j^2}{\omega^2 - \Omega_j^2} \dfrac{\Omega_j}{\omega} & 1 - \sum_j \dfrac{\Pi_j^2}{\omega^2 - \Omega_j^2} & 0 \\ 0 & 0 & 1 - \sum_j \dfrac{\Pi_j^2}{\omega^2} \end{bmatrix} \begin{pmatrix} E_x \\ E_y \\ E_z \end{pmatrix} \tag{5.29}$$

これにより，誘電率テンソルが次式のように求められた．

$$[\mathbf{K}] = \begin{bmatrix} K_\perp & -iK_x & 0 \\ iK_x & K_\perp & 0 \\ 0 & 0 & K_{/\!/} \end{bmatrix} \tag{5.30}$$

ここで，

$$K_\perp = 1 - \sum_j \dfrac{\Pi_j^2}{\omega^2 - \Omega_j^2}, \quad K_x = \sum_j \dfrac{\Pi_j^2}{\omega^2 - \Omega_j^2} \dfrac{\Omega_j}{\omega}, \quad K_{/\!/} = 1 - \sum_j \dfrac{\Pi_j^2}{\omega^2}$$

さらに，

$$\begin{aligned} \dfrac{1}{\omega^2 - \Omega_j^2} + \dfrac{1}{\omega^2 - \Omega_j^2} \dfrac{\Omega_j}{\omega} &= \dfrac{\omega + \Omega_j}{(\omega^2 - \Omega_j^2)\omega} = \dfrac{1}{\omega(\omega - \Omega_j)} = \dfrac{\omega}{\omega^2(\omega - \Omega_j)} \\ \dfrac{1}{\omega^2 - \Omega_j^2} - \dfrac{1}{\omega^2 - \Omega_j^2} \dfrac{\Omega_j}{\omega} &= \dfrac{\omega}{\omega^2(\omega + \Omega_j)} \end{aligned} \tag{5.31}$$

と書ける．ここで，

$$\begin{aligned} K_\perp + K_x &= 1 - \sum_j \dfrac{\Pi_j^2}{\omega^2} \dfrac{\omega}{\omega + \Omega_j} \equiv R \\ K_\perp - K_x &= 1 - \sum_j \dfrac{\Pi_j^2}{\omega^2} \dfrac{\omega}{\omega - \Omega_j} \equiv L \end{aligned} \tag{5.32}$$

とする R, L の項を定義しておく．

(5.8) 式を用いて，誘電率テンソルから分散関係を求める．ここで，図 5.1 のように，$\vec{k}$ が xz 面内に位置するように，座標系を選択すると

$$\vec{k} = k \sin\theta \cdot \hat{x} + k \cos\theta \cdot \hat{z} \tag{5.33}$$

と表されるため，(5.8) 式の第一項は，

$$\vec{k} \times (\vec{k} \times \vec{E}) = (\vec{k} \cdot \vec{E})\vec{k} - k^2 \vec{E}$$

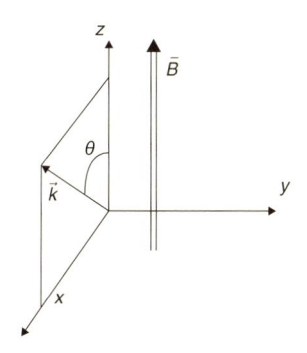

5.2 冷たいプラズマ近似による分散方程式の解

図 5.1 k ベクトルの位置する座標系の定義.
k ベクトルが xz 面上に位置するように定義する.

$$
\begin{aligned}
&= k^2 \sin^2\theta E_x \hat{x} + k^2 \cos^2\theta E_z \hat{z} + k^2 \sin\theta\cos\theta E_z \hat{x} \\
&\quad + k^2 \sin\theta\cos\theta E_x \hat{z} - k^2 E_x \hat{x} - k^2 E_y \hat{y} - k^2 E_z \hat{z} \\
&= -k^2 \cos^2\theta E_x \hat{x} + k^2 \sin\theta\cos\theta E_z \hat{x} + k^2 \sin\theta\cos\theta E_x \hat{z} \\
&\quad - k^2 E_y \hat{y} - k^2 \sin^2\theta E_z \hat{z}
\end{aligned}
$$

$$
= \begin{pmatrix} -k^2 \cos^2\theta & 0 & k^2 \sin\theta\cos\theta \\ 0 & -k^2 & 0 \\ k^2 \sin\theta\cos\theta & 0 & -k^2 \sin^2\theta \end{pmatrix} \begin{pmatrix} E_x \\ E_y \\ E_z \end{pmatrix} \quad (5.34)
$$

ゆえに分散方程式は

$$
\begin{pmatrix} \dfrac{\omega^2}{c^2}K_\perp - k^2\cos^2\theta & -i\dfrac{\omega^2}{c^2}K_x & k^2\sin\theta\cos\theta \\ i\dfrac{\omega^2}{c^2}K_x & \dfrac{\omega^2}{c^2}K_\perp - k^2 & 0 \\ k^2\sin\theta\cos\theta & 0 & \dfrac{\omega^2}{c^2}K_{//} - k^2\sin^2\theta \end{pmatrix} \begin{pmatrix} E_x \\ E_y \\ E_z \end{pmatrix} = 0
$$
(5.35)

となる.したがって,冷たいプラズマの近似によるプラズマ波動の分散関係は,E_x, E_y, E_y がすべて有意な 0 でない解(non-trivial な解)をもつ条件として,その行列式が 0,すなわち

$$F(\omega, \vec{k}) = \begin{vmatrix} \dfrac{\omega^2}{c^2} K_\perp - k^2 \cos^2\theta & -i\dfrac{\omega^2}{c^2} K_x & k^2 \sin\theta \cos\theta \\ i\dfrac{\omega^2}{c^2} K_x & \dfrac{\omega^2}{c^2} K_\perp - k^2 & 0 \\ k^2 \sin\theta \cos\theta & 0 & \dfrac{\omega^2}{c^2} K_{//} - k^2 \sin^2\theta \end{vmatrix} = 0 \tag{5.36}$$

を解けばよいことになる.

ここで電子プラズマに対して解いた分散関係をアップルトン–ハートリー（Appleton-Hartree）の分散関係式（Appleton, 1932, Hartree, 1931）とよぶ．また，2成分プラズマ（イオン＋電子）に対して解けば，イオン波や低域ハイブリッド共鳴波動（lower hybrid resonance: LHR）などの分散を得ることができる.

5.2.2. 分散方程式の具体的表現

誘電率テンソルは

$$[\mathbf{K}] = \begin{pmatrix} 1 - \sum_j \dfrac{\Pi_j^2}{\omega^2 - \Omega_j^2} & -i \sum_j \dfrac{\Pi_j^2}{\omega^2 - \Omega_j^2} \dfrac{\Omega_j}{\omega} & 0 \\ i \sum_j \dfrac{\Pi_j^2}{\omega^2 - \Omega_j^2} \dfrac{\Omega_j}{\omega} & 1 - \sum_j \dfrac{\Pi_j^2}{\omega^2 - \Omega_j^2} & 0 \\ 0 & 0 & 1 - \sum_j \dfrac{\Pi_j^2}{\omega^2} \end{pmatrix}$$

$$= \begin{pmatrix} S & -iD & 0 \\ iD & S & 0 \\ 0 & 0 & P \end{pmatrix} \tag{5.37}$$

と表されるが，屈折率が $\vec{n} = \dfrac{c\vec{k}}{\omega}$ で定義されることから，(5.8) 式は

$$\vec{n} \times \vec{n} \times \vec{E} + [\mathbf{K}] \cdot \vec{E} = 0 \tag{5.38}$$

と変形され，これにより分散方程式が得られることとなる．ここで，

$$\vec{n} \times \vec{n} \times \vec{E} = (\vec{n} \cdot \vec{E})\vec{n} - n^2 \vec{E}$$

$$= \begin{pmatrix} -n^2 \cos^2\theta & 0 & n^2 \sin\theta \cos\theta \\ 0 & -n^2 & 0 \\ n^2 \sin\theta \cos\theta & 0 & -n^2 \sin^2\theta \end{pmatrix} \begin{pmatrix} E_x \\ E_y \\ E_z \end{pmatrix} \tag{5.39}$$

5.2 冷たいプラズマ近似による分散方程式の解

と表されるから，(5.35) 式は

$$\begin{pmatrix} S - n^2 \cos^2\theta & -iD & n^2 \sin\theta\cos\theta \\ iD & S - n^2 & 0 \\ n^2 \sin\theta\cos\theta & 0 & P - n^2 \sin^2\theta \end{pmatrix} \begin{pmatrix} E_x \\ E_y \\ E_z \end{pmatrix} = 0 \tag{5.40}$$

と表される．この方程式において，E_x, E_y, E_z がすべて 0 でない解をもつ条件（すなわち行列式が 0），

$$\begin{vmatrix} S - n^2 \cos^2\theta & -iD & n^2 \sin\theta\cos\theta \\ iD & S - n^2 & 0 \\ n^2 \sin\theta\cos\theta & 0 & P - n^2 \sin^2\theta \end{vmatrix} = 0 \tag{5.41}$$

が求める分散方程式を与える．

なお，(5.32) 式で定義した R および L を用いて，S および D が

$$\begin{aligned} S &= \frac{1}{2}(R+L) \\ D &= \frac{1}{2}(R-L) \end{aligned} \tag{5.42}$$

と表されることに着目すると，分散方程式は

$$An^4 - Bn^2 + C = 0 \tag{5.43}$$

ここで A, B, および C の定義は

$$\begin{aligned} A &= S\sin^2\theta + P\cos^2\theta \\ B &= RL\sin^2\theta + PS(1+\cos^2\theta) \\ C &= PRL \end{aligned} \tag{5.44}$$

である．したがって解は

$$n^2 = \frac{B \pm F}{2A}, \text{ ここで } F = (B^2 - 4AC)^{\frac{1}{2}} \tag{5.45}$$

である．さらに

$$\begin{aligned} n^2 &= \frac{B \pm F}{2A} = 1 - \frac{2A - B \mp F}{2A} \\ &= 1 - \frac{2(A - B + C)}{2A - B \pm F} \end{aligned}$$

$$= 1 - \frac{2(A - B + C)}{2A - B \pm (B^2 - 4AC)^{\frac{1}{2}}} \tag{5.46}$$

となり，分散関係が得られる．

5.2.3 電子プラズマ波動近似

いま，運動する荷電粒子が電子のみの 1 種類であるとして，(5.37) 式を解くことにする（イオンは背景で静止していると考える）．なお，2 種類以上の荷電粒子があるときには，S, D, P, R, L はかなり複雑になる．この場合，(5.46) 式の A, B, C は

$$\begin{aligned}
A &= 1 - \frac{\Pi_{\rm e}^2}{\omega^2} \frac{\omega^2 - \Omega_{\rm e}^2 \cos^2 \theta}{\omega^2 - \Omega_{\rm e}^2} \\
B &= 2\left(1 - \frac{\Pi_{\rm e}^2}{\omega^2}\right)\left(1 - \frac{\Pi_{\rm e}^2}{\omega^2}\frac{\omega^2}{\omega^2 - \Omega_{\rm e}^2}\right) - \frac{\Pi_{\rm e}^2}{\omega^2}\frac{\Omega_{\rm e}^2 \sin^2 \theta}{\omega^2 - \Omega_{\rm e}^2} \\
C &= \left(1 - \frac{\Pi_{\rm e}^2}{\omega^2}\right)\left(1 - \frac{\Pi_{\rm e}^2}{\omega^2}\frac{\omega}{\omega - \Omega_{\rm e}}\right)\left(1 - \frac{\Pi_{\rm e}^2}{\omega^2}\frac{\omega}{\omega + \Omega_{\rm e}}\right)
\end{aligned} \tag{5.47}$$

となる．よって，これらを (5.46) 式に代入して，n^2 について解くと，アップルトン–ハートリー（Appleton–Hartree）の電子プラズマ波動分散関係式として知られる分散関係は，次式のようになる．

$$r_\pm^2 = f^2 - \frac{2q^2(f^2 - q^2)f}{2f(f^2 - q^2) - f\sin^2\theta \pm \sqrt{f^2\sin^4\theta + 4(f^2 - q^2)^2 \cos^2\theta}} \tag{5.48}$$

ここでは，規格化された周波数，波数，プラズマ周波数を，それぞれ

$f = \dfrac{\omega}{\Omega_{\rm e}}$ （電子サイクロトロン周波数との比）

$r = \dfrac{ck}{\Omega_{\rm e}}$ （光速度の電子を仮定したときの電子の**ラーマー半径**（Larmor radius）と波長の比，しばしば $c'k$ と表記される）

（**注**：ラーマー半径：磁場の中でサイクロトロン運動をする荷電粒子の旋回半径）

$q = \dfrac{\Pi_{\rm e}}{\Omega_{\rm e}}$ （電子プラズマ周波数と電子サイクロトロン周波数との比）

で規格化して定義している．また，屈折率は $n = \dfrac{r}{f}$ にて得られる．**共鳴**（resonance）と**遮断**（カットオフ，cutoff）については，

$n \to \infty$ のとき共鳴　　$\left(\vec{V}_{\rm p} = \dfrac{\omega}{k} \to 0\right)$

5.2 冷たいプラズマ近似による分散方程式の解

$n \to 0$ のときカットオフ　　$(\vec{V}_p \to \infty)$

である．ここで，アップルトン–ハートリーの分散関係のもつ意味を，伝搬角が磁力線方向，および垂直方向の場合を調べながら考えてみよう．

(a) 準縦方向（quasi-longitudinal: QL）近似による解：$\theta \to 0$ $(\vec{k} // \vec{B}_0)$

$$f^2 \sin^4 \theta = 0, \qquad f^2 \sin^2 \theta = 0$$

を適用すると，(5.48) 式は

$$r_\pm^2 = f^2 - \frac{q^2 f}{f \pm \cos \theta} \tag{5.49}$$

ここで，+：左旋偏波（left handed polaized wave, L モード），−：右旋偏波（right handed polarized wave, R モード）((ホイッスラーモード（whistler mode）) となる．$\theta = 0$ のときの共鳴は，$f = 1$ にて電子サイクロトロン共鳴 $(r_- \to \infty)$ で出現する．

(b) 準横方向（quasi-transverse: QT）近似による解：$\theta \to \dfrac{\pi}{2}$ $(\vec{k} \perp \vec{B}_0)$

$$f^2 \cos^4 \theta = 0, \qquad f^2 \cos^2 \theta = 0$$

を適用すると，(5.48) 式は

$$r_+^2 = f^2 - q^2 : \text{正常波 (ordinary mode wave：O モード)} \tag{5.50}$$

となる．この O モード波は，電子プラズマ周波数 $f = q$ にて，電子プラズマカットオフをもつ．また，もうひとつの式として

$$r_-^2 = \frac{(f^2 - q^2)^2 - f^2 \sin^2 \theta}{f^2 - q^2 - \sin^2 \theta} : \text{異常波 (extra ordinary mode：X モード)}$$

が得られる．この式は，$\theta = \dfrac{\pi}{2}$ のとき $f = \sqrt{q^2 + 1}$ で $r_- \to \infty$ となり，**高域ハイブリッド共鳴波動**（upper hybrid resonance: UHR)) になる．なお，UHR周波数 (f_{UHR}) と，電子プラズマ周波数 (f_p) ならびに電子サイクロトロン周波数 (f_c) の間には，

$$f_{\text{UHR}}^2 = f_p^2 + f_c^2 \tag{5.51}$$

の関係式が成り立っている．さらに，$f = \sqrt{\dfrac{1}{4} + q^2} \pm \dfrac{1}{2}$ で $r_- \to 0$ では，

第 5 章 太陽地球圏プラズマ中の電磁波動論

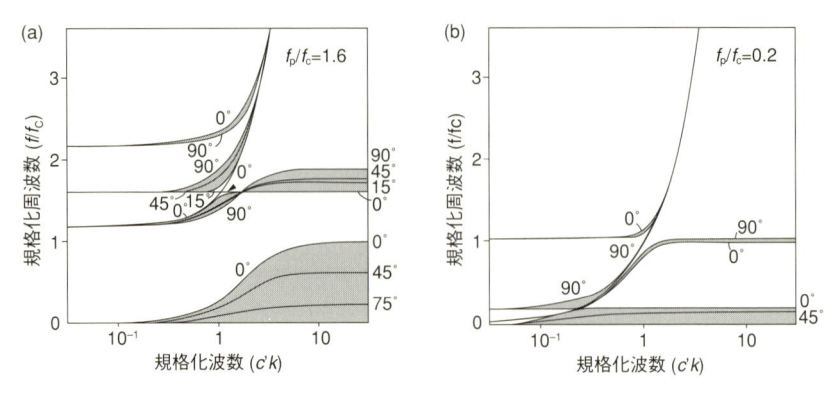

図 5.2 冷たいプラズマ近似による電子プラズマ波動の分散曲線
縦軸に電子サイクロトロン周波数で規格化された周波数を，横軸には，電子が光速でサイクロトロン運動するとした場合のラーマー半径で規格化された波数を示す．(a) 電子プラズマ周波数がサイクロトロン周波数の 1.6 倍の場合，および (b) 0.2 倍の場合（Oya, 1974）．なお，図中 $0°$，$15°$，$45°$，$75°$，および $90°$ は，k ベクトルと磁力線のなす角である．

$$f_{\mathrm{XC}} = \sqrt{\left(\frac{f_{\mathrm{c}}}{2}\right)^2 + f_{\mathrm{p}}^2} + \frac{f_{\mathrm{c}}}{2} \tag{5.52}$$

の X モード（＋）のカットオフと，

$$f_{\mathrm{ZC}} = \sqrt{\left(\frac{f_{\mathrm{c}}}{2}\right)^2 + f_{\mathrm{p}}^2} - \frac{f_{\mathrm{c}}}{2} \tag{5.53}$$

の Z モード（−）のカットオフが得られる．

この冷たいプラズマ近似による分散関係を解いて得られる分散曲線（ω–k ダイアグラム）の例を，図 5.2 に示す．

5.3 熱いプラズマ中での分散方程式の解

冷たいプラズマの場合では，プラズマは絶対零度で停止しており，停止状態からのプラズマの運動について運動方程式を解くことによって，変位電流は直ちに求められた．しかし，熱いプラズマにおいては，初期条件において有限の温度をもったプラズマ集団がサイクロトロン運動をしているため，冷たいプラズマとは違った取扱いをしなければならず，ブラソフ–マクスウェル（Vlasov-Maxwell）方程式を解くことによって分散関係を求めることになる．

5.3 熱いプラズマ中での分散方程式の解

1872 年 Boltzmann による統計物理学に基づく気体の運動論的取扱いの確立（ボルツマン（Boltzmann）方程式の導出）をもとに，Vlasov（1938, 1945）は無衝突の熱いプラズマに気体の運動論的取扱いを適用してブラソフ方程式を確立し，電子ガスの振動を調べることや，プラズマとしての集団運動の取扱いの理論的な基盤を確立した．ブラソフ方程式は実験室系に固定されたオイラー（Euler）座標系で書かれている．Landau（1946）は，これを**静電波**（electrostatic wave）の分散の研究に適用し，空間をフーリエ変換，時間をラプラス（Laplace）変換して解く方法を用いて，衝突のないプラズマ中で静電波が減衰して波動からプラズマ粒子の運動エネルギーへ受け渡される**ランダウ減衰**（Landau damping）を発見した．Bernstein（1958）は同様のフーリエ–ラプラス変換を行って，熱い無衝突磁化プラズマにおいて磁力線に垂直に伝搬する静電波が，減衰することなく伝わる電子サイクロトロン高調波（**バーンスタインモード波**（Bernstein mode wave））を発見した．Landau や Bernstein が座標系を実験室系に固定されたオイラー座標系（Eulerian coordinate system）を使用したのに対し，Stix（1958,1962）は粒子の 0 次の軌道に沿って移動するラグランジュ座標系（Lagragian coodinate system）を採用して解き，より直感的にわかりやすい解法（スティックス（Stix）の解法）を提案した．

5.3.1　スティックスの方法による誘電率テンソルとプラズマ波動分散方程式

Stix（1962）の方法では，誘電率テンソルから熱いプラズマの分散関係を得ることができるが，この方法には導出のプロセスとともに，以下のような実用上便利な特色をもっている．

- 実数関数のベッセル（Bessel）関数と複素関数のプラズマ分散関数のみを用いたよく知られている関数のみで組み立てられている．
- 変形ベッセル関数，プラズマ分散関数ともに精度評価の容易な有理関数あるいは整関数による近似式が見いだされている．

これらの特色のため，比較的容易に数値計算のためのアルゴリズムを見いだしやすい．

スティックスの方法は，次のように整理することができる．
(1) 波動方程式をマクスウェル方程式より導出する．

第 5 章 太陽地球圏プラズマ中の電磁波動論

$$\nabla \times \vec{E} = -\frac{\partial \vec{B}}{\partial t} \tag{5.54}$$

$$\nabla \times \vec{B} = \frac{\partial \vec{E}}{\partial t} + \mu_0 \vec{J} = \frac{\partial \vec{D}}{\partial t} \tag{5.55}$$

$$\nabla \cdot \vec{B} = 0 \tag{5.56}$$

$$\nabla \cdot \vec{D} = \rho \tag{5.57}$$

1 次の電荷 ρ と変位電流 $\vec{J}$ は，分布関数 $f(\vec{r}, \vec{v})$ のモーメントをとり，導出する．

$$\rho = \sum_j q_j \iiint f_j dv_x dv_y dv_z \tag{5.58}$$

$$\vec{J} = \sum_j q_j \iiint \vec{v} f_j dv_x dv_y dv_z \tag{5.59}$$

（2）変位電流の影響を取り入れ，等価誘電率テンソルを求めて分散方程式を導く．

$$\vec{D} = [\mathbf{K}] \cdot \vec{E} = \vec{E} + \frac{i}{\omega} \vec{J} \tag{5.60}$$

$$\vec{k} \times (\vec{k} \times \vec{E}) + \frac{\omega^2}{c^2} [\mathbf{K}] \cdot \vec{E} = 0 \tag{5.61}$$

（3）分布関数の 1 次の変動量を求めるため線形のブラソフ方程式を用いる．

$$\frac{\partial f_j}{\partial t} + \vec{v} \cdot \frac{\partial f_j}{\partial \vec{r}} + \frac{q_j}{m_j}(\vec{E} + \vec{v} \times \vec{B}) \cdot \frac{\partial f_j}{\partial \vec{v}} = 0 \tag{5.62}$$

（4）分布関数として二重マクスウェル速度分布関数を定義する．

$$f(v_\perp, v_z) = n_0 f_\perp(v_\perp) f_{//}(v_z) \tag{5.63}$$

$$v_\perp^2 = v_x^2 + v_y^2 \tag{5.64}$$

(5.63) 式の中身は，以下である．

$$f_\perp(v_\perp) = \frac{m}{2\pi k_B T_\perp} \exp\left(-\frac{mv_\perp^2}{2k_B T_\perp}\right) \tag{5.65}$$

$$f_{//}(v_z) = \left(\frac{m}{2\pi k_B T_{//}}\right)^{\frac{1}{2}} \exp\left(-\frac{m(v_z - V)^2}{2k_B T_{//}}\right) \tag{5.66}$$

（5）外部電場による易動度テンソル $[\mathbf{M}^{(j)}]$ を定義する．

$$\langle \vec{v}^{(j)} \rangle \equiv \iiint \vec{v} f_1^{(j)} dv_x\, dv_y\, dv_z = \frac{1}{B_0}[\mathbf{M}^{(j)}] \cdot \vec{E} \tag{5.67}$$

（6）等価誘電率テンソルを得るために，変位電流を易動度テンソルから導かれ

5.3 熱いプラズマ中での分散方程式の解

る速度と電荷から導出する．

$$[\mathbf{K}] = [1] + \frac{ie}{\omega\varepsilon_0 B_0}\sum_j N_j Z_j \varepsilon_j [\mathbf{M}^{(j)}]$$

$$= [1] + i\sum_j \frac{\varepsilon_j \Pi_j^2}{\omega \Omega_j}[\mathbf{M}^{(j)}] \tag{5.68}$$

ここで

$$\Pi_j^2 \equiv \frac{N_j Z_j^2 e^2}{\varepsilon_0 m_j} \tag{5.69}$$

$$\Omega_j \equiv \left|\frac{Z_j e B_0}{m_j}\right| \tag{5.70}$$

（7）易動度テンソル（$\vec{B}_0 = B_0 \hat{z}$, $k_y = 0$ なる座標系にて）を計算する．

$$\begin{aligned}
M_{xx} &= \frac{-\Omega\varepsilon e^{-\lambda}k_\mathrm{B}T_\perp}{mk_z}\sum_{n=-\infty}^{\infty}\frac{n^2}{\lambda}I_n[\langle\Theta\rangle_n]\\
M_{xy} &= \frac{-\Omega e^{-\lambda}k_\mathrm{B}T_\perp}{mk_z}\sum_{n=-\infty}^{\infty}in(I_n - I_n')[\langle\Theta\rangle_n]\\
M_{xz} &= \frac{-\varepsilon e^{-\lambda}k_\mathrm{B}T_\perp}{mk_z}\sum_{n=-\infty}^{\infty}\frac{nk_x}{\lambda}I_n[n\langle\Theta\rangle_n - \langle\Psi\rangle_n]\\
M_{yz} &= \frac{-\Omega e^{-\lambda}k_\mathrm{B}T_\perp}{mk_z}\sum_{n=-\infty}^{\infty}-in(I_n - I_n')[\langle\Theta\rangle_n]\\
M_{yy} &= \frac{-\Omega\varepsilon e^{-\lambda}k_\mathrm{B}T_\perp}{mk_z}\sum_{n=-\infty}^{\infty}\left(\frac{n^2}{\lambda}I_n + 2\lambda I_n - 2\lambda I_n'\right)[\langle\Theta\rangle_n]\\
M_{yz} &= \frac{-e^{-\lambda}k_\mathrm{B}T_\perp}{mk_z}\sum_{n=-\infty}^{\infty}-ik_x(I_n - I_n')[n\langle\Theta\rangle_n - \langle\Psi\rangle_n]\\
M_{zx} &= \frac{-\varepsilon e^{-\lambda}k_\mathrm{B}T_\perp}{mk_z}\sum_{n=-\infty}^{\infty}\frac{-nk_x}{\lambda}I_n[\langle v_z\Theta\rangle_n]\\
M_{zy} &= \frac{-e^{-\lambda}k_\mathrm{B}T_\perp}{mk_z}\sum_{n=-\infty}^{\infty}-ik_x(I_n - I_n')[\langle v_z\Theta\rangle_n]\\
M_{zz} &= \frac{\Omega\varepsilon e^{-\lambda}}{k_z}\sum_{n=-\infty}^{\infty}I_n[n\langle v_z\Phi\rangle_n - \langle v_z\Psi\rangle_n]
\end{aligned} \tag{5.71}$$

ここで，$\lambda = \dfrac{k_x^2 k_\mathrm{B} T_\perp}{\Omega^2 m}$

（8）(5.71) 式のたとえば $\langle\Theta\rangle_n$ の定義は積分

第 5 章 太陽地球圏プラズマ中の電磁波動論

$$\langle \Theta(v_z) \rangle_n \equiv k_z \int_{-\infty}^{\infty} dv_z Q(v_z) \int_0^{\infty} d\tau \exp i(n\Omega - k_z v_z \tau + \omega\tau) \tag{5.72}$$

であり，それぞれ

$$\langle \Theta \rangle_n = \frac{2}{\omega T_\perp} \left(\frac{m}{2k_{\rm B} T_{//}} \right)^{\frac{3}{2}}$$

$$\times \left\{ ik_z \left(\frac{2k_{\rm B} T_{//}}{m} \right)^{\frac{1}{2}} (T_\perp - T_{//}) - [(\omega - k_z V_z + n\Omega) T_\perp - n\Omega T_{//}] F_0 \right\}$$

$$\langle v_z \Theta \rangle_n = \frac{2}{k_z \omega T_\perp} \left(\frac{m}{2k_{\rm B} T_{//}} \right)^{\frac{3}{2}}$$

$$\times \left\{ ik_z \left(\frac{2k_{\rm B} T_{//}}{m} \right)^{\frac{1}{2}} [(\omega + n\Omega) T_\perp - (k_z V_z + n\Omega) T_{//}] \right.$$

$$\left. -(\omega + n\Omega)[(\omega - k_z V_z + n\Omega) T_\perp - n\Omega T_{//}] F_0 \right\}$$

$$\langle \Phi \rangle_n = \frac{2\Omega}{k_z \omega T_\perp} \left(\frac{m}{2k_{\rm B} T_{//}} \right)^{\frac{3}{2}} \left\{ ik_z \left(\frac{2k_{\rm B} T_{//}}{m} \right)^{\frac{1}{2}} (-T_\perp + T_{//}) \right. \tag{5.73}$$

$$\left. + [(\omega - k_z V_z + n\Omega) T_\perp - (\omega + n\Omega) T_{//}] F_0 \right\}$$

$$\langle v_z \Phi \rangle_n = \frac{2\Omega}{k_z^2 \omega T_\perp} \left(\frac{m}{2k_{\rm B} T_{//}} \right)^{\frac{3}{2}}$$

$$\times \left\{ ik_z \left(\frac{2k_{\rm B} T_{//}}{m} \right)^{\frac{1}{2}} [(-\omega - n\Omega) T_\perp + (\omega + k_z V_z + n\Omega) T_{//}] \right.$$

$$\left. + (\omega + n\Omega)[(\omega - k_z V_z + n\Omega) T_\perp - (\omega + n\Omega) T_{//}] F_0 \right\}$$

$$\langle \Psi \rangle_n = \frac{2}{k_z} \left(\frac{m}{2k_{\rm B} T_{//}} \right)^{\frac{3}{2}} \left\{ ik_z \left(\frac{2k_{\rm B} T_{//}}{m} \right)^{\frac{1}{2}} - (\omega - k_z V_z + n\Omega) F_0 \right\}$$

$$\langle v_z \Psi \rangle_n = \frac{2}{k_z^2} \left(\frac{m}{2k_{\rm B} T_{//}} \right)^{\frac{3}{2}} \left\{ ik_z \left(\frac{2k_{\rm B} T_{//}}{m} \right)^{\frac{1}{2}} (\omega + n\Omega) \right.$$

$$\left. -(\omega + n\Omega)(\omega - k_z V_z + n\Omega) F_0 \right\}$$

となる．ここで

$$n\langle \Phi \rangle_n - \langle \Psi \rangle_n = -\langle v_2 \Theta \rangle_n - \frac{ik_z v_z}{\omega} \left(\frac{m}{k_{\rm B} T_\perp} \right) \tag{5.74}$$

が成り立ち，また変形ベッセル関数の性質から

$$I_n(\lambda) = I_{-n}(\lambda) \tag{5.75}$$

$$\sum_{n=-\infty}^{\infty}(I_n - I'_n) = \sum_{n=-\infty}^{\infty} I_n - \frac{1}{2}(I_{n-1} + I_{n+1}) = 0 \tag{5.76}$$

が成り立つ．

（9）(5.73) 式中に共通する積分であるプラズマ分散関数 F_0 は

$$\alpha_n \equiv \frac{\omega - k_z v_z + n\Omega}{k_z}\left(\frac{m}{2k_{\mathrm{B}}T_\perp}\right)^{\frac{1}{2}} \tag{5.77}$$

を変数とし，$\mathrm{Im}(\alpha_n) > 0$ で定義された

$$\begin{aligned}F_0 &= F_0(\alpha_n) \\ &= -\frac{i}{\sqrt{\pi}}\int_{-\infty}^{\infty}\frac{e^{-z^2}}{z - \alpha_n}dz\end{aligned} \tag{5.78}$$

なる積分で表すことができる．さらに，解析接続することによって，$\mathrm{Im}(\alpha_n) \leq 0$ まで定義することができる関数である．このプラズマ分散関数については，Frid and Conte（1961）による解析のほかに，Karpov（1964）による数表作成，また計算機に用いた数値計算に使用されることをめざし，Fortran による数値計算アルゴリズムを確立した加地（1966）による仕事が残されている．現在では，プラズマ分散関数の数値計算のための関数サブプログラムが利用可能である．

5.3.2 熱いプラズマ中の静電波

以上のように導出された誘電率テンソルはあらゆるプラズマの温度範囲で適用可能であり，とくにプラズマの熱速度の影響を本質的に受ける，縦波の性質を議論するのに有効である．**静電波**（electrostatic plasma waves）とは，波動の電場成分が

$$\vec{E} = -\nabla\phi \tag{5.79}$$

にて記述されるような波のことをいう．(5.79) 式をフーリエ成分で書き表すと

$$\vec{E} = -i\vec{k}\phi \tag{5.80}$$

となり，電場 $\vec{E}$ と伝搬ベクトル $\vec{k}$ とが平行である縦波の性質をもつことを示

す．このとき磁場成分は，$\nabla \times \vec{E} = -\dfrac{\partial \vec{B}}{\partial t}$，すなわち，$i\vec{k} \times \vec{E} = i\omega \vec{B}_1$ より

$$\vec{B}_1 = \frac{1}{\omega}(\vec{k} \times \vec{E}) = 0 \tag{5.81}$$

となるので，磁場成分は存在しない．さらにポアソン（Poisson）の式

$$\nabla \cdot \vec{D} = \rho$$

について考えると，$\vec{D} = \varepsilon_0 [\mathbf{K}] \cdot \vec{E}$ であったから

$$\nabla \cdot ([\mathbf{K}] \cdot \vec{E}) = \frac{\rho}{\varepsilon_0}$$

すなわち

$$i\vec{k} \cdot ([\mathbf{K}] \cdot \vec{E}) = \frac{\rho}{\varepsilon_0}$$
$$\vec{k} \cdot [\mathbf{K}] \cdot \vec{k}\phi = \frac{\rho}{\varepsilon_0} \tag{5.82}$$

である．このときマクスウェル方程式から得られる分散関係

$$\vec{k} \times (\vec{k} \times \vec{E}) + \frac{\omega^2}{c^2}[\mathbf{K}] \cdot \vec{E} = 0$$

について両辺の $\vec{k}$ との内積について考えると

$$\vec{k} \cdot (\vec{k} \times (\vec{k} \times \vec{E})) + \frac{\omega^2}{c^2}\vec{k} \cdot [\mathbf{K}] \cdot \vec{E} = 0$$
$$\vec{k} \cdot (\vec{k} \times (\vec{k} \times \vec{E})) = \vec{k} \cdot [\vec{k}(\vec{k} \cdot \vec{E} - k^2 \vec{E})] = k^2(\vec{k} \cdot \vec{E}) - k^2(\vec{k} \cdot \vec{E}) = 0$$

であるから，静電波の分散関係では $\vec{k} \cdot [\mathbf{K}] \cdot \vec{E} = 0$ なる関係式が成り立つ．また，静電波は $\vec{E} = -i\vec{k}\phi$ であるから

$$\vec{k} \cdot [\mathbf{K}] \cdot \vec{k}\tilde{\phi} = 0 \tag{5.83}$$

すなわち $\vec{k} \cdot [\mathbf{K}] \cdot \vec{k} = 0$ を得る．このとき波数ベクトルを

$$\vec{k} = k_x \hat{x} + k_z \hat{z}$$

と表すと，

$$\vec{k} \cdot [\mathbf{K}] \cdot \vec{k} = \vec{k} \begin{pmatrix} K_{xx} & K_{xy} & K_{xz} \\ K_{yx} & K_{yy} & K_{yz} \\ K_{zx} & K_{zy} & K_{zz} \end{pmatrix} \cdot \begin{pmatrix} k_x \\ 0 \\ k_z \end{pmatrix}$$

であるから

$$\vec{k} \cdot [(k_x K_{xx} + k_z K_{xz})\hat{x} + (k_x K_{yx} + k_z K_{yz})\hat{y} + (k_x K_{zx} + k_z K_{zz})\hat{z}]$$
$$= k_x^2 K_{xx} + k_x k_z K_{xz} + k_x k_z K_{zx} + k_z^2 K_{zz}$$
$$= k_x^2 K_{xx} + k_x k_z (K_{xz} + K_{zx}) + k_z K_{zz} \tag{5.84}$$

になる．さらに

$$M_{xy} = -M_{yx}$$
$$M_{xz} = M_{zx}$$
$$M_{yz} = -M_{zy}$$
$$K_{xz} = K_{zx}$$

が成り立つため，求める静電波の分散関係は，

$$\vec{k} \cdot [\mathbf{K}] \cdot \vec{k} = k_x^2 K_{xx} + 2k_x k_z K_{xz} + k_z^2 K_{zz} = 0 \tag{5.85}$$

と書くことができる．

5.3.3 静電波分散関係

(5.68) 式の誘電率テンソルに，易動度テンソル (5.71) 式ならびに (5.73) 式を適用することにより，(5.85) 式から

$$k_x^2 + k_z^2 + \sum_j \sum_{n=-\infty}^{+\infty} \frac{\Pi_j^2 m_j e^{-\lambda_j} I_n(\lambda_j)}{k_B T_{\perp j}} A_{nj} = 0 \tag{5.86}$$

$$A_{nj} = \frac{T_\perp}{T_{//}} + i \left[\frac{(\omega - k_z V_z + n\Omega_j)T_\perp - n\Omega_j T_{//j}}{k_z T_{//j}} \right] \left(\frac{m_j}{2k_B T_{//j}} \right)^{\frac{1}{2}} F_0(\alpha_{nj})$$

が得られる．ここで

$$\alpha_{nj} \equiv \frac{\omega - k_z V_z + n\Omega_j}{k_z} \left(\frac{m_j}{2k_B T_{//j}} \right)^{\frac{1}{2}}$$
$$\Pi_j^2 = \frac{n_j Z_j^2 e^2}{\varepsilon_0 m_j}, \quad \Omega_j = \left| \frac{ZeB_0}{m_j} \right|, \quad \lambda = \frac{k_x^2 k_B T_{\perp j}}{\Omega_j^2 m_j}$$

である．

5.3.4 バーンスタインモード分散関係

ここで,バーンスタイン(Berstein)モードとよばれる静電波動について考えてみよう.Bernstein (1958) は,磁場のある熱い無衝突電子プラズマの中で,磁力線に垂直に伝搬する静電波についての分散を検討し,このような磁力線に垂直方向に波数ベクトルをもつ静電波が,電子サイクロトロン周波数の高調波周波数ごとに出現して,減衰することなく伝搬することを予言した.後に Crawford et al. (1967) は,この静電波の分散関係をダイヤグラムの形に示した(図 5.3 参照).これが,現在バーンスタインモードとよばれる静電波である.

(5.86) 式において,$V_z = 0$,$n \neq 0$ にて $|\alpha_{nk}| \gg 1$,すなわち $F_0 \approx \dfrac{i}{\alpha_n}$ を用い,さらに $I_n(\lambda) = I_{-n}(\lambda)$ を適用すると (5.86) 式は

$$k_x^2 + k_z^2 + \sum_j \sum_{n=-\infty}^{+\infty} \frac{\Pi_j^2 m_j e^{-\lambda_j} I_n(\lambda_j)}{k_B T_{\perp j}} \left(\frac{2n^2 \Omega_j^2}{n^2 \Omega_j^2 - \omega^2} \right) +$$

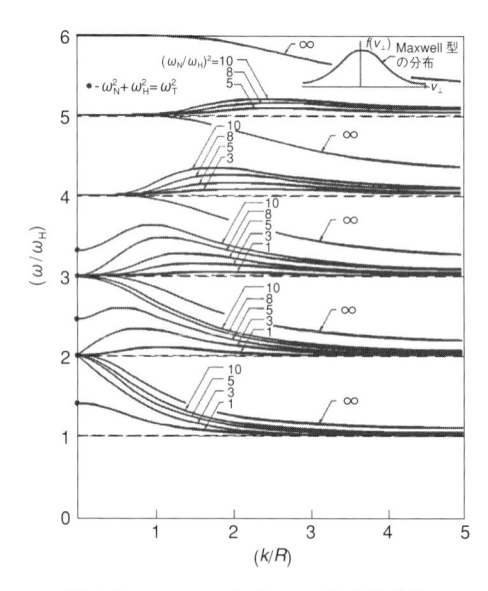

図 5.3 バーンスタインモード分散曲線

縦軸はサイクロトロン周波数で規格化した角周波数を,横軸は熱速度をもつ電子のラーマー半径で規格化した波数を示す.曲線群は電子のプラズマ媒質のプラズマ角周波数 (ω_N) をサイクロトロン角周波数 (ω_H) で規格化した値を 2 乗した,プラズマパラメータ (ω_N/ω_H)^2 ごとの分散曲線群である.(Crawford, et al., 1967)

5.3 熱いプラズマ中での分散方程式の解

$$\sum_j \sum_{n=-\infty}^{+\infty} \frac{\Pi_j^2 m_j e^{-\lambda_j} I_n(\lambda_j)}{k_B T_{//j}} \left(S'(\alpha_0) + \frac{i\sqrt{\pi}\alpha_0 k_z}{|k_z|} e^{-\alpha_0^2} \right) = 0 \tag{5.87}$$

いま $\theta = \dfrac{\pi}{2}$ として垂直方向への伝搬を考えると，$|\alpha_0| \to \infty$ となるから (5.87) 式の最後の項は無視できるようになる．ここで $T_{//} = T_\perp$ とし，また $k_z = 0$ となることから

$$k_x^2 - \sum_j \frac{\Pi_j^2 m_j}{k_B T_{\perp j}} \alpha_j(q_j, \lambda_j) = 0$$

$$\alpha_k(q_j, \lambda_j) = -2 \sum_{n=1}^{\infty} e^{-\lambda_j} I_n(\lambda_j) \frac{n^2}{n^2 - q_j^2} \tag{5.88}$$

$$q_j = \frac{\omega}{\Omega_j}, \quad \lambda_j = \frac{k_x^2 k_B T_{\perp j}}{\Omega_j^2 m_j}$$

である．とくに電子プラズマ波のみを考えるときには

$$k_x^2 + 2 \frac{\Pi_e^2 m_e}{k T_\perp} \sum_{n=1}^{\infty} e^{-\lambda} I_n(\lambda) \frac{n^2}{n^2 - q^2} = 0 \tag{5.89}$$

$$q = \frac{\omega}{\Omega_e}, \quad \lambda = \frac{k_x^2 k_B T_\perp}{\Omega_e^2 m_e}$$

であるバーンスタインモードの分散関係を得る（図 5.3 参照）．

バーンスタインモード波は，静電波近似ならびに伝搬ベクトル ($\vec{k}$) が磁力線に垂直方向を向いているとの近似を使用して求められるが，このような近似なしに数値計算によって，分散関係を求めることもできる．Oya (1971) は，静電波から電磁波までプラズマ波動の分散を統一的に求めることに成功した．

この場合の分散関係は，図 5.4 に示すように波数 $|\vec{k}|$ の大きな領域かつ，$n < f/f_c < (n+1)$（n は 1 以上の整数）を満たす周波数範囲に，**静電的電子サイクロトロン高調波**（electrostatic electron cyclotron harmonic waves: ESCH wave）の分散が得られる．一方，波数 $|\vec{k}|$ の小さな領域には冷たいプラズマの近似による分散と同じ電磁波モードの分散を見ることができる．ここで特筆すべき事項は，UHR 波動の分散曲線が，波数 $|\vec{k}|$ の小さな電磁波の領域から大きな静電波の領域へと伸びており，静電波と電磁波のモードをつないでいることである．

また同じ分散計算プログラムを用いて，複数種類のイオンが存在する場合に

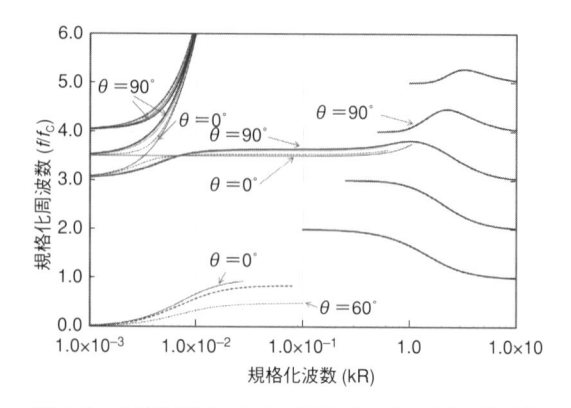

第 5 章　太陽地球圏プラズマ中の電磁波動論

図 5.4　全波数領域における電子プラズマ波動分散曲線
$f_p/f_c = 3.5$, $T_\perp = T_{//} = 1.0\,\mathrm{eV}$ のプラズマ条件にて解を得ている．縦軸の周波数は電子サイクロトロン周波数で規格化され，横軸の波数は電子のラーマー半径 R で規格化されている．

ついて，イオン波の低周波数領域における分散を求めた例を図 5.5 に示す．図では，プロトン，ヘリウム，および酸素イオンがそれぞれ 60%, 30% および 10% 含まれる場合について，イオン波の波数が小さい領域の分散曲線を示す．プロトンサイクロトロン共鳴 (Ω_P)，ヘリウムイオンサイクロトロン共鳴 (Ω_{He^+})，および酸素イオンサイクロトロン共鳴 (Ω_{O^+})，低域ハイブリッド共鳴 (Ω_{LHR})，および multi-ion resonance ($\omega_{1,2}$, および $\omega_{2,3}$) が現れている（大林，1970，前田・木村，1984）．

一般に，α 種の正のイオンを考慮すると $(\alpha-1)$ 個のカットオフ周波数が現れるので，Multi-ion Resonance は，α 個存在することになる．

5.3.5　「あけぼの」衛星観測に見る地球内部磁気圏プラズマ波動現象

これまで見てきたプラズマ波動の分散関係が，宇宙空間プラズマにおいてどのように出現しているか，「あけぼの」衛星（口絵 11 および，口絵 12 参照）のプラズマ波動およびサウンダー観測装置（PWS）(Oya et al., 1990, Oya, 1991) のデータを見てみよう．「あけぼの」衛星は，遠地点高度 10,500 km，近地点高度 274 km の極軌道衛星であり，1989 年の打ち上げ以来，2015 年まで観測を行った．

口絵 13～15 には「あけぼの」衛星搭載 PWS 観測装置によるプラズマ波動観

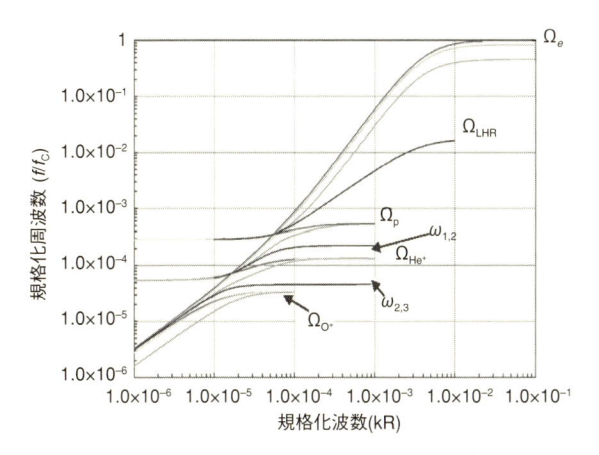

図 5.5 イオン波の波数が小さい領域の分散曲線
プロトン，ヘリウムおよび酸素イオン数密度比がそれぞれ 60％，30％および 10％の場合．縦軸の周波数は電子サイクロトロン周波数で規格化され，横軸は熱速度をもつ電子のラーマー半径で規格化された波数．

測のダイナミックスペクトル例が示されている．このダイナミックスペクトルは，縦軸に 20 kHz より 5,120 kHz までを周波数掃引しつつ観測される周波数スペクトルの観測周波数を示し，横軸は観測時間を示す．このダイナミックスペクトルによって，どのような時間・場所において，どのようなモードの波動が出現しているかといった特徴を一望することができる．また，衛星が観測した場所で生起する静電波モードに加え，遠方から伝搬してくる電磁波モードの波も観測することにより，磁気圏の今の活動状態を知ることができる．

口絵 13 は，「あけぼの」衛星が磁気赤道付近に遠地点をもち，図 5.6 のように北極から南極に至る軌道上で，プラズマ波動の連続観測を行った場合のダイナミックスペクトルである．北半球のオーロラ帯の高度 2,000 km 付近の上部電離圏にて観測を開始した後，7:40（UT）から 9:30（UT）までの時間経過をを示している．また図中には，衛星の場所における磁場強度から導かれる電子サイクロトロン周波数（f_c）が白線で示されている．この f_c を基準とすることにより，観測されている各波動のモードを同定していくことが可能となる．

口絵 14 は，1993 年 9 月 14 日 07:40（UT）より 08:40（UT）に至る時間において，磁気赤道域から，北半球のオーロラ帯に至る軌道に沿って観測されたプラズマ波動ダイナミックスペクトルである．7:50（UT）に磁気赤道において高度

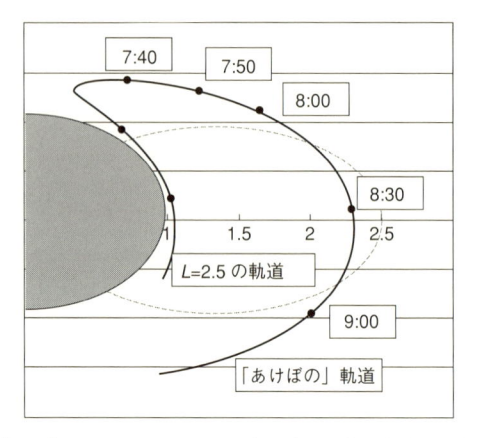

第 5 章 太陽地球圏プラズマ中の電磁波動論

図 5.6 1995 年 7 月 5 日 7：40〜9：30（UT）に至る時間における「あけぼの」衛星軌道図

座標系は地理緯度と地心距離の関係を示す．破線は赤道上で地心距離 2.0R_E（R_E は地球半径）を通る磁力線を示す．

8,273 km に位置していた「あけぼの」衛星は，8:40（UT）には不変磁気緯度 72 度，磁気地方時 3.8 時の**極冠帯**（polar cap）で高度 3,076 km に位置している．

これらの観測結果のダイナミックスペクトルには，次のような特徴をもったモードのプラズマ波動が出現している．

Ⓐ UHR 波動

口絵 13 の 7:50（UT）より 9:10（UT）にかけて，UHR 波動（(5.51) 式参照）の放射が見られ，図 5.2a の分散曲線に現れている．電子プラズマ周波数（f_p）から UHR 周波数（f_{UHR}）に至る帯域に存在するプラズマ波動に対応している．また，f_p 以下の周波数領域には，図 5.2a の分散曲線から予想されるとおり，Z モード波動（5.2.3 項参照）が，周波数を接して存在している．

このようにプラズマ圏の全域にわたって，UHR 周波数を決定することができ，電子サイクロトロン周波数（f_c）を磁場計測結果あるいはモデル磁場などから容易に得ることができることから，$f_p^2 = f_{UHR}^2 - f_c^2$（5.2.3 項，(5.51) 式参照）の関係式をもとに，衛星がいる場所での電子プラズマ周波数（f_p），すなわち電子密度を決定することができる．一般に内部磁気圏においては，第 3 章で述べた放射線帯の影響により，エネルギーが低い熱的なプラズマの精確な計測は困難であるが，この UHR 周波数を用いた観測ではそのような影響を受ける

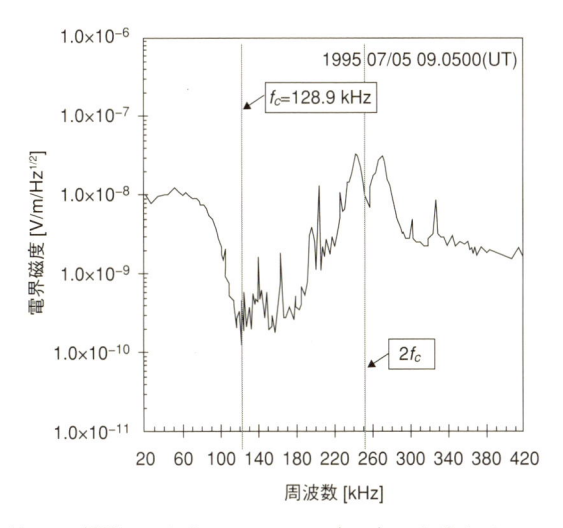

5.3 熱いプラズマ中での分散方程式の解

図 5.7 口絵 13 の観測データ中の，09:05:00（UT）におけるパワースペクトル．電子サイクロトロン周波数（ここでは 128.9 kHz）より低い周波数帯にはホイッスラー電磁波が広帯域に現れている．約 240 kH より約 300 kHz までの周波数帯は，Z モードカットオフ周波数より UHR 周波数に至る周波数帯に対応するが，この帯域にもプラズマ波動の出現によるスペクトル強度の増大がみられる．

ことなく，プラズマ圏の全電子数密度を精度良く計測することが可能である．

口絵 13 からは，08:50 付近より UHR 周波数が下がり，あわせて f_c が上昇しているため，プラズマの密度が急激に減少していることがわかる．これは，「あけぼの」衛星がプラズマ圏の中から外に抜け出したことに対応している．

Ⓑ ホイッスラーモード波動

同じ口絵 13 においては，観測のスタート時点より，9:00（UT）まで電子サイクロトロン周波数（f_c）以下の周波数領域に，ホイッスラーモードプラズマ波動（5.2.3 項参照）が現れている．ここで，9:10（UT）以降には，電子プラズマ周波数（f_p）が，f_c より小さくなるため，プラズマ波動の分散関係が，$f_p > f_c$ の図 5.2a から，$f_p < f_c$ の図 5.2b の性質へと変わっていることに注意しよう．また，9:10（UT）以降，f_c より高い周波数領域では，電磁波モードの**オーロラキロメートル電波**（auroral kilometric radiation: AKR）が現れている（Oya, 1991）．

図 5.7 は，09:05:00（UT）における，パワースペクトルである．このとき，

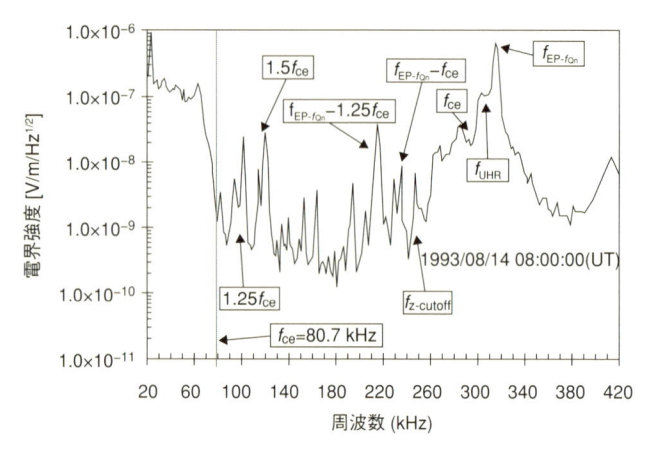

第 5 章　太陽地球圏プラズマ中の電磁波動論

図 5.8　口絵 14 における観測時刻 08:00:00（UT）におけるパワースペクトル
図中，特性周波数のうち，f_UHR，f_p，$f_\text{Z-cutoff}$（それぞれ UHR 周波数，電子プラズマ周波数，および Z-モードカットオフ周波数）を示す．$f_\mathrm{EP}-f_\mathrm{Qn}$，$1.25 f_\mathrm{c}$，$1.5 f_\mathrm{c}$ はそれぞれ EP$-f_\mathrm{Qn}$ 波動，電子サイクロトロン周波数の 1.25 倍および 1.15 倍の周波数において出現した ESCH 波動を示す．また，$f_\mathrm{EP}-f_\mathrm{Qn}-f_\mathrm{ce}$，$f_\mathrm{EP}-f_\mathrm{Qn}-1.25 f_\mathrm{ce}$ とあるのは，非線形波動粒子相互作用の結果，$f_\mathrm{EP}-f_\mathrm{Qn}$ 周波数と電子サイクロトロン周波数だけ低い周波数，および 1.25 倍の電子サイクロトロン周波数だけ低い周波数に ESCH 波動が出現していることを示す．

$f_\mathrm{p} > f_\mathrm{c}$ となっている．この図では，電子サイクロトロン周波数（128.9 kHz）とその 2 倍（$2 f_\mathrm{c}$）とを比較している．電子サイクロトロン周波数より低周波数域には，ホイッスラーモードのプラズマ波動が分布している様子が示されている．

❻ UHR 波動，ESCH 波動，および非線形相互作用を示すプラズマ波動

口絵 14 のダイナミックスペクトル上で，時間的に周波数が変化しない電波が 3 MHz 付近に現れている．時間・場所に周波数が依存していない電波は自然の波動ではなく，地上放送局から発せられた人工電波と解釈される．

また，図では，電子サイクロトロン周波数（f_c）より低い周波数域に強いホイッスラーモード波動が見られるとともに，Z–モードカットオフ周波数より UHR 周波数に至る周波数帯では UHR 波動が見られる（5.2.3 項ならびに図 5.2 参照）．

この UHR 周波数付近を詳しくみると（図 5.8 参照），8:00（UT）付近に周波数幅のきわめて狭い離散的な周波数スペクトルをもつプラズマ波動が出現していることがわかる．とくに，この観測例では，図 5.8 に示されるように EP-f_Qn 波動，f_Qn 波動とよばれる ECH 波動の発生がみられる．なお f_Qn 波動は Warren and Hagg（1968）によって，トップサイドサウンダー（5.7.1 項参照）観測中の

5.3 熱いプラズマ中での分散方程式の解

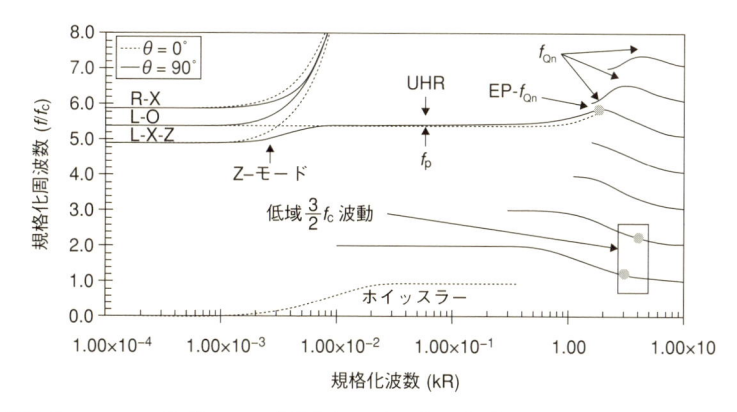

図 5.9 EP-f_{Qn} 波動, f_{Qn} 波動など, プラズマ圏で観測された ESCH 波動の, 分散関係の (w-k) ダイヤグラム上の領域

電離圏プラズマ中で発見されたものある.

図 5.9 には, EP-f_{Qn} 波動, f_{Qn} 波動などの分散関係を, (w-k) ダイヤグラム上に示す. この例に示すように, プラズマ圏においては, ESCH 波動が頻繁に発生している (Shinbori et al., 2007). さらに $f = f_{\text{EP-}f_{Qn}} - 1.25 f_c$, $f = f_{\text{EP-}f_{Qn}} - f_c$ の周波数関係を満たして, 非線形波動粒子相互作用の周波数関係をもつ ESCH 波動も出現していて, プラズマ圏が活発な静電的プラズマ波動で満たされている実態を示している. 類似の擾乱は, Oya (1971) が電離圏でトップサイドサウンサー観測中に見いだしており, 同様の擾乱状態がプラズマ圏においても頻繁に出現している証拠として興味深い.

また, 口絵 13 の, 7:50 (UT) 付近の時刻においては, UHR 波動スペクトルに 2 倍の電子サイクロトロン周波数における減衰が見られる. このことは, 図 5.7 からも確認される.

240 kHz より, 300 kHz に至る周波数帯では, UHR 波動が見られ, とくに $2f_c$ 周波数においては, 2 倍の電子サイクロトロン減衰が起こっていることが示されている.

口絵 15 には, 「あけぼの」衛星による**地球ヘクトメートル電波放射**(terrestrial hectmetric radiation: THR) の偏波観測結果を示す. THR はオーロラ活動に伴って, 数百 kHz の周波数帯に現れる波動である. オーロラに伴う電波としては, すでに述べたようにオーロラ加速領域から放射されるオーロラキロメート

ル電波放射がよく知られているが（口絵13，第3章参照），このTHRはオーロラ活動に伴って電離圏のトップサイドから放射される電磁波であり，「おおぞら」衛星観測によって発見された（Oya et al., 1985）.

口絵15の観測の場合，「あけぼの」衛星は南半球の夜側に位置していた．ダイナミックスペクトル強度表示では，1〜2 MHz 付近ならびに3〜4 MHz の2周波数帯において，THRが観測されている．これらの周波数帯での偏波は低い周波数帯の電波は左旋偏波成分 I_L，および高い周波数帯の電波は右旋偏波成分 I_R が強い放射であることが示されているが，「あけぼの」衛星が南半球の夜側に位置していた事実をふまえると，低周波数帯の電波は左旋偏波のL-Oモード，高い周波数帯の電波は右旋偏波のR-Xモードの電磁波として伝搬していることがわかる（Sato et al., 2010）.

5.4 プラズマ波動伝搬にかかわる性質

プラズマ中に存在するプラズマ波動は，電場 $\vec{E}$ と磁場 $\vec{B}$ ベクトルが周波数 $f = \omega/2\pi$ で変化しながら位相速度 $\vec{V}_p$ で伝搬する．波動の進行方向の波数ベクトルを $\vec{k}$，波長を λ，媒質の屈折率を $\vec{n}$ とすれば，それらの間には次の関係が成立する．

$$\text{屈折率：} \quad \vec{n} = \frac{c\vec{k}}{\omega}$$
$$\text{位相速度：} \quad \vec{V}_p = \frac{\omega}{\vec{k}} \tag{5.90}$$
$$\text{波長：} \quad \lambda = \frac{2\pi}{\vec{k}} = \frac{V_p}{f}$$

5.4.1 電場成分

分散関数は，一般に次のような方程式で書かれる．ここで，D はテンソルの成分である（たとえば，(5.29) 式）.

$$\begin{pmatrix} D_{xx} & D_{xy} & D_{xz} \\ -D_{xy} & D_{yy} & D_{yz} \\ D_{xz} & -D_{yz} & D_{zz} \end{pmatrix} \begin{pmatrix} E_x \\ E_y \\ E_z \end{pmatrix} = 0 \tag{5.91}$$

は $E \neq 0$ なる解が存在する条件より，$(w\text{-}k)$ 分散関係を得る．このとき

5.4 プラズマ波動伝搬にかかわる性質

$$E_x = \frac{D_{yy}D_{zz} + D_{yz}D_{yz}}{D_{xy}D_{zz} + D_{xz}D_{yz}} E_y \tag{5.92}$$

$$E_z = -\frac{D_{xy}D_{xy} + D_{yy}D_{xx}}{D_{xz}D_{xy} + D_{yz}D_{xx}} E_y \tag{5.93}$$

により電場 3 成分を求めることができる．また $\vec{k}$ を基準とする座表系での電場 3 成分は，

$$\begin{aligned}
E_{kx} &= E_x \cos\theta - E_z \sin\theta \\
E_{ky} &= E_y \\
E_{kz} &= E_z \cos\theta + E_x \sin\theta
\end{aligned} \tag{5.94}$$

で表される．

5.4.2 磁場成分

波動の磁場ベクトルは $\nabla \times \vec{E} = -\dfrac{\partial \vec{B}}{\partial t}$ より

$$\vec{B} = -\frac{1}{\omega}(\vec{k} \times \vec{E}) \tag{5.95}$$

により求めることができる．

5.4.3 電磁場のエネルギー密度

電場エネルギー密度： $\dfrac{1}{2}\vec{E}\cdot\vec{D} = \dfrac{\varepsilon_0}{2}\vec{E}\cdot[\mathbf{K}]\cdot\vec{E}$ (5.96)

磁場エネルギー密度： $\dfrac{1}{2}\vec{H}\cdot\vec{B} = \dfrac{1}{2\mu_0}|\vec{B}|^2$ (5.97)

波動の電場エネルギーと磁場エネルギーの比は

エネルギー密度比： $R = \dfrac{1}{c^2}\dfrac{\vec{E}\cdot[\mathbf{K}]\cdot\vec{E}}{B^2}$ (5.98)

で与えられる．

5.4.4 群速度

$$\vec{V}_\mathrm{g} = \frac{\partial \omega}{\partial \vec{k}} = \frac{\partial \omega}{\partial k}\hat{k} + \frac{\partial \omega}{k\partial \theta}\hat{\theta} \tag{5.99}$$

分散方程式を $F(\omega, \vec{k}) = 0$ の形で表すと

$$\vec{V}_\mathrm{g} = \left(\frac{\frac{\partial F}{\partial k}}{\frac{\partial F}{\partial \omega}}\right)\hat{k} + \left(\frac{\frac{\partial F}{k\partial \theta}}{\frac{\partial F}{\partial \omega}}\right)\hat{\theta} \tag{5.100}$$

により群速度を得る．ここで $\frac{\partial F}{\partial \omega}$, $\frac{\partial F}{\partial k}$, $\frac{\partial F}{\partial \theta}$ は，分散方程式 $F(\omega,\vec{k}) = 0$ をニュートン（Newton）法によって，$\omega = \omega_0 - \frac{F(\omega_0)}{\frac{\partial F}{\partial \omega}(\omega_0)}$ のように解くときに用いられる項である．このため $\frac{\partial F}{\partial \omega}$ などをあらかじめ解析的に求めておくと，**群速度（group velocity）** を得ることが必要な場合には計算負荷を低減させることが可能となる．

5.4.5　偏波特性

プラズマ波動の偏波に関する定義は，磁力線に沿って伝搬するプラズマ波動の電界の回転について右回り，左回りとする．ここで，偏波 P は $\frac{i\vec{E}_x}{\vec{E}_y}$ にて求められる．プラズマ波動の電界成分は $\vec{E}(\vec{r},t) = \vec{E}_0 \exp i(\vec{k}\cdot\vec{r}-\omega t)$ のように書かれるから，いま，

$$E_x = a\exp(-i\omega t) = ae^{-i\omega t} \tag{5.101}$$

$$E_y = a\exp(-i\omega t + i\varphi) = ae^{-i\omega t}e^{i\varphi} \tag{5.102}$$

と書けるとすると

$$P \equiv \frac{i\vec{E}_x}{\vec{E}_y} = \frac{e^{i\frac{\pi}{2}}}{e^{i\varphi}} = e^{i\left(\frac{\pi}{2}-\varphi\right)} \tag{5.103}$$

たとえば，$P=1$ のとき，すなわち，$\varphi = \frac{\pi}{2}$ のとき

E_x, E_y の関係は右回りの回転を示す（右旋偏波）

$P=-1$ のとき　　　左回りとなる（左旋偏波）

偏波 P は，分散方程式の y 成分である，$iE_x D + (S-n^2)E_y = 0$ を用いることにより，$P = \frac{i\vec{E}_x}{\vec{E}_y} = \frac{n^2-S}{D}$ から求めることができる．

5.4.6　易動度テンソル

5.3.1 項に示したように，易動度は

5.4 プラズマ波動伝搬にかかわる性質

$$\vec{v} = \frac{1}{B_0}[\mathbf{M}] \cdot \vec{E} \tag{5.104}$$

と表され，$[\mathbf{M}]$ は易動度テンソルである．この場合，変位電流は

$$\begin{aligned}\vec{J} &= \sum_j n_j q_j \vec{v}_j = \sum_j n_j q_j \frac{1}{B_0}[\mathbf{M}_j] \cdot \vec{E} \\ &= \sum_j \frac{\varepsilon_0 \Pi_j^2}{\Omega_j}[\mathbf{M}_j] \cdot \vec{E}\end{aligned} \tag{5.105}$$

となる．よって誘電率テンソルは

$$[\mathbf{K}] = 1 + \frac{1}{\omega}\sum_j \frac{\varepsilon_0 \Pi_j^2}{\Omega_j}[\mathbf{M}_j] \tag{5.106}$$

のように書き表すことができる．（スティックスによる熱いプラズマの誘電率テンソルの導出の方法では，易動度テンソルが使用されている．）

5.4.7 イオン波とアルフヴェン波

ここで，イオンサイクロトロン周波数以下に存在するプラズマ波動を考えてみよう．これまで見てきたように，熱いプラズマの分散関係をイオンサイクロトロン周波数以下の波動について適用することは可能であり，その結果は図 5.5 にも見ることができる．イオンサイクロトロン周波数付近の波については，観測データを解釈する場合の多くでは，電磁波の性格をもって考えることが多い（4.4.2❸項の EMIC；電磁イオンサイクロトン波）．しかし，イオンサイクロトロン周波数より低いアルフヴェン（Alfvén）波となると，背景媒質であるプラズマが波長スケールに対して不均質であり，WKB 近似を適用できないという実態に直面することになる．事実，アルフヴェン波の波長はきわめて長く，考えている系のシステムサイズにも及ぶ波を考えることが必要にもなってくる．このことをふまえて，アルフヴェン波の伝搬については，1.2.8 項の MHD による記述やコールドプラズマ近似の範囲で，不均質プラズマを考慮した扱いをする場合が多い（地磁気脈動（後述）や，**分散性アルフヴェン波**（dispersive Alfvén wave）（Stasiewicz et al., 2000））．ここでは不均質プラズマの扱いの議論は割愛し，アルフヴェン波の伝搬について，コールドプラズマ近似の範囲で議論する．

5.2.2 項で論じたように，2 種以上の荷電粒子が存在するプラズマ中での誘電率テンソルは，(5.37) 式のように表される．この場合の波動の分散関係は，(5.41)

第 5 章　太陽地球圏プラズマ中の電磁波動論

式から

$$\begin{vmatrix} S - n^2 \cos^2\theta & -iD & n^2 \sin\theta\cos\theta \\ iD & S - n^2 & 0 \\ n^2 \sin\theta\cos\theta & 0 & P - n^2 \sin^2\theta \end{vmatrix} = 0 \tag{5.107}$$

であり，S および D，ならびに P は

$$S = \frac{1}{2}(R+L), \qquad D = \frac{1}{2}(R-L), \qquad P = 1 - \sum_j \frac{\Pi_j^2}{\omega^2}$$

ここで，$R = 1 - \sum_j \dfrac{\Pi_j^2}{\omega^2}\left(\dfrac{\omega}{\omega+\Omega_j}\right)$, $L = 1 - \sum_j \dfrac{\Pi_j^2}{\omega^2}\left(\dfrac{\omega}{\omega-\Omega_j}\right)$ である．ここで屈折率を n とすると

$$\vec{n} = \frac{c\vec{k}}{\omega}$$

であるから，分散関係を表す方程式は (5.46) 式で与えられており

$$n^2 = 1 - \frac{2(A - B + C)}{2A - B \pm (B^2 - 4AC)^{\frac{1}{2}}} \tag{5.108}$$

と表すことができる．

イオンを含む分散方程式について

$$\Pi_e^2 \gg \Pi_i^2, \ n_e = Z n_i, \ \Omega_e \Pi_i^2 = \Omega_i \Pi_e^2$$

の基本的な関係を用いることができる．

$$\delta = \frac{\mu_0(n_i m_i + n_e m_e)c^2}{B_0^2} = \frac{\mu_0 \rho_m c^2}{B_0^2} \tag{5.109}$$

とすると，$\delta = \dfrac{\Pi_e^2 + \Pi_i^2}{\Omega_i \Omega_e}$ と表せる．そして，$\omega \ll \Omega_i$ の周波数領域にて誘電率テンソルの吟味を行うと

$$\begin{aligned} S &= 1 + \frac{\Pi_e^2}{\Omega_e^2} + \frac{\Pi_i^2}{\Omega_i^2} = 1 + \delta \\ D &= \frac{1}{\omega}\left(\frac{\Pi_e^2}{\Omega_e} - \frac{\Pi_i^2}{\Omega_i}\right) = 0 \\ P &= 1 - \frac{\Pi_e^2}{\omega^2} \end{aligned} \tag{5.110}$$

であるから，分散方程式 (5.108) 式の各係数は $\delta \approx \dfrac{\mu_0 n_i m_i c^2}{B_0^2}$, $\dfrac{\Pi_e^2}{\omega^2} \approx$

5.4 プラズマ波動伝搬にかかわる性質

$\dfrac{m_\mathrm{i}}{m_\mathrm{e}}\dfrac{\Omega_\mathrm{i}^2}{\omega^2}$ より $\dfrac{\Pi_\mathrm{e}^2}{\omega^2} \gg \delta$ を用いることで，

$$A = S\sin^2\theta + P\cos^2\theta = (1+\delta)\sin^2\theta + \left(1 - \dfrac{\Pi_\mathrm{e}^2}{\omega^2}\right)\cos^2\theta$$

$$\approx -\dfrac{\Pi_\mathrm{e}^2}{\omega^2}\cos^2\theta$$

$$B = (S^2 - D^2)\sin^2\theta + PS(1+\cos^2\theta)$$

$$\approx -\dfrac{\Pi_\mathrm{e}^2}{\omega^2}(1+\delta)(1+\cos^2\theta)$$

$$C = P(S^2 - D^2)$$

$$\approx -\dfrac{\Pi_\mathrm{e}^2}{\omega^2}(1+\delta)^2$$

になる．よって (5.108) 式は

$$\{n^2\cos^2\theta - (1+\delta)\}\{n^2 - (1+\delta)\} = 0 \tag{5.111}$$

のように変形される．

よってアルフヴェン波の分散式は以下の 2 式になる．すなわち，

$$n^2 = \dfrac{1+\delta}{\cos^2\theta} \tag{5.112}$$

ならびに

$$n^2 = 1 + \delta \tag{5.113}$$

である．ここで

$$v_\mathrm{A}^2 = \dfrac{c^2}{1+\delta} = \dfrac{c^2}{1+\dfrac{\mu_0\rho_\mathrm{m}c^2}{B_0^2}} \approx \dfrac{B_0^2}{\mu_0\rho_\mathrm{m}} \tag{5.114}$$

であり，v_A をアルフヴェン速度という．

一方，イオンの運動方程式

$$-i\omega m_\mathrm{i}\vec{v}_\mathrm{i} = q_\mathrm{i}(\vec{E} + \vec{v}_i \times \vec{B}_0)$$

において $\omega \ll \Omega_\mathrm{i}$ なる周波数領域でイオンの運動は，

$$\vec{E} + \vec{v}_\mathrm{i} \times \vec{B}_0 = 0$$

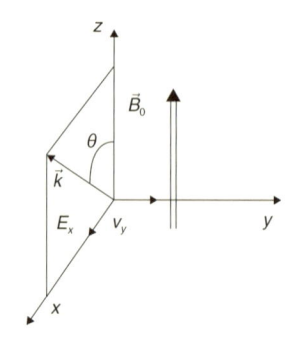

第5章 太陽地球圏プラズマ中の電磁波動論

図 5.10 シア・アルフヴェン波における，外部磁場ベクトル，電場ベクトル，およびプラズマ速度ベクトルの関係

を満たすような運動となる．すなわちイオンは

$$\vec{v}_\mathrm{i} = \frac{\vec{E} \times \vec{B}_0}{B_0^2}$$

に従う運動をしていることになる．

次の分散方程式を解いて，アルフヴェン波の電場成分を求めてみると，

$$\begin{bmatrix} 1+\delta - n^2 \cos^2\theta & 0 & n^2 \sin\theta \cos\theta \\ 0 & 1+\delta - n^2 & 0 \\ n^2 \sin\theta \cos\theta & 0 & 1 - \dfrac{\Pi_e^2}{\omega^2} - n^2 \sin^2\theta \end{bmatrix} \begin{pmatrix} E_x \\ E_y \\ E_z \end{pmatrix} = 0 \tag{5.115}$$

このとき, $n^2 = \dfrac{1+\delta}{\cos^2\theta}$ による波動（シア・アルフヴェン波）は, $1+\delta - n^2 \cos^2\theta = 0$ を満たすため，$E_x(1+\delta - n^2 \cos^2\theta) + E_z n^2 \sin\theta \cos\theta = 0$ から $E_z = 0$ となる．そして，$E_y(1+\delta - n^2) = 0$ より $E_y = 0$ である．すなわちイオンの運動を支配するのは E_x であり，このときイオンの運動は $\vec{v}_\mathrm{i} \mathbin{/\mkern-5mu/} \hat{y}$ である（図 5.10 参照）．

$n^2 = 1+\delta$ による波動（圧縮モードアルフヴェン波）は，$1+\delta - n^2 = 0$ を満たすため

$$\begin{cases} E_x(1+\delta - (1+\delta)\cos^2\theta) + E_z(1+\delta)\sin\theta \cos\theta = 0 \\ E_x(1+\delta)\sin\theta \cos\theta + E_z\left(1 - \dfrac{\Pi_e^2}{\omega^2} - (1+\delta)\sin^2\theta\right) = 0 \end{cases} \tag{5.116}$$

より $E_z = 0$, かつ $E_x = 0$ である．このときイオンの運動は E_y に支配されて，

5.4 プラズマ波動伝搬にかかわる性質

$\vec{v}_i \mathbin{/\mkern-6mu/} \hat{x}$ である.

地上の磁場観測からは，低い周波数帯の脈動現象が見られており，特徴的な周波数スペクトルをもっている．これらの特徴的な波動スペクトルのピーク現象には Pc1, Pc5 といった名前が付けられている．一方，数〜数百 Hz に見られるピークはシューマン共鳴（Schumann resonance）とよばれており，地表と電離圏の間で反射しながら伝搬し，波長が地球 1 周の整数倍で共振することから強いスペクトル強度を呈する．

このような磁場振動は，**地磁気脈動**（geomagnetic pulsation）とよばれ，磁気圏のさまざまな現象と密接にかかわっている．Kato and Osaka (1952) は東北大学女川地磁気観測所とアルジェリアのタマンラッセ（Tamanrasset）おける地磁気脈動の同時観測の解析結果より，この地磁気脈動が局地的な磁場変動ではなく地球の外に起源をもつ自然現象であることを初めて実証した．この地磁気脈動は，現象を波形により 2 つに大別され，連続（continuous）で規則的な波形をもつ脈動を Pc，波形が不規則（irregular）で，スペクトルの幅が卓越周期に比べて広い脈動を Pi とよび，これらは周期によって下のようにさらに細かく分類されている（Saito, 1969）.

Pc の場合
Pc1：0.2 〜 5 s
Pc2：5 〜 10 s
（Pi2：40 〜 150 s）
Pc3：10 〜 45 s
Pc4：45 〜 150 s
Pc5：150 〜 600 s

たとえば Pc1 の起源は内部磁気圏で発生する電磁イオンサイクロトロン波で，磁気赤道面付近で励起した後，磁力線に沿って地上に伝搬してきたものである（第 4 章参照）．この Pc1 と環電流イオンとの波動粒子相互作用の結果，プロトンのピッチ角散乱が起こり，プロトンオーロラが輝く．また，この Pc1 波動は，時に Pearl とよばれる真珠の粒のつらなったような特徴的な波形を呈することがある．Pc3 波動は太陽風の速度ときわめてよい相関をもち，衝撃波上流で反射されたイオンが励起する波動が，磁気圏内に伝搬したものと考えられている．また，第 4 章で述べたように Pc5 波動は磁気圏界面のケルビン–ヘルムホルツ

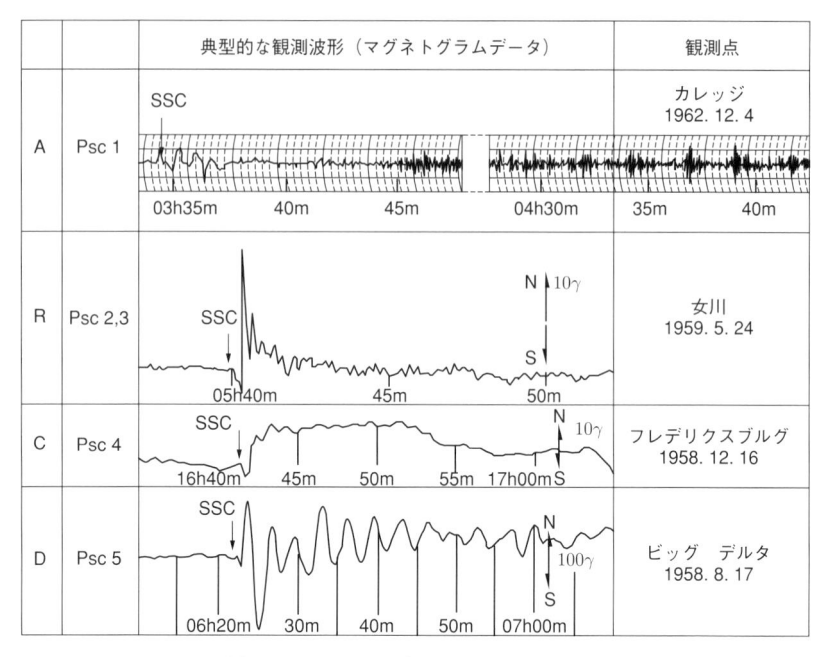

第 5 章 太陽地球圏プラズマ中の電磁波動論

		典型的な観測波形（マグネトグラムデータ）	観測点
A	Psc 1	SSC ↓ 03h35m 40m 45m 04h30m 35m 40m	カレッジ 1962.12.4
R	Psc 2,3	SSC ↓ 05h40m 45m 50m N↕10γ S	女川 1959.5.24
C	Psc 4	SSC ↓ 16h40m 45m 50m 55m 17h00m N↕10γ S	フレデリクスブルグ 1958.12.16
D	Psc 5	SSC ↓ 06h20m 30m 40m 50m 07h00m N↕100γ S	ビッグ デルタ 1958.8.17

図 5.11　PSC 地磁気脈動の観測波形の例

磁気嵐急始（strom sudden commencement: SSC）とともに P_{SSC} 地磁気脈動が現れている．（Saito, 1969）

（Kelvin-Helmholtz）不安定性や太陽風動圧の時間変動などによって発生し，放射線帯の高エネルギー電子の輸送に密接にかかわっていると考えられている．

一方，第 3 章で述べたように Pi2 波動は，サブストームの開始に出現する波動であり，Pi2 観測からサブストームの発生時を決める研究もよく行われている．さらに，Pssc 脈動は図 5.11 のように，磁気急始（SSC：第 4 章参照）によってトリガーされる脈動である．

5.5　プラズマ波動の伝搬と減衰

5.5.1　波動の減衰と増幅の表現

波動の角周波数 ω に比べてゆっくりと変化する波動の振幅を A_0 とおくと，

波動の変位 $A(t)$ は

$$A(t) = A_0(t)\exp(-i\omega t) \tag{5.117}$$

と書くことができる．いま振幅が指数関数的に変化する波動の**成長率**（growth rate）を γ とすると，時刻 t における振幅は時刻 $t=0$ における振幅 $A_0(0)$ を用いて

$$A_0(t) = A_0(0)\exp(\gamma t) \tag{5.118}$$

と表される．このとき

$$A(t) = A_0(0)\exp(\gamma t)\exp(-i\omega t) = A_0(0)\exp\{-i(\omega+i\gamma)t\} \tag{5.119}$$

すなわち波動の振幅の成長率 γ は

$$\frac{d}{dt}(A_0(t)) = \gamma A_0(t) \tag{5.120}$$

$$\gamma = \frac{1}{A_0(t)}\frac{d}{dt}(A_0(t)) \tag{5.121}$$

として表される．

また波動を $A(t)=A_0\exp(-i\omega t)$ のように表す場合，$\omega=\omega_r+i\gamma$ なる複素角周波数 ω の虚部 γ が正の場合には増幅を，負の場合には減衰を表すことになる．さらに波動の伝搬を考慮すると，時空間の位置 (r,t) における波動の変位は一般的に

$$A(\vec{r},t) = A_0\exp i(\vec{k}\cdot\vec{r}-\omega t) \tag{5.122}$$

のように表される．ここで $\vec{k}$ は波数ベクトルである．一般的には波数もまた同様に複素数として扱えるが，通常のプラズマ波動論においては，振幅が変化する現象を記述する場合には，角周波数 ω のみを複素数として扱うことが多い．

Ⓐ 波動の減衰現象の例

(1) **球面波の伝搬による幾何学的減衰**：波動が球面波によって伝搬する場合，たとえば電場は，

$$E = \frac{E_0}{r}\exp i(kr-\omega t)$$

のように変化するが，エネルギーは，

$$\frac{1}{2}\vec{E}\cdot\vec{D} = \frac{\varepsilon_0}{2}\vec{E}\cdot[\mathbf{K}]\cdot\vec{E} \propto \frac{E_0^2}{r^2}$$

のように，距離の 2 乗に反比例して弱くなる．ただし，半径 r の球殻の中にある全体のエネルギーは保存される．

(2) 衝突による減衰：プラズマが完全電離状態になく，電離圏のようにプラズマ媒質の荷電粒子と中性粒子との間に衝突がある場合は，電磁場エネルギーは中性粒子の運動エネルギーへ受け渡される．このとき，波動のもつ電磁場エネルギーは減衰しつつ伝搬する (5.5.2 項参照)．具体的には，電離圏下部 (E 領域) をプラズマ波動が通過する場合に，波動強度の顕著な減衰が引き起こる現象がよく知られている．

(3) 波動粒子相互作用による減衰：完全電離無衝突のプラズマであっても波動・粒子間に相互作用が起きる結果，波動の電磁場エネルギーがプラズマ粒子の熱運動エネルギーに受け渡されて，プラズマ波動の減衰が起きる (等価衝突)．**ランダウ減衰** (Landau damping)，**サイクロトロン減衰** (cyclotron damping) などがこれにあたる．このとき，プラズマ粒子は加熱・加速されている．

(3) の具体的な例として，ランダウ減衰を考えてみよう．ランダウ減衰では，波動の位相速度に近い速度をもつ粒子が，波動との相互作用を行った結果，共鳴速度点における分布関数の傾き $f_0'\left(\frac{\omega}{k}\right)$ が波動と粒子の間のエネルギーの授受の方向と速さを決めている (❸「ランダウ減衰に関する補足」を参照)．このときの共鳴条件は，波動の位相速度と粒子の速度が等しいという条件

$$\omega - \vec{k}\cdot\vec{v} = 0$$

で表され，この共鳴を**ランダウ共鳴** (Landau resonance) とよぶ．ランダウ減衰は，後述の「ランダウ減衰に関する補足」にあるように，その前提条件として，存在しているプラズマ波動は 1 次微少量であり，ランダウ減衰の過程は線形過程としてひき起こされる点である．ランダウ共鳴の説明として，有限振幅の電場のポテンシャルの山と荷電粒子間のエネルギーをやりとりとしている描像が用いられることが多いが，必ずしも正確でないので注意を要する．

上記のランダウ減衰は，縦波であるプラズマ波動の電場方向と同じ方向の速度をもつ粒子を議論している．一方，横波の場合には，磁力線に沿って運動している粒子から見た波動の周波数が，粒子のサイクロトロン周波数の整数倍と

等しくなるという条件,

$$\omega - \vec{k}\cdot\vec{v} = n\Omega$$

で表される(ただし非相対論の場合).この式の左辺は,粒子から見た波動の周波数がお互いの運動のためにドップラー(Doppler)シフトを受けていることを表している.この共鳴を**サイクロトロン共鳴**(cyclotron resonance)とよぶ.また,このように生じる相互作用は**サイクロトロン型相互作用**(cyclotron-type interaction)とよばれ,サイクロトロン減衰などが生じることになる.なお,第4章では相対論効果を含んだサイクロトロン共鳴の式を示したが((4.6)式),放射線帯粒子との相互作用やオーロラ加速粒子との相互作用を考える場合には,相対論効果を含んだ共鳴条件を考慮する必要がある.

B ランダウ減衰に関する補足

Landau(1946)は,無磁場中で均質で安定な完全電離プラズマ中で z 軸方向に伝搬する静電波

$$E(z,t) = \hat{z}E\cos(kz - \omega t) \tag{5.123}$$

を考えた.このとき,電子プラズマの分布関数が満たすブラソフ(Vlasov)方程式は一次元問題として,

$$\frac{\partial f(z,v,t)}{\partial t} + v\frac{\partial f(z,v,t)}{\partial z} + \frac{qE(z,t)}{m}\frac{\partial f(z,v,t)}{\partial v} = 0 \tag{5.124}$$

である.この解を求めるにあたって Landau は,空間に対してはフーリエ変換,時間に対してはラプラス変換を適用した.すなわち**フーリエ–ラプラス変換**(Fourier-Laplace transformation)は,

$$E(\omega,k) = \int_0^\infty dt \int_{-\infty}^\infty \frac{dz}{\sqrt{2\pi}} \exp i(kz - \omega t) E(z,t) \tag{5.125}$$

また逆変換は

$$E(z,t) = \int_{-\infty+i\sigma}^{\infty+i\sigma} d\omega \int_{-\infty}^\infty \frac{dk}{\sqrt{2\pi}} \exp i(kz - \omega t) E(\omega,t) \tag{5.126}$$

である.ただし,この複素積分の ω 複素平面上の積分路は $E(\omega,k)$ の**特異点**(singular point)を回避して複素平面上の虚部が正の側(上側)を通る.$f = f_0 + f_1$ として f_0 は 0 次の量で,仮定により $\dfrac{\partial f_0(z,v,t)}{\partial z} = 0$ ならびに $\dfrac{\partial f_0(z,v,t)}{\partial t} = 0$,

第 5 章　太陽地球圏プラズマ中の電磁波動論

つまり t および z に独立とする．f_1, E, v は 1 次の微小量として，(5.124) 式を線形化すると，

$$\frac{\partial f_1(z,v,t)}{\partial t} + v\frac{\partial f_1(z,v,t)}{\partial z} + \frac{qE(z,t)}{m}\frac{\partial f_0(z,v,t)}{\partial v} = 0 \tag{5.127}$$

フーリエ-ラプラス変換は

$$(i\omega - ikv)f_1 = \frac{qE}{m}\frac{\partial f_0}{\partial v} \tag{5.128}$$

となる．また，ポアソンの式から電場を求めると

$$ikE(\omega,t) = \frac{q}{\varepsilon_0}\int_{-\infty}^{\infty} f_1(\omega,k,v)\,dv \tag{5.129}$$

である．すると，(5.128) を (5.129) 式に代入して，

$$E(\omega,k) = \frac{\dfrac{q}{k\varepsilon_0}\displaystyle\int_{-\infty}^{\infty}\dfrac{f_1(v,k)}{\omega - kv}dv}{1 + \dfrac{1}{k\varepsilon_0}\displaystyle\int_{-\infty}^{\infty}\dfrac{q^2}{m}\dfrac{\dfrac{\partial f_0(v)}{\partial v}}{\omega - kv}dv} \tag{5.130}$$

となる．ここで $E(z,t)$ のラプラス変換 $E(\omega,t) = \int_0^{\infty} dt\exp i(\omega t)E(z,t)$ の収束条件より，Im $\omega > |\gamma|$ である．ここで，$|E(z,t)| < |Me^{\gamma t}|$ であるから，$E(\omega,k)$ は，ω の複素平面で Im $\omega > 0$ の領域で定義されている．したがって，$E(\omega,k)$ のラプラス逆変換において，積分路は複素平面の Im $\omega > 0$ の領域において実行される必要がある．このとき，Im $\omega < 0$ の領域に特異点がある場合にとられる積分路は，**ランダウの積分路**（Landau contour）とよばれる（図 5.12 参照）．この $E(\omega,k)$ の特異点を得る方程式は，プラズマ中を伝搬する静電波の分散方程式となる．すなわち，

$$1 + \frac{1}{k\varepsilon_0}\int_{-\infty}^{\infty}\frac{q^2}{m}\frac{\dfrac{\partial f_0(v)}{\partial v}}{\omega - kv}\,dv = 0 \tag{5.131}$$

である．(1.8) 式よりプラズマ周波数は

$$f_{\mathrm{P}} = \frac{1}{2\pi}\left(\frac{Z^2 e^2 n}{\varepsilon_0 m}\right)^{\frac{1}{2}}$$

であり，プラズマ角周波数 Π については $\Pi^2 = \dfrac{Z^2 e^2 n}{\varepsilon_0 m}$ であるので，(5.131) 式は

5.5 プラズマ波動の伝搬と減衰

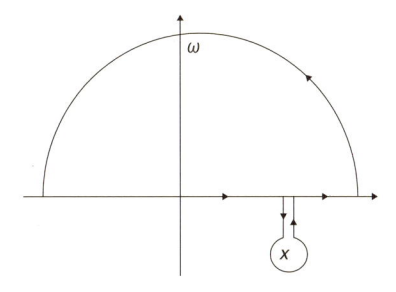

図 5.12 特異点が $\mathrm{Im}\,\omega < 0$ ある場合にとられる積分路（ランダウの積分路）

$$1 + \frac{\Pi^2}{k}\int_{-\infty}^{\infty}\frac{\partial f_0(v)}{\partial v}\frac{dv}{\omega - kv} = 0 \tag{5.132}$$

と書き直すことができる．ただしこれは，$\mathrm{Im}\,\omega > 0$ の場合であり，$\mathrm{Im}\,\omega < 0$ の場合，

$$1 + \frac{\Pi^2}{k}\int_{-\infty}^{\infty}\frac{\partial f_0(v)}{\partial v}\frac{dv}{\omega - kv} - \frac{2\pi i \Pi^2}{k|k|}\frac{\partial f_0(\omega/k)}{\partial v} = 0 \tag{5.133}$$

となる．したがって

$$f_0'(v) = \frac{\partial f_0(v)}{\partial v} = f_0'\left(\frac{\omega}{k}\right)$$

と書くことができて，(5.133) 式は

$$1 + \frac{\Pi^2}{k}P\int_{-\infty}^{\infty}\frac{\partial f_0(v)}{\partial v}\frac{dv}{\omega - kv} - \frac{2\pi i \Pi^2}{k|k|}f_0'\left(\frac{\omega}{k}\right) = 0\,(\text{すべての } \mathrm{Im}\,\omega \text{について}) \tag{5.134}$$

となる．詳細は Landau（1946），Stix（1962）をはじめとする他の文献にゆずるが，$\omega = \omega_\mathrm{r} + i\omega_\mathrm{i}(|\omega_\mathrm{r}| \gg |\omega_\mathrm{i}|)$ として，波動の成長と減衰は以下の式で表される（ここで $\bar{v}$ はプラズマ全体のドリフトの運動速度である）．

$$\frac{\partial f_0(v)}{\partial v}\omega_\mathrm{i} = \frac{2\pi i(\omega_\mathrm{r} - k\bar{v})\Pi^2}{k|k|}f_0'\left(\frac{\omega}{k}\right) \tag{5.135}$$

$\omega_\mathrm{i} < 0$ のときに波動は減衰し，ランダウ減衰とよばれる．一方，$\omega_\mathrm{i} > 0$ のときには，**逆ランダウ減衰**（inverse Landau damping）（ランダウ型プラズマ不安定）とよばれ，プラズマ波動の励起・成長過程の基礎的なプロセスとなってい

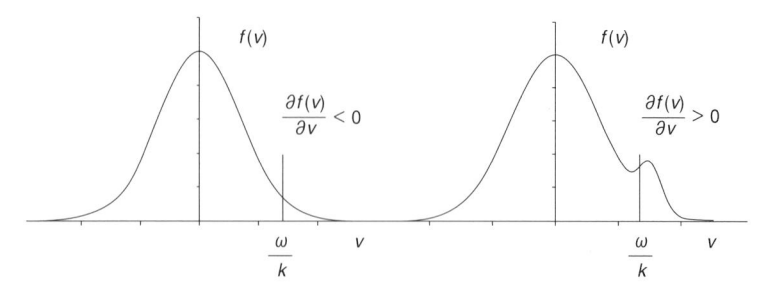

第 5 章　太陽地球圏プラズマ中の電磁波動論

図 5.13 ランダウ型相互作用と速度分布関数の関係図

$v = \frac{\omega}{k}$ における速度分布関数の傾きが $\frac{\partial f(v)}{\partial v}$ の場合，ランダウ減衰 $\frac{\partial f(v)}{\partial} > 0$ のときランダウ増幅（ランダウ不安定）の関係をもたらす．$v = \frac{\omega}{k}$ における速度分布関数の傾きによって減衰あるいは，増幅が起こることになる．

る（図 5.13 参照）．

さて，ここでプラズマ中を伝播するプラズマ波動のエネルギー保存則について考えよう．電磁場を記述するマクスウェル方程式は，

$$\nabla \times \vec{E} = -\frac{\partial \vec{B}}{\partial t} \tag{5.136}$$

$$\nabla \times \vec{H} = \varepsilon_0 \frac{\partial \vec{E}}{\partial t} + \vec{J} = \frac{\partial \vec{D}}{\partial t} \tag{5.137}$$

である．ここで，((5.136) 式 $\cdot \vec{H}$ – (5.137) 式 $\cdot \vec{E}$) をとると

$$(\nabla \times \vec{E}) \cdot \vec{H} - (\nabla \times \vec{H}) \cdot \vec{E} = -\frac{\partial \vec{B}}{\partial t} \cdot \vec{H} - \frac{\partial \vec{D}}{\partial t} \cdot \vec{E} \tag{5.138}$$

となり，ベクトル公式

$$\nabla \cdot (\vec{a} \times \vec{b}) = \vec{b} \cdot (\nabla \times \vec{a}) - \vec{a} \cdot (\nabla \times \vec{b})$$

を用いると，(5.138) 式は

$$\nabla \cdot (\vec{E} \times \vec{H}) + \vec{E} \cdot \frac{\partial \vec{D}}{\partial t} + \vec{H} \cdot \frac{\partial \vec{B}}{\partial t} = 0 \tag{5.139}$$

である．ここで，$\vec{P} \equiv \vec{E} \times \vec{H}$ はポインティングベクトルである．さらに

電場エネルギー密度： $\quad \dfrac{1}{2} \vec{E} \cdot \vec{D} = \dfrac{\varepsilon_0}{2} \vec{E} \cdot [\mathbf{K}] \cdot \vec{E} \tag{5.140}$

磁場エネルギー密度： $\quad \dfrac{1}{2} \vec{H} \cdot \vec{B} = \dfrac{1}{2\mu_0} |\vec{B}|^2 \tag{5.141}$

5.5 プラズマ波動の伝搬と減衰

を考慮すると，(5.139) 式は電磁エネルギーの保存則にあたることが示される．すなわち，$\frac{\partial}{\partial t}\left(\frac{1}{2}\vec{E}\cdot\vec{D}\right) = \frac{1}{2}\left[\vec{D}\cdot\frac{\partial \vec{E}}{\partial t} + \vec{E}\cdot\frac{\partial \vec{D}}{\partial t}\right]$ であることを考慮し，ここで，$\frac{\partial \vec{D}}{\partial t} = \varepsilon_0 \frac{\partial \vec{E}}{\partial t} + \vec{J}$ より $\vec{D} = \varepsilon_0 \vec{E} + \frac{i}{\omega}\vec{J}$ となり，また，

$$\vec{D}\cdot\frac{\partial \vec{E}}{\partial t} = \left(\varepsilon_0 \vec{E} + \frac{i}{\omega}\vec{J}\right)\cdot\frac{\partial \vec{E}}{\partial t} = \vec{E}\cdot\frac{\partial \vec{D}}{\partial t} - \vec{E}\cdot\vec{J} + \frac{i}{\omega}\vec{J}\cdot\frac{\partial \vec{E}}{\partial t}$$
$$= \vec{E}\cdot\frac{\partial \vec{D}}{\partial t} - \vec{E}\cdot\vec{J} + \frac{i}{\omega}\vec{J}\cdot(-i\omega\vec{E}) = \vec{E}\cdot\frac{\partial \vec{D}}{\partial t}$$

である．したがって，エネルギー保存則を与える (5.139) 式が

$$\nabla\cdot(\vec{E}\times\vec{H}) + \frac{\partial}{\partial t}\left[\frac{1}{2}\{\vec{E}\cdot\vec{D} + \vec{H}\cdot\vec{B}\}\right] = 0 \tag{5.142}$$

の形に従うことになり，ポインティングベクトルが電磁場エネルギーの流れを表していることがわかる．

5.5.2 衝突のあるプラズマの誘電率テンソル

冷たいプラズマの近似による波動方程式の解が，ω あるいは k について純虚数となる場合，エバネッセントモードとなって伝搬しないが，複素数解をとる場合，波動の電磁エネルギーは伝搬しつつ，荷電粒子と中性粒子との間の衝突による運動量の交換によりエネルギーを失っていく．

このとき，粒子の運動方程式は，ν を衝突周波数として，

$$m\frac{d\vec{v}}{dt} = q(\vec{E} + \vec{v}\times\vec{B}) - m\nu\vec{v} \tag{5.143}$$

と表すことができる．フーリエ成分で表示すると

$$-i\omega m\vec{v} = q(\vec{E} + \vec{v}\times\vec{B}) - m\nu\vec{v}$$
$$-i\omega\left(1 + \frac{i\nu}{\omega}\right)m\vec{v} = q(\vec{E} + \vec{v}\times\vec{B}) \tag{5.144}$$

である．ここで，

$$Z = 1 + i\left(\frac{\nu}{\omega}\right) \tag{5.145}$$

という変数を導入し，

$$m \to mZ$$

179

第 5 章 太陽地球圏プラズマ中の電磁波動論

$$\Omega \to \frac{\Omega}{Z} \qquad \left(\Omega = \frac{qB}{m}\right)$$

なる変換を誘電率テンソルの各項に施すことで，衝突がある場合に対応させることができる．(5.23)〜(5.25) 式を用いると，衝突があることによって，プラズマの 1 次の速度項においては

$$\begin{aligned}
v_x &= \frac{iE_x}{B_0}\frac{\omega(\Omega/Z)}{\omega^2-(\Omega/Z)^2} - \frac{E_y}{B_0}\frac{(\Omega/Z)^2}{\omega^2-(\Omega/Z)^2} \\
&= \frac{iE_x}{B_0}\frac{Z\omega\Omega}{(Z\omega)^2-\Omega^2} - \frac{E_y}{B_0}\frac{\Omega^2}{(Z\omega)^2-\Omega^2} \\
v_y &= \frac{E_x}{B_0}\frac{\Omega^2}{(Z\omega)^2-\Omega^2} + \frac{iE_y}{B_0}\frac{Z\omega\Omega}{(Z\omega)^2-\Omega^2} \\
v_z &= i\frac{E_z}{B_0}\frac{\Omega}{Z\omega}
\end{aligned} \tag{5.146}$$

のように，$\omega \to Z\omega$ の変換に対応していることがわかる．これにより，変位電流項は

$$\vec{J} = \sum_j n_j q_j \vec{v}_j \tag{5.147}$$

である．ただし，荷電粒子のサイクロトン角周波数を用いた $\frac{n_j q_j}{B_0} = \frac{m_j}{q_j B_0}\frac{n_j q_j^2}{\varepsilon_0 m_j}\varepsilon_0 = \frac{\varepsilon_0 \Pi_j^2}{\Omega_j}$ の変換，ならびに $\vec{D} = \varepsilon_0 \vec{E} + \frac{i}{\omega}\vec{J} = \varepsilon_0 [\mathbf{K}]\cdot\vec{E}$ においては，Z の補正は不要であることに注意する．すると

$$\begin{aligned}
D_x &= \varepsilon_0 E_x - \left[\sum_j \varepsilon_0 \Pi_j^2 \frac{Z}{(Z\omega)^2-\Omega_j^2}\right] E_x \\
&\quad - i\left[\sum_j \varepsilon_0 \Pi_j^2 \frac{1}{(Z\omega)^2-\Omega_j^2}\frac{\Omega_j}{\omega}\right] E_y \\
D_y &= i\left[\sum_j \varepsilon_0 \Pi_j^2 \frac{1}{(Z\omega)^2-\Omega_j^2}\frac{\Omega_j}{\omega}\right] E_x + \varepsilon_0 E_y \\
&\quad - \left[\sum_j \varepsilon_0 \pi_j^2 \frac{Z}{(Z\omega)^2-\Omega_j^2}\right] E_y \\
D_z &= \varepsilon_0 E_z - \sum_j \frac{\varepsilon_0 \Pi_j^2}{Z\omega^2} E_z
\end{aligned} \tag{5.148}$$

となる．誘電率テンソル $[\mathbf{K}]$ と，電束密度，電界強度の関係は $\vec{D} = \varepsilon_0 [\mathbf{K}]\cdot\vec{E}$

であるから，直ちに

$$\vec{D} = \varepsilon_0 \begin{bmatrix} 1 - \sum_j \dfrac{Z\Pi_j^2}{(Z\omega)^2 - \Omega_j^2} & -i\sum_j \dfrac{\Pi_j^2}{(Z\omega)^2 - \Omega_j^2} \cdot \dfrac{\Omega_j}{\omega} & 0 \\ i\sum_j \dfrac{\Pi_j^2}{(Z\omega)^2 - \Omega_j^2} \cdot \dfrac{\Omega_j}{\omega} & 1 - \sum_j \dfrac{Z\Pi_j^2}{(Z\omega)^2 - \Omega_j^2} & 0 \\ 0 & 0 & 1 - \sum_j \dfrac{\Pi_j^2}{Z\omega^2} \end{bmatrix} \vec{E}$$
(5.149)

と誘電率テンソルが示されることになる．

5.5.3　衝突のあるプラズマの電気伝導度テンソル

いま，$\vec{J} = \sum_j n_j q_j \vec{v}_j = [\sigma]\vec{E}$ のようにおくと，$\vec{D} = \varepsilon_0 \vec{E} + \dfrac{i}{\omega}\vec{J} = \varepsilon_0[\mathbf{K}] \cdot \vec{E}$ により，導電率テンソル $[\sigma]$ と誘電率テンソル $[\mathbf{K}]$ との関係は，$1 + \dfrac{i}{\varepsilon_0 \omega}[\sigma] = [\mathbf{K}]$ である．すると，(5.149) 式より

$$[\sigma] = \varepsilon_0 \begin{bmatrix} i\sum_j \dfrac{Z\omega \Pi_j^2}{(Z\omega)^2 - \Omega_j^2} & \sum_j \dfrac{\Omega_j \Pi_j^2}{(Z\omega)^2 - \Omega_j^2} & 0 \\ -\sum_j \dfrac{\Omega_j \Pi_j^2}{(Z\omega)^2 - \Omega_j^2} & i\sum_j \dfrac{Z\omega \Pi_j^2}{(Z\omega)^2 - \Omega_j^2} & 0 \\ 0 & 0 & i\sum_j \dfrac{\Pi_j^2}{Z\omega} \end{bmatrix}$$
(5.150)

と表すことができる．ここで (5.145) 式より，$Z\omega = \omega + i\nu$ であることを考慮すると，$\omega \to 0$ の場合の極限は，衝突のあるプラズマにおける直流的な導電率を与えることになる．すなわち

$$[\sigma]_{\mathrm{DC}} = \varepsilon_0 \begin{bmatrix} \sum_j \dfrac{\nu \Pi_j^2}{\nu^2 + \Omega_j^2} & -\sum_j \dfrac{\Omega_j \Pi_j^2}{\nu^2 + \Omega_j^2} & 0 \\ \sum_j \dfrac{\Omega_j \Pi_j^2}{\nu^2 + \Omega_j^2} & \sum_j \dfrac{\nu \Pi_j^2}{\nu^2 + \Omega_j^2} & 0 \\ 0 & 0 & \sum_j \dfrac{\Pi_j^2}{\nu} \end{bmatrix}$$
(5.151)

のように表される．この表式は電界が加えられたプラズマ中に生ずる直流電流

を表しており，第 3 章で紹介した電離圏プラズマにおける電気伝導度を表す表式としてよく知られている．すなわち

縦方向電気伝導度（longitudinal conductivity）： $\sigma_0 = \sigma_{zz} = \sum_j \dfrac{\Pi_j^2}{\nu}$

ペダーセン電気伝導度（Pedersen conductivity）：
$$\sigma_1 = \sigma_{xx} = \sigma_{yy} = \sum_j \dfrac{\nu \Pi_j^2}{\nu^2 + \Omega_j^2}$$

ホール電気伝導度（Hall conductivity）： $\sigma_2 = \sigma_{yx} = -\sigma_{xy} = \sum_j \dfrac{\Omega_j \Pi_j^2}{\nu^2 + \Omega_j^2}$

となる．

5.5.4 衝突のあるプラズマ中の電波伝搬（高周波電波伝搬における衝突の取り扱い例）

電波伝搬の問題で扱われているのは
$$\nabla \times \vec{H} = \varepsilon_0 \dfrac{\partial \vec{E}}{\partial t} + \vec{J} = \varepsilon_0 \dfrac{\partial}{\partial t}[\mathbf{K}] \cdot \vec{E}$$
であるから，$[\mathbf{K}]$ の取扱いの問題に帰着する．ここで，媒質を次のように簡略化して考える．すなわち

(1) 電子プラズマのみで，イオンの運動は無視する．
(2) 外部磁場を無視する．

$$\vec{J} = nq\vec{v} = i\dfrac{nq^2}{m}\dfrac{1}{Z\omega}\vec{E} = i\varepsilon_0 \omega_{\mathrm{p}}^2 \dfrac{1}{Z\omega}\vec{E} \qquad \left(Z = 1 + \dfrac{i\nu}{\omega} \right)$$

(3) プラズマが等方と見なされるような問題として考える．

電気伝導度 σ が等方的である場合，単純に $\vec{J} = \sigma \vec{E}$ と書くことができ，$\sigma = \dfrac{i\varepsilon_0 \omega_{\mathrm{p}}^2}{Z\omega}$ である．ここで，

$$\begin{aligned}
\sigma = \dfrac{J}{E} &= \varepsilon_0 \omega_{\mathrm{p}}^2 \cdot \dfrac{i}{Z\omega} \\
&= \varepsilon_0 \omega_{\mathrm{p}}^2 \cdot \dfrac{i}{\omega + i\nu} \\
&= \varepsilon_0 \omega_{\mathrm{p}}^2 \dfrac{i(\omega - i\nu)}{\omega^2 + \nu^2}
\end{aligned}$$

$$= \varepsilon_0 \omega_\mathrm{p}^2 \left(\frac{\nu}{\omega^2 + \nu^2} + \frac{i\omega}{\omega^2 + \nu^2} \right) \tag{5.152}$$

であるから，直流抵抗は

$$\sigma = \frac{\varepsilon_0 \omega_\mathrm{p}^2}{\nu} \tag{5.153}$$

となる．一般には ε, μ は真空中とは異なる値をとる．

ここで，下部電離圏中の問題を取り上げるため，ε_0, μ_0 を使って考えていく．すると

$$\begin{aligned}\vec{D} &= \varepsilon_0 \vec{E} + \frac{i}{\omega} \vec{J} = \varepsilon_0 \vec{E} + \frac{i}{\omega} \cdot \frac{i \varepsilon_0 \omega_p^2}{Z\omega} \vec{E} \\ &= \varepsilon_0 \left(1 - \frac{\omega_p^2}{Z\omega^2} \right) \vec{E}\end{aligned} \tag{5.154}$$

と書ける．

次に，このときのプラズマ波動の分散関係を求める．波動方程式において，波動の伝搬方向を $\hat{z}$ とすると，$\vec{k} = k\hat{z}$ と表されるため

$$\vec{k} \times (\vec{k} \times \vec{E}) + \frac{\omega^2}{c^2} [\mathbf{K}] \cdot \vec{E} = 0$$

は

$$-k^2 (E_x \hat{x} + E_y \hat{y}) + \frac{\omega^2}{c^2} \left(1 - \frac{\omega_p^2}{Z\omega^2} \right) (E_x \hat{x} + E_y \hat{y} + E_z \hat{z}) = 0 \tag{5.155}$$

より

$$-k^2 + \frac{\omega^2}{c^2} \left(1 - \frac{\omega_\mathrm{p}^2}{Z\omega^2} \right) = 0 \tag{5.156}$$

が，求める分散を与える表式となる．移項して，

$$k^2 = \frac{\omega^2}{c^2} \left(1 - \frac{\omega_\mathrm{p}^2}{Z\omega^2} \right), \quad \frac{1}{Z\omega} = \frac{1}{\omega + i\nu} = \frac{\omega - i\nu}{\omega^2 + \nu^2} \tag{5.157}$$

である．

いま，プラズマ波動の周波数と衝突周波数の関係として $\omega \gg \nu$ を考えると

$$1 - \frac{\omega_\mathrm{p}^2}{Z\omega^2} \fallingdotseq 1 - \frac{\omega_\mathrm{p}^2}{\omega^2} \left(1 - \frac{i\nu}{\omega} \right)$$

となる．ここで，$\delta = \dfrac{\nu}{\omega}$ とおくと，分散関係として

$$k^2 = \frac{\omega^2}{c^2}\left\{1 - \frac{\omega_p^2}{\omega^2}(1-i\delta)\right\}$$

$$c^2 k^2 = \omega^2 - \omega_p^2(1-i\delta)$$

$$\omega^2 = c^2 k^2 + \omega_p^2 - i\delta\omega_p^2 \tag{5.158}$$

を得る．電子慣性長（electron inertial scale）$\left(\dfrac{\omega_p}{c}\right)$ よりも長いスケール $\left(c^2 k^2 \gg \omega_p^2\right.$ すなわち $\left.\dfrac{1}{k} \ll \dfrac{\omega_p}{c}\right)$ を考えると

$$\omega^2 = c^2 k^2 - i\delta\omega_p^2$$

よって，$\quad \omega = ck - i\dfrac{\delta}{2}\dfrac{\omega_p^2}{\omega^2} \tag{5.159}$

となり，衝突に伴う減衰項が得られる．伝搬経路に沿う減衰を見るには，ω を実数，k を複素数とした場合に，$k = \dfrac{\omega}{c} + i\dfrac{\delta}{2}\dfrac{\omega_p^2}{c^2}$ となるため，その減衰率は $\dfrac{2c^2}{\delta\omega_p^2}$ となる．

5.5.5 等方電子プラズマ中の衝突減衰

　ここで取扱いを簡単にするため，背景磁場は考えず，プラズマは電子のみを，また等方性をもつとして取り扱われることがある．すなわちマクスウェル方程式

$$\nabla \times \vec{E} = -\frac{\partial \vec{B}}{\partial t}$$

$$\nabla \times \vec{H} = \varepsilon_0 \frac{\partial \vec{E}}{\partial t} + \vec{J} = \frac{\partial \vec{D}}{\partial t} = \varepsilon_0 \frac{\partial}{\partial t}[\mathbf{K}] \cdot \vec{E}$$

における誘電率テンソルが等方であるとする．これは磁場のないプラズマ中の運動方程式から，あるいは 5.5.2 項の磁化プラズマ中の (5.149) 式の K_{zz} を参照しても求めることができる．すなわち

$$\vec{J} = i\frac{nq^2}{m} \cdot \frac{1}{Z\omega}\vec{E} \tag{5.160}$$

が得られる．電波伝搬の問題で伝搬媒質の性質が等方的電気伝導度 σ で表される場合に，よく行われる取扱いについてまとめる．マクスウェル方程式において，それぞれ**回転**（rotation）を作用させて，

$$\nabla \times (\nabla \times \vec{E}) = -\mu_0 \frac{\partial}{\partial t}(\nabla \times \vec{H}) = -\mu_0 \frac{\partial}{\partial t}\left(\varepsilon_0 \frac{\partial \vec{E}}{\partial t} + \vec{J}\right)$$

$$= -\mu_0\varepsilon_0 \frac{\partial^2}{\partial t^2}\vec{E} - \mu_0 \frac{\partial}{\partial t}\vec{J}$$

$$\nabla \times (\nabla \times \vec{H}) = \nabla \times \vec{J} + \varepsilon_0 \frac{\partial}{\partial t}(\nabla \times \vec{E}) = \nabla \times \vec{J} - \varepsilon_0\mu_0 \frac{\partial^2}{\partial t^2}\vec{H}$$

$$= -\mu_0\varepsilon_0 \frac{\partial^2}{\partial t^2}\vec{H} + \nabla \times \vec{J}$$

となる.いま,波動方程式の解が

$$E(\vec{r},t) = E(\vec{r})\exp(-i\omega t)$$

の形をもつとする.さらに電気伝導度が等方的であるとして $\vec{J} = \sigma\vec{E}$ とすると

$$\nabla \times \vec{H} = \varepsilon_0 \frac{\partial \vec{E}}{\partial t} + \sigma\vec{E}$$

$$\nabla \times (\nabla \times \vec{E}) = -\mu_0 \frac{\partial}{\partial t}(\nabla \times \vec{H}) = -\mu_0 \frac{\partial}{\partial t}\left(\varepsilon_0 \frac{\partial \vec{E}}{\partial t} + \sigma\vec{E}\right)$$

$$= \varepsilon_0\mu_0\omega^2\vec{E} + i\mu_0\sigma\omega\vec{E} \tag{5.161}$$

が得られる.よって

$$\nabla \times (\nabla \times \vec{E}) - (\varepsilon_0\mu_0\omega^2 + i\mu_0\sigma\omega)\vec{E} = 0 \tag{5.162}$$

また,磁界成分についても

$$\nabla \times (\nabla \times \vec{H}) = \nabla \times \left(\varepsilon_0 \frac{\partial \vec{E}}{\partial t} + \sigma\vec{E}\right)$$

$$= \varepsilon_0 \frac{\partial}{\partial t}\left(-\mu_0 \frac{\partial \vec{H}}{\partial t}\right) + \sigma\nabla \times \vec{E}$$

$$= -\varepsilon_0\mu_0 \frac{\partial^2}{\partial t^2}\vec{H} - \sigma\mu_0 \frac{\partial \vec{H}}{\partial t}$$

$$= \varepsilon_0\mu_0\omega^2\vec{H} + i\sigma\omega\mu_0\vec{H}$$

となり,

$$\nabla \times (\nabla \times \vec{H}) - (\varepsilon_0\mu_0\omega^2 + i\mu_0\sigma\omega)\vec{H} = 0 \tag{5.163}$$

を得る.ここで $\nabla \times (\nabla \times \vec{A}) = \nabla(\nabla \cdot \vec{A}) - \nabla^2\vec{A}$ のベクトル演算の公式を用いるなかで

$$\begin{cases} \nabla \cdot \vec{E} = \dfrac{\rho}{\varepsilon_0} = 0 \\ \nabla \cdot \vec{H} = 0 \end{cases} \tag{5.164}$$

を考慮すると，たとえば，$\nabla^2 \vec{E} + (\varepsilon_0\mu_0\omega^2 - i\mu_0\sigma\omega)\vec{E} = 0$ となるから

$$\begin{cases} \nabla^2 \vec{E} + \dfrac{\omega^2}{c^2}\left(1 + \dfrac{i\sigma}{\varepsilon_0\omega}\right)\vec{E} = 0 \\ \nabla^2 \vec{H} + \dfrac{\omega^2}{c^2}\left(1 + \dfrac{i\sigma}{\varepsilon_0\omega}\right)\vec{H} = 0 \end{cases} \tag{5.165}$$

が得られる．

一般に波動方程式 $\nabla^2 \Phi + A^2 \Phi = 0$ の解は，$\Phi = \Phi_0 \exp(iA \cdot \vec{r})$ の解をもつ．ここで $A = \dfrac{\omega}{c}\left(1 + \dfrac{i\sigma}{\varepsilon_0\omega}\right)^{\frac{1}{2}}$，$c^2 = \dfrac{1}{\omega_0\mu_0}$ である．したがって (5.165) 式の解は

$$\vec{E} = \vec{E}_0 e^{i(\vec{k}\cdot\vec{r} - \omega t)}$$
$$\vec{H} = \vec{H}_0 e^{i(\vec{k}\cdot\vec{r} - \omega t)} \tag{5.166}$$

また，$\nabla \times \vec{E} = -\dfrac{\partial B}{\partial t} = -\mu_0 \dfrac{\partial \vec{H}}{\partial t}$ なる関係から

$$i\vec{k} \times \vec{E} = i\omega\mu_0 \vec{H} \tag{5.167}$$

よって，$\vec{k} \perp \vec{E} \perp \vec{H}$ であり $\vec{k}$ と $\vec{E}$ と $\vec{H}$ がお互いに直交する．

ここで

$$\dfrac{|E_0|}{|H_0|} = \dfrac{\omega\mu_0}{|\vec{k}|} = \mu_0 c \left(1 + \dfrac{i\sigma}{\varepsilon_0\omega}\right)^{-1/2}$$
$$= \left(\dfrac{\mu_0}{\varepsilon_0\left(1 + \dfrac{i\sigma}{\varepsilon_0\omega}\right)}\right)^{\frac{1}{2}} \tag{5.168}$$

である．とくに，$\sqrt{\dfrac{\mu_0}{\varepsilon_0}} = Z_0$ は真空中のインピーダンスとよばれる．

5.5.6　衝突のない等方プラズマ中の電波伝搬

衝突のない冷たい等方プラズマの場合，荷電粒子の運動方程式 (5.143) 式において衝突項が無視されるので，分散関係は，(5.157) 式において $\nu = 0$ とすると，次式のようになる．

5.5 プラズマ波動の伝搬と減衰

$$k^2 = \frac{\omega^2}{c^2}\left(1 - \frac{\omega_{\rm p}^2}{\omega^2}\right) = \frac{\omega^2 - \omega_{\rm p}^2}{c^2} \text{ より}$$

$$\omega^2 = c^2 k^2 + \omega_{\rm p}^2 \text{ または } 1 = \frac{c^2 k^2}{\omega^2} + \frac{\omega_{\rm p}^2}{\omega^2}$$

屈折率： $\quad n = \dfrac{ck}{\omega}\sqrt{1 - \dfrac{\omega_{\rm p}^2}{\omega^2}} < 1$ \hfill (5.169)

位相速度： $\quad v_{\rm p} = \dfrac{\omega}{k} = \dfrac{c}{n} = \dfrac{c}{\sqrt{1 - \dfrac{\omega_{\rm p}^2}{\omega^2}}} > c$ \hfill (5.170)

群速度：
$$\begin{aligned}
v_{\rm g} &= \frac{\partial \omega}{\partial k} = \frac{\partial}{\partial k}(c^2 k^2 + \omega_{\rm p}^2)^{1/2} \\
&= \frac{1}{2}(c^2 k^2 + \omega_{\rm p}^2)^{-1/2} \cdot 2c^2 k \\
&= \frac{c^2 k}{\sqrt{c^2 k^2 + \omega_{\rm p}^2}} = \frac{c}{\omega}\cdot(\omega^2 - \omega_{\rm p}^2)^{1/2} \\
&= c\sqrt{1 - \frac{\omega_{\rm p}^2}{\omega^2}} \quad < \; c
\end{aligned}$$
\hfill (5.171)

よって $\omega^2 \gg \omega_{\rm p}^2$ の場合の電波の伝搬速度は

$$v \approx c\left(1 - \frac{\omega_{\rm p}^2}{2\omega^2}\right) \tag{5.172}$$

となるので，距離 ℓ 進む伝搬時間 τ は

$$\tau = \frac{\ell}{v_{\rm g}} = \frac{\ell}{c\left(1 - \dfrac{\omega_{\rm p}^2}{2\omega^2}\right)} = \frac{\ell}{c}\left(1 + \frac{\omega_{\rm p}^2}{2\omega^2}\right) \tag{5.173}$$

と表される．

5.5.7 電波の反射と透過（スネルの法則）

図 5.14 に示されるように，$y = 0$ において接する 2 つの媒質の，誘電率ならびに透磁率を (ε_1, μ_1) と (ε_2, μ_2) とする．$y = 0$ において $\vec{E}$ および $\vec{H}$ の接線成分は等しくなければならないから（スネル（Snell）の法則），$y = 0$ における入射（i），反射（r），および透過（t）成分の電磁界は

$$E_{\rm i} e^{ik_1 x \sin i}\cos i - E_{\rm r} e^{ik_1 x \sin \Psi}\cos \Psi = E_{\rm t} e^{ik_2 x \sin \phi}\cos \phi$$

$$H_{\rm i} e^{ik_1 x \sin i} + H_{\rm r} e^{ik_2 x \sin \phi} = H_{\rm t} e^{ik_2 x \sin \phi}$$

であり，x 軸上の位置に無関係にこれらが成り立つためには，指数部が等しい

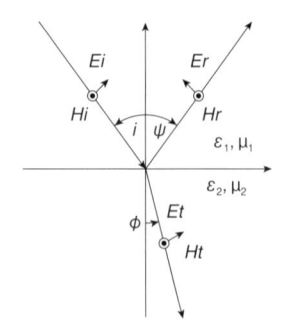

図 5.14 2つの媒質境界における電磁波の屈折と透過の様子

必要があり

$$k_1 \sin i = k_1 \sin \Psi = k_2 \sin \phi$$

すなわち

$$i = \Psi \text{ かつ } \quad k_1 \sin i = k_2 \sin \phi \tag{5.174}$$

である．このとき

$$(E_\mathrm{i} - E_\mathrm{r}) \cos i = E_\mathrm{t} \cos \phi \tag{5.175}$$

となる．また

$$H_\mathrm{i} + H_\mathrm{r} = H_\mathrm{t}$$

である．媒質 (ε_1, μ_1) および (ε_2, μ_2) のインピーダンス z_1, z_2 を用いると

$$\frac{E_\mathrm{i}}{H_\mathrm{i}} = \frac{E_\mathrm{r}}{H_\mathrm{r}} = z_1 = \sqrt{\frac{\mu_1}{\varepsilon_1^*}}, \; \frac{E_\mathrm{t}}{H_\mathrm{t}} = z_2 = \sqrt{\frac{\mu_2}{\varepsilon_2^*}} \tag{5.176}$$

になる．ここで $\varepsilon_1^* = \varepsilon_1 + \dfrac{i\sigma_1}{\omega}$，$\varepsilon_2^* = \varepsilon_2 + \dfrac{i\sigma_2}{\omega}$ である．また，(5.176) 式から，$k_1 = \omega\sqrt{\mu_1 \varepsilon_1^*} = \omega \varepsilon_1^* z_1$，$k_2 = \omega\sqrt{\mu_2 \varepsilon_2^*} = \omega \varepsilon_2^* z_2$ となるから，(5.175) 式は

$$\cos i - \frac{E_\mathrm{r}}{E_\mathrm{i}} \cos i = \frac{E_\mathrm{t}}{E_\mathrm{i}} \cos \phi \tag{5.177}$$

$$z_2 + \frac{E_\mathrm{r}}{E_\mathrm{i}} z_2 = \frac{E_\mathrm{t}}{E_\mathrm{i}} z_1 \tag{5.178}$$

ここで，$R = \dfrac{E_\mathrm{r}}{E_\mathrm{i}}$，$T = \dfrac{E_\mathrm{t}}{E_\mathrm{i}}$ とすることで (5.177) 式，(5.178) 式は

5.5 プラズマ波動の伝搬と減衰

$$\begin{cases} \cos i - R \cos i = T \cos \phi \\ z_2 + z_2 R = z_1 T \end{cases} \tag{5.179}$$

である．R は入射後，反射する成分を，T は透過する成分を表す．ここで R, T について求めると

$$R = \frac{z_1 \dfrac{\cos i}{\cos \phi} - z_2}{z_1 + z_2} \tag{5.180}$$

$$T = \frac{z_2}{z_1}(1 + R)$$

である．いま，$i = 0$（垂直入射）を考えると，

$$R = \frac{z_1 - z_2}{z_1 + z_2} = \frac{\sqrt{\varepsilon_1/\mu_1} - \sqrt{\varepsilon_2/\mu_2}}{\sqrt{\varepsilon_1/\mu_1} + \sqrt{\varepsilon_2/\mu_2}} \tag{5.181}$$

となる．すなわち，媒質間のインピーダンスのミスマッチが起こるときに反射が起こる．

さらに，透磁率が真空透磁率 μ_0 で表せる場合や，両媒質中で同じとした場合

$$R = \frac{z_1 - z_2}{z_1 + z_2} = \frac{\sqrt{\varepsilon_1} - \sqrt{\varepsilon_2}}{\sqrt{\varepsilon_1} + \sqrt{\varepsilon_2}} \tag{5.182}$$

$$T = \frac{2\sqrt{\varepsilon_1}}{\sqrt{\varepsilon_1} + \sqrt{\varepsilon_2}} \tag{5.183}$$

の表式を得ることができる．

[補足] マクスウェル方程式

$$\nabla \times \vec{E} = -\mu \frac{\partial \vec{H}}{\partial t} \tag{5.184}$$

$$\nabla \times \vec{H} = \varepsilon \frac{\partial \vec{E}}{\partial t} + \vec{J} = \frac{\partial \vec{D}}{\partial t} \tag{5.185}$$

において，媒質の電気伝導度 σ を $\vec{J} = \sigma \vec{E}$ によって与えるとき，

$$\nabla^2 \vec{E} + \varepsilon \mu \omega^2 \left(1 + \frac{i\sigma}{\varepsilon \omega}\right) \vec{E} = 0$$

である．ここで，伝搬する電磁波の減衰を**損失角の正接**（loss tangent）

$$\tan \delta = \frac{\sigma}{\varepsilon \omega} \tag{5.186}$$

を用いて表す．いま，伝搬の減衰率を $E = E_0 e^{ikz}$, $k = \omega\sqrt{\varepsilon\mu}(1 + i\tan\delta)^{\frac{1}{2}} \equiv$

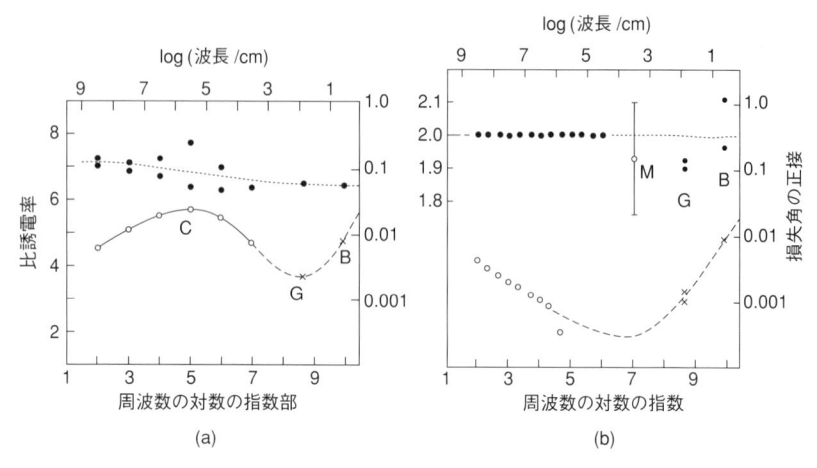

第 5 章　太陽地球圏プラズマ中の電磁波動論

図 5.15　月面物質の誘電率と損失角正接の測定例
（a）月表面の岩石サンプル，および（b）砂礫サンプルの比誘電率（○，×）および の周波数依存性の測定例．横軸は周波数（1〜10 Hz），縦軸は比誘電率（左軸）および損失角の正接（右軸）である．（Strangway and Olhoeft, 1977）

$\alpha + i\beta$ とおくと，β が減衰率を与える．

$$\tan\delta \ll 1 \text{ のとき} \quad \beta \approx \omega\sqrt{\varepsilon\mu}\tan\frac{\delta}{2} \approx \frac{\delta\omega\sqrt{\varepsilon\mu}}{2} \tag{5.187}$$

すなわち振幅が $1/e$ となる距離は

$$z \approx \frac{2}{\delta\omega\sqrt{\varepsilon\mu}} = \frac{2}{\rho}\sqrt{\frac{\varepsilon}{\mu}} \tag{5.188}$$

となるこの距離を**スキンデプス**（skin depth）とよぶ．

例：$\varepsilon = 4\varepsilon_0$，$\mu = \mu_0$，$\tan\delta = 0.01$ のとき（図 5.15 参照），スキンデプスは，1 MHz において 5 km，1 GHz において 5 m となる．

5.6　プラズマの加速

　プラズマ粒子の加速は，天体・宇宙プラズマのさまざまな領域で起こっており，宇宙空間プラズマの現象として，きわめて重要である．太陽地球圏で見られる加速の例を以下に挙げる．

5.6 プラズマの加速

（1）太陽高エネルギー粒子

太陽フレアに伴って，銀河宇宙線と同レベルあるいは最大 1,000 倍にも達する高エネルギー粒子が放出されている．エネルギーは 10～100 MeV に達し，1 GeV 以上のエネルギーの粒子も見つかっている．成分はプロトン，α 粒子，重粒子（O，C，N など），電子などが観測されている．これらの粒子は太陽フレアによる衝撃波によって加速されていると考えられている．

（2）磁気リコネクションにおける加速（第 2 章，第 3 章）

太陽大気や地球磁気圏において，磁気リコネクションに伴うプラズマの加速が起こっている．

（3）磁力線に平行方向の粒子の加速（第 3 章）

極域においては，電離圏の上部 5,000～10,000 km 程度の高度に，磁力線方向の電場が発生して，数 keV に至る電子の加速が発生し，ディスクリートオーロラ（discrete aurora: 第 3 章参照）をひき起こしている．

（4）放射線帯電子の加速（第 4 章）

放射線帯の中では，Pc5 地磁気脈動やホイッスラー波動との相互作用により，数 MeV に至る電子の加速が生じている．第 4 章で述べたように，非線形な加速過程も注目されている．

このような加速過程は，下の 5 つに分類される．

(a) 静電場による加速
(b) 磁場の時間変化による加速
(c) 不規則な磁場の乱れによる統計的加速
(d) 磁気リコネクションによる加速
(e) 磁気流体波あるいは衝撃波による加速

である．

5.6.1 電場加速

静電場による粒子の加速は，運動方程式から

$$m\frac{dv}{dt} = qE \tag{5.189}$$

である.このとき加速による運動量の変化率は

$$\frac{dp}{dt} = q|E| = \text{const.} \tag{5.190}$$

と一定となる.磁化プラズマにおいて,このような静電場加速は,磁力線に平行方向に電場が存在する場合に発生する.オーロラ粒子加速域では,このような磁力線方向の電場が発生していることが,加速された粒子の観測から明らかになっている.また,加速電場の要素と思われる静電的なスパイク現象(Mozer, et al. 1977)も観測されている.

5.6.2 ベータトロン加速

マックスウェル方程式より

$$\nabla \times \vec{E} = -\frac{\partial \vec{B}}{\partial t} \tag{5.191}$$

により,磁場が時間変化することによって発生する誘導電場が粒子を加速することがわかる.磁場のまわりを回転している粒子が誘導電場によって受ける仕事は,1回転あたり

$$\oint qE\,ds = -q\int \frac{\partial B}{\partial t}\,dS = q\pi r_\mathrm{L}^2 \frac{\partial B}{\partial t} = q\pi \left(\frac{mv_\perp}{qB}\right)^2 \frac{\partial B}{\partial t} \tag{5.192}$$

であるから,単位時間あたりに粒子が得るエネルギー(加熱率)は

$$\frac{d}{dt}\left(\frac{mv_\perp^2}{2}\right) = \frac{qB}{2\pi m}q\pi\left(\frac{mv_\perp}{qB}\right)^2 \frac{\partial B}{\partial t} = \left(\frac{mv_\perp^2}{2B}\right)\frac{\partial B}{\partial t} = \mu\frac{\partial B}{\partial t} \tag{5.193}$$

となる.この関係は,運動量 $p_\perp = mv_\perp$ を用いると

$$\frac{d}{dt}\left(\frac{p_\perp^2}{2m}\right) = \left(\frac{p_\perp^2}{2mB}\right)\frac{\partial B}{\partial t} \tag{5.194}$$

すなわち

$$\frac{p_\perp}{m}\frac{dp_\perp}{dt} = \left(\frac{p_\perp^2}{2mB}\right)\frac{\partial B}{\partial t}$$
$$\frac{dp_\perp}{dt} = \left(\frac{p_\perp}{2B}\right)\frac{\partial B}{\partial t} \tag{5.195}$$

のように運動量に比例する加速となる.

(5.192)式によれば,この過程は円環状の加速電場を受けて加速することになり,荷電粒子を円環状に閉じ込めて加速することができる場合には,きわめて

効率的な加速が期待できる．この原理による加速器をベータトロン（betatron）とよんでおり，加速メカニズムをベータトロン加速とよぶ．

5.6.3 不規則な磁場の乱れによる統計的加速（フェルミ加速）

荷電粒子が磁気雲のような散乱体と衝突して跳ね返されるとき，粒子の相対速度を v とすると，

$$\Delta p = 2mv \tag{5.196}$$

の運動量変化をもたらす．

衝突が正面衝突のとき，運動量は増加し，追突の場合は減少をもたらす．散乱体と荷電粒子が相対速度をもたないとき，衝突過程の平均では運動量は変化しないが，両者が V_m の相対速度をもつときには，正面衝突と追突の間には，その発生確率に有意な差違が生じる．その確率の比は

$$\kappa = \frac{v + V_\mathrm{m}}{v - V_\mathrm{m}} \approx 1 + \frac{2V_\mathrm{m}}{v} \quad (v \gg V_\mathrm{m}) \tag{5.197}$$

となり，正面衝突のほうが発生確率が大きい．したがって，統計的には

$$\langle \Delta p \rangle = (\kappa - 1)|\Delta p| = 4mV_\mathrm{m} \tag{5.198}$$

となる．ここで散乱体の間隔を λ とすると，単位時間あたりの運動量変化は

$$\frac{dp}{dt} = \frac{4mV_\mathrm{m}^2}{\lambda} \tag{5.199}$$

と，粒子の運動量によらず一定の加速が起こることがわかる．ただし，粒子が相対論的速度をもつ場合 ($p^* > m_0 c$) には

$$\frac{dp^*}{dt} = \frac{p^*}{\tau_\mathrm{F}}, \qquad \tau_\mathrm{F} = \frac{\lambda c}{4V_\mathrm{m}^2} \tag{5.200}$$

となり，運動量に比例する積算型の加速を呈することとなる．この加速過程をフェルミ（Fermi）加速とよび，τ_F をフェルミ加速時定数とよぶ．

このようなフェルミ加速は，宇宙における星間プラズマ雲の衝突のようなプロセスによって，高エネルギー宇宙線が生成されるとして提唱され，衝撃波中での粒子加速メカニズムとしても知られている．

注：宇宙線の形成において提唱された上の機構は，フェルミ加速とよばれるが，

一方,磁力線に平行方向の一次元圧縮に伴う加速も,フェルミ加速とよばれている.これは,地球の放射線帯粒子で見られるような,第二断熱不変量を保存している場合に起こる加速としても知られている.

5.6.4 プラズマ波動による統計的加速

5.5.1 項の議論により,プラズマ波動のエネルギー保存則は

$$\frac{\partial W_0}{\partial t} = -\frac{\varepsilon_0 \omega_\mathrm{r}}{2} \vec{E}_0^* \cdot [\mathbf{K}_\mathrm{I}] \cdot \vec{E}_0 - \nabla \cdot \vec{P} \tag{5.201}$$

となる.ここで各項の意味は,以下のとおりである.

$\frac{\varepsilon_0 \omega_\mathrm{r}}{2} \vec{E}_0^* \cdot [\mathbf{K}_\mathrm{I}] \cdot \vec{E}_0$:ランダウ/サイクロトロン減衰などの波動粒子相互作用によりプラズマに引き渡されるプラズマ波動とコヒーレントなプラズマの運動エネルギー

$\nabla \cdot P$:波動エネルギーの流れである波動ポインティングベクトルの発散.ある空間から波動エネルギーの湧き出しあるいは,吸収が起こっていることを示す.

この $\frac{\varepsilon_0 \omega_\mathrm{r}}{2} \vec{E}_0^* \cdot [\mathbf{K}_\mathrm{I}] \cdot \vec{E}_0$ を得ることで,プラズマの運動エネルギーの変動が求められる.プラズマ波動と高エネルギー粒子の波動粒子相互作用の結果として,粒子のピッチ角拡散やエネルギー拡散がよく論じられている.

[補足] ピッチ角拡散:1.1.5 項で示したように磁力線のまわりをサイクロトロン運動している荷電粒子の速度は,磁力線に垂直成分($v_\perp$)と平行成分($v_{//}$)からなるが,これを速度の絶対値($|\vec{v}|$)とピッチ角 $\alpha = \tan^{-1}\left(\frac{v_\perp}{v_{//}}\right)$ で表すことができる.内部磁気圏の環電流粒子や放射線帯粒子がもつ傾向として,90°のピッチ角の粒子が卓越し,小さいピッチ角をもつ粒子がきわめて少ないというパンケーキ形のピッチ角分布をもつことが多い(3.3.3 項参照).このときプラズマ波動による波動粒子相互作用は,ピッチ角拡散によってピッチ角分布を等方にする方向にはたらき,粒子はロスコーンに向かって速度空間を拡散していくことになる(図 5.16 参照)この波動粒子相互作用の結果,ロスコーンに入った粒子は大気へと降り込んでいくことになる.

5.6 プラズマの加速

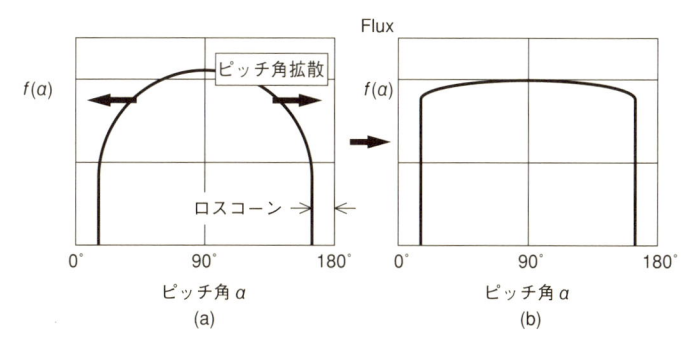

図 5.16 ピッチ角拡散によって異方性の強い分布関数（a）から等方に近づく分布関数（b）に移り変わる様子

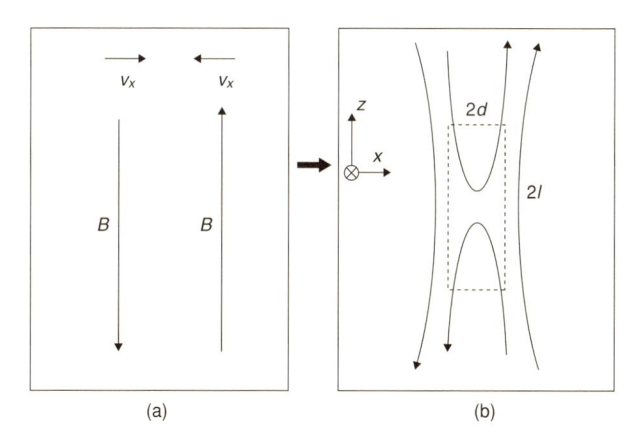

図 5.17 磁気リコネクションによって生じる加速の模式図

5.6.5 磁気リコネクションによる加速

1.2.9 項で議論したように，図 5.17a のように反平行の磁場をもち，垂直方向に圧力を受けるとき，磁場の拡散と生成が発生する．この結果，図 5.17b のように磁力線が X 形の形状となり，磁気リコネクションが発生する．X 形となる磁力線の交点付近には，磁気中性線が生成される．またベータ比は小さく，プラズマは磁力線の動きに支配されているとする．磁気リコネクションが発生するとプラズマの加速がひき起こされる．ここでは，その過程を見てみよう．

図 5.17 のように，相対速度 $2v_x$ で衝突するプラズマが，強度 B は同じで，互

いに反対方向の磁場をもって接する結果，リコネクションが長さ $2l$，幅 $2d$ の領域で起こるとする．この領域には，y 軸方向に電流が流れ，アンペール（Ampèr）の法則より

$$j_{yd} \approx \frac{B_{0z}}{\mu_0 d} \tag{5.202}$$

となる．運動量の保存からは，磁気圧と磁気張力がつり合うことになる（(1.77) 式参照）．この結果，磁気張力はプラズマを z 軸方向に加速することになり，

$$(\vec{j}_{dy} \times \vec{B}_{dx}) \cdot \vec{e}_z \approx j_{dy} B_{dx} = \frac{B_{0z} B_{dx}}{\mu_0 d} \tag{5.203}$$

なる関係が成り立つ．

運動方程式

$$\rho_m \left\{ \frac{\partial \vec{V}}{\partial t} + (\vec{V} \cdot \nabla) \vec{v} \right\} = -\nabla p + \rho \vec{E} + \vec{J} \times \vec{B} \tag{5.204}$$

をこの場合に適用して，定常状態を考えると，

$$nm_i (\vec{v} \cdot \nabla) v_{dz} = \frac{nm_i v_{dz}^2}{L} \approx \frac{B_{0z} B_{dx}}{\mu_0 d} \tag{5.205}$$

が成り立つ．ここで $\nabla \cdot \vec{B} = 0$ であり，$B_y = 0$ を仮定すると

$$\frac{\partial B_x}{\partial x} + \frac{\partial B_z}{\partial z} = 0 \text{ より} \qquad \frac{B_{0z}}{L} \approx \frac{B_{dx}}{d} \tag{5.206}$$

となるため

$$v_{dz}^2 \approx \frac{B_{0z}^2}{\mu_0 n m_i} = V_A^2 \tag{5.207}$$

となる．したがって，最大アルフヴェン速度にまで至る z 方向の加速が得られることになる．

5.6.6 　Weak Turbulence とピッチ角拡散

5.6.4 項で見たピッチ角拡散（pitch angle diffusion）を，さらに詳しく考えてみよう．ブラソフ（Vlasov）方程式

$$\frac{\partial f}{\partial t} + \vec{v} \cdot \frac{\partial f}{\partial \vec{r}} + \frac{q}{m} (\vec{E} + \vec{v} \times \vec{B}) \cdot \frac{\partial f}{\partial \vec{v}} = 0 \tag{5.208}$$

において，

5.6 プラズマの加速

$$f = f_0 + \delta f$$
$$\vec{E} = \vec{E}_0(=0) + \delta\vec{E}$$
$$\vec{B} = \vec{B}_0 + \delta\vec{B}$$

とおく．ここで，f_0，$\vec{B}_0$ はゆっくりと変動する量であるとする．また δf，$\delta\vec{E}$，$\delta\vec{B}$ は波動の時間スケール程度で変動する量であるとする．このとき，波動の時間スケールよりもゆっくりとした時間スケールでの平均量は

$$\langle \delta f \rangle = \langle \delta\vec{E} \rangle = \langle \delta\vec{B} \rangle = 0 \tag{5.209}$$

であるとする．このとき，(5.208) 式は

$$\frac{\partial f_0}{\partial t} + \vec{v}\cdot\frac{\partial f_0}{\partial \vec{r}} + \frac{q}{m}(\vec{v}\times\vec{B}_0)\cdot\frac{\partial f_0}{\partial \vec{v}} = -\frac{q}{m}\left\langle (\delta\vec{E} + \vec{v}\times\delta\vec{B})\cdot\frac{\partial \delta f}{\partial \vec{v}} \right\rangle \tag{5.210}$$

と表すことができる．この (5.210) 式において，δf，$\delta\vec{E}$，$\delta\vec{B}$ は 1 次の微少量といった仮定は使用されておらず，一般的な式であることに注意しよう．また，(5.210) 式は，ボルツマン方程式の形となっており，右辺はボルツマン方程式の衝突項に対応するはたらきをすることになる．この衝突項は，電磁場との相互作用による等価的な衝突であり，考えているプラズマは無衝突であり，そこから導かれる記述であることにも注意しよう．

ここで，(i) f_0 が空間的に均質であり，(ii) 波動として一次元の静電波を仮定した場合，(5.210) 式は

$$\frac{\partial f_0}{\partial t} = -\frac{q}{m}\left\langle \delta\vec{E}\cdot\frac{\partial (\delta f)}{\partial \vec{v}} \right\rangle \tag{5.211}$$

さらに，(iii) δf，$\delta\vec{E}$ が 1 次の微少量であるとするとき，$\delta\vec{E}$ を線形の波動方程式から導くとすると，線形化されたブラソフ方程式より

$$\frac{\partial (f_0 + \delta f)}{\partial t} + \vec{v}\cdot\frac{\partial (f_0 + \delta f)}{\partial \vec{r}} + \frac{q}{m}\delta\vec{E}\cdot\frac{\partial (f_0 + \delta f)}{\partial \vec{v}} = 0 \tag{5.212}$$

が

$$\frac{\partial (\delta f)}{\partial t} + \vec{v}\cdot\frac{\partial (\delta f)}{\partial \vec{r}} + \frac{q}{m}\delta\vec{E}\cdot\frac{\partial (f_0)}{\partial \vec{v}} = 0 \tag{5.213}$$

を満足するため，これをフーリエ変換することで

$$-i\omega(\delta f) + i\vec{k}\cdot\vec{v}(\delta f) + \frac{q}{m}\delta\vec{E}\cdot\frac{\partial f_0}{\partial \vec{v}} = 0 \tag{5.214}$$

第5章 太陽地球圏プラズマ中の電磁波動論

$$(\delta f) = -i\frac{q}{m}\frac{\delta \vec{E}}{\omega - \vec{k}\cdot\vec{v}} \cdot \frac{\partial f_0}{\partial \vec{v}} = 0 \tag{5.215}$$

と書ける．すなわち

$$\delta f(\vec{v},\vec{k},\omega) = -i\frac{q}{m}\frac{\delta \vec{E}(\vec{k},\omega)}{\omega - \vec{k}\cdot\vec{v}} \cdot \frac{\partial f_0(\vec{v},\vec{k},\omega)}{\partial \vec{v}} = 0 \tag{5.216}$$

(5.216) 式は (5.211) 式に代入することで

$$\frac{\partial f_0}{\partial t} = \frac{\partial}{\partial \vec{v}} \cdot \left[D(v,t)\frac{\partial f_0(v,t)}{\partial \vec{v}} \right] \tag{5.217}$$

のように，分布関数の時間発展をフォッカー–プランク方程式（Fokker-Planck equation）の形に書くことができる．ここで

$$D(v,t) = \mathrm{Re}\left\{ -\frac{iq^2}{m^2}\sum_k \frac{|\delta\vec{E}(k)|^2}{\omega - \vec{k}\cdot\vec{v} + i\gamma}\exp\left[2\int_0^t \gamma(k,\tau)d\tau\right]\right\} = 0 \tag{5.218}$$

において，$\gamma(k,t)$ は波動の成長率を表し，

$$\gamma = \omega\frac{\pi\omega_\mathrm{p}^2}{2k^2}\frac{\partial f_0}{\partial v}\bigg|_{v=\frac{\omega}{k}} \tag{5.219}$$

である．フォッカー–プランクの方程式 (5.217) 式は D が定数である場合，よく知られた**拡散方程式**（diffusion equation）

$$\frac{\partial f}{\partial t} = D\frac{\partial^2 f(v,t)}{\partial v^2} \tag{5.220}$$

の形をとることを考えると，(5.218) 式の拡散係数は波動のパワースペクトル密度 $|\delta E(k)|^2$ に比例していることがわかる．いま，波動の全強度を

$$\int W(k,t)dk = \sum_k |\delta\vec{E}(k)|^2 \exp\left[2\int_0^t \gamma(k,\tau)d\tau\right] \tag{5.221}$$

のように示すことにする．(5.221) 式に寄与する波動粒子相互作用は，粒子との共鳴条件を満足する波動に対して最も効果的にはたらき，共鳴条件からはずれる粒子との相互作用は発生しないことから，(5.221) 式はデルタ関数を用いて

$$D(v,t) = \frac{\pi q^2}{m^2}\int W(k,t)\delta(\omega - kv)\,dk \tag{5.222}$$

のように書くことができる．ここでディラック（Dirac）のデルタ関数は

$$\lim_{\eta\to 0}\frac{1}{x \pm i\eta} = \frac{P}{x} \mp i\pi\delta(x) \tag{5.223}$$

5.6 プラズマの加速

あるいは

$$\lim_{\eta \to 0} \int_{-\infty}^{\infty} \frac{f(x)dx}{x-a\pm i\eta} = P\int_{-\infty}^{\infty} \frac{f(x)dx}{x-a} \mp i\pi f(a) \tag{5.224}$$

のように定義される．(5.224) 式で主値をとる右辺第一項は，**非共鳴相互作用**（non-resonant interaction），デルタ関数をとる右辺第二項は**共鳴相互作用**（resonant interaction）とよばれる．なお，(5.224) 式では，主値の積分結果は虚数となるために，拡散には寄与しない．

また $W(k,t)$ の時間変化は，増幅率 $\gamma(k,t)$ を用いると

$$\frac{\partial W(k,t)}{\partial t} = 2\gamma(k,t)W(k,t) \tag{5.225}$$

のように表される．

したがって，**準線形理論**（quasilinear theory）による波動と粒子速度分布関数の変動の様子は (5.217) 式，(5.222) 式，および (5.225) 式にて記述されることとなる．準線形理論では線形プロセスを基礎とするが，緩やかに変化する分布関数の変化率が有限振幅の波動により記述されるようなプロセスを準線形プロセスとよび，線形過程よりも擾乱のレベルは強いが**非線形過程**（non-linear process）には至らないプラズマ状態を記述する理論として広く用いられている．この波動と粒子速度分布関数の変化にあたっての保存量について考えると，(5.225) 式を考慮して

$$D(v,t)\frac{\partial f_0(v,t)}{\partial v} = -\frac{q^2}{m^2\omega_{\mathrm{p}}^2}\frac{1}{v^3}\frac{\partial}{\partial t}W\left(\frac{\omega_{\mathrm{p}}}{v}\right) \tag{5.226}$$

であることが示され，これより

$$\frac{\partial}{\partial t}\left[f_0(v,t) + \frac{q^2}{m^2\omega_{\mathrm{p}}^2}\frac{1}{v^3}\frac{\partial}{\partial t}W\left(\frac{\omega_{\mathrm{p}}}{v}\right)\right] = 0 \tag{5.227}$$

のような保存則が成り立つことになる．また，波動粒子相互作用が進行して，$t \to \infty$ にて系が安定状態になったときを考える．このとき，(5.226) 式の右辺は波動のエネルギーが一定となるから，時間変化はゼロとなり定常状態となる．また (5.226) 式の左辺は波動が存在するため，D は有限な値をもつ．したがって，図 5.18 に示すように結局 $\dfrac{\partial f_0(v,t)}{\partial v} = 0$ の状態が，定常状態において実現されることがわかる．(5.217) 式のフォッカー–プランク方程式ををピッチ角拡散（pitch angle diffusion）に適用して考えてみよう．このとき，

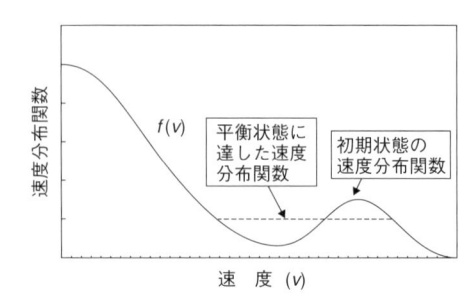

図 5.18　準線形理論による分布関数の初期条件と，波動粒子相互作用が進行して定常状態となったときの分布関数の形状

$$\frac{\partial}{\partial t}f(v,\alpha,t) = \frac{1}{\sin\alpha}\frac{\partial}{\partial\alpha}\left[D(v,\alpha,t)\sin\alpha\frac{\partial}{\partial\alpha}f(v,\alpha,t)\right] = 0 \tag{5.228}$$

のように書くことができる．ここで α はピッチ角で

$$\tan\alpha = \frac{v_\perp}{v_{/\!/}} \tag{5.229}$$

である．たとえば，放射線帯の高エネルギー電子とホイッスラーモードとの相互作用によってひき起こされるピッチ角拡散は，このような準線形理論でよく記述されている．

次に，磁力線に平行伝搬する波動との相互作用における粒子のエネルギー変化について考える．マクスウェル方程式から

$$\vec{k}\times\vec{E} = \omega\vec{B} \tag{5.230}$$

であるが，電磁波を考慮すると $\vec{E}$, $\vec{B}$, $\vec{k}$ のいずれもが直交するため

$$\left|\frac{\vec{E}}{\vec{B}}\right| = \left|\frac{\omega}{\vec{k}}\right| = |\vec{v}_\mathrm{p}| \tag{5.231}$$

となる．いま，粒子が電磁波の位相速度と同速度で運動する場合には

$$\vec{F} = q(\vec{E}+\vec{v}_\mathrm{p}\times\vec{B}) = q(\vec{E}-\vec{E}) = 0 \tag{5.232}$$

であるから，電磁波の位相速度と同速度で移動する粒子系ではエネルギーが保存され

$$\frac{1}{2}mv_\perp^2 + \frac{1}{2}m(v_{/\!/}-v_\mathrm{p})^2 = \text{const.} \tag{5.233}$$

の関係が成り立つ．波動との相互作用によって粒子速度が $\Delta v_{//}$ および $\Delta v_\perp$ だけ変化する場合，1 次近似では

$$mv_\perp \Delta v_\perp + mv_{//}\Delta v_{//} - mv_\mathrm{p}\Delta v_{//} = 0 \tag{5.234}$$

が成り立つから，粒子エネルギーの変化 ΔW が

$$\Delta W = mv_\perp \Delta v_\perp + mv_{//}\Delta v_{//} \equiv \Delta W_\perp + \Delta W_{//} \tag{5.235}$$

のように書けることから，(5.234) 式は

$$\Delta W_\perp + \Delta W_{//} - \frac{v_\mathrm{p}}{v_{//}}\Delta W_{//} = 0 \tag{5.236}$$

すなわち

$$\frac{\Delta W}{\Delta W_{//}} = \frac{v_\mathrm{p}}{v_{//}} \tag{5.237}$$

と書ける．すなわち weak turbulence において，エネルギー拡散が無視でき，ピッチ角拡散のみが効く条件は

$$\left|\frac{\omega}{kv_{//}}\right| \ll 1 \tag{5.238}$$

の場合である．この場合，粒子の全エネルギーが変わらず，$v_{//}$ および $v_\perp$ がもつ，エネルギーの配分，すなわちピッチ角のみが変化することになる．また，位相速度が速く，(5.238) 式が満たされなくなると，ピッチ角拡散は

$$\left(v_{//} - \frac{\omega}{k_{//}}\right)^2 + v_\perp^2 = \mathrm{const.} \tag{5.239}$$

に沿う方向に効くため，ピッチ角の変化とともに速度空間での動径方向の変化，すなわち全エネルギーの変化をももたらすことになる．この場合，プラズマ波動による統計的な加速（stochastic acceleration）がひき起こされる．このような加速は，宇宙空間で広く起こっていると考えられており，たとえば放射線帯の相対論的電子の加速過程の記述などにも用いられている（Summers et al.,（1998）など）．

5.7 惑星圏のサウンダー探査——電磁波動論の惑星圏探査への応用

これまでプラズマ波動の伝搬や励起について述べてきた．惑星圏の探査を目

第 5 章　太陽地球圏プラズマ中の電磁波動論

的として電磁波動を用いることは，木星からの電波放射を発見して以来，惑星圏の電離圏や磁気圏の研究には欠かすことのできない重要な方法論となった．

口絵 13 や，口絵 14 を見ても，5.3.5 項の議論にあるように UHR 波動やホイッスラー波動の発生を同定できることから，この惑星が固有磁場をもち，プラズマで満たされた領域をもっていることは，直ちに知ることができる．このように自然に存在しているプラズマ波動の観測を行うことは，惑星のプラズマ環境に関する豊富な知識を与えてくれることがわかる．

5.7.1　能動観測

地球や惑星の電離圏や磁気圏において，プラズマ波動の受信観測を行うことは，惑星プラズマのその場観測として，貴重な情報をもたらす受動観測である．一方，探査機から電波を放射し，プラズマからの応答を調べる方法論があり，これを**能動観測**（active observation）あるいは，**能動実験**（active experiment）とよぶ．

プラズマ波動の伝搬の性質を使い，遠隔観測として電離圏上部（トップサイド）プラズマ密度構造を観測する観測装置は，**トップサイドサウンダー**（topside sounder）とよばれている．これらの衛星は高度約 1,000 km の電離圏のトップサイドより，約 100 μs 幅の大電力 RF（radio frequency，ラジオ周波数）パルスを送信し，電離圏より反射してくる**エコー**（echo）の遅延時間と観測周波数の関係より，電離圏電子密度構造を探るものである（Franklin and Maclean, 1969）．

トップサイドサウンダーの歴史は 1962 年 9 月に打ち上げられたカナダの電離圏観測衛星 Alouette-I に始まり，その後 Alouette-II，米国の ISIS-I, -II 衛星により一連のトップサイドサウンダー観測が行われて，電離圏研究に大きな貢献を残している（Jackson and Warren, 1969, Chan and Colin, 1969）．図 5.19 にこの観測の概念を示す．サウンダー観測により，送信されたサウンダーパルス信号は，電離圏上部でカットオフ（5.2.3 項参照）を起こして反射し，サウンダーエコーとして受信される．ここでエコーの遅延時間 τ とエコーの受信パワー P_{RX} は，

$$\tau = 2 \int_{Z_S}^{Z_R} \frac{1}{V_g} dz$$

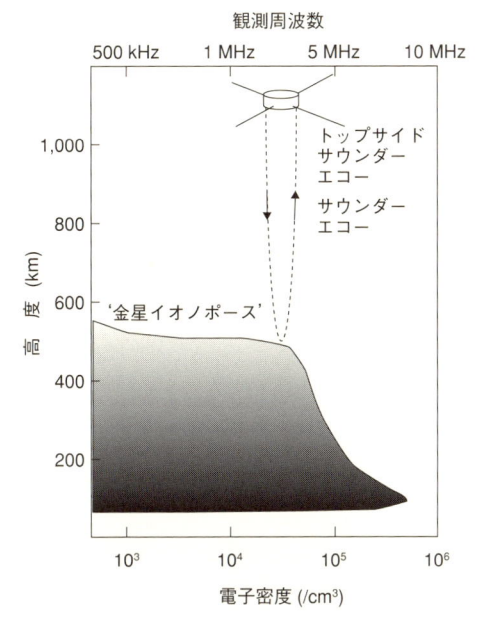

5.7 惑星圏のサウンダー探査——電磁波動論の惑星圏探査への応用

図 5.19 金星電離圏観測を想定した惑星電離圏上部における
トップサイドサウンダー観測概念図

$$= \frac{2}{C} \int_{Z_S}^{Z_R} \left(n + \omega \frac{dn}{d\omega} \right) dz \tag{5.240}$$

$$P_{RX} = P_{TX} \frac{G^2}{L} \left(\frac{\lambda}{4\pi(2R)} \right)^2 \tag{5.241}$$

と表される．ここで，V_g, n, Z_S, Z_R, R, G, P_{RX}, P_{TX} および λ は，それぞれ波動の群速度，屈折率，観測点位置，反射点位置，距離，アンテナ利得，サウンダー受信機受信電力，サウンダー送信電力および観測波長である．

5.7.2 プラズマサウンダー

わが国におけるサウンダー観測の歴史は，上記のトップサイドサウンダーを踏襲して 1978 年打ち上げられた電離圏観測衛星 ISS-b「うめ-2 号」(Hakura, 1982) の経験をもっている．一方の流れとして，宇宙空間プラズマ中の能動観測装置として開発され，多くの飛翔体実験を通してプラズマサウンダーとして確立した独自の歩みをもつ流れがある．このプラズマサウンダーは，1978 年に

第 5 章　太陽地球圏プラズマ中の電磁波動論

打ち上げられた「じきけん」衛星（Oya and Ono, 1981, 1987）において確立され，信頼性の高いプラズマ密度分布観測を通じて磁気圏のプラズマ観測に大きく貢献している（Oya and Ono, 1981, 1987）．「じきけん」衛星では，全長 60 m のステムアンテナ 4 本が用いられている．さらに「じきけん」衛星による電離圏観測により，高度 4,000 km を超えるトップサイドからの電離圏サウンダーが十分機能することが実証された．

　「じきけん」衛星における成功を皮切りに，プラズマサウンダー観測装置は 1984 年打上げの「おおぞら」衛星（20m の Bi-Stem アンテナ 4 本），および 1989 年打上げの「あけぼの」衛星に搭載され，中・低緯度より極域にかけての電離圏電子密度分布，およびプラズマ圏をはじめとする磁気圏の電子密度分布を広範に実施して，電離圏・磁気圏プラズマのダイナミックな変動をとらえる観測が行われている（Obara and Oya., 1985, Oya et al. 1990）．なお，「あけぼの」衛星では機器の軽量化とともに高電圧回路の使用を避けるため，30 m のワイヤーアンテナ 4 本が使用されている．

　これらのプラズマサウンダーの開発は，ロケットを用いた宇宙プラズマ物理学の能動実験として行われている（Ono and Oya, 1988）．プラズマサウンダー装置は，軽量化・小型化においても大きな発展を遂げており，1998 年 7 月打ち上げの「のぞみ」火星探査機においては，惑星電離圏観測装置（Ono et al, 1998）として世界初の惑星サウンダーとなることが期待された．さらに，「のぞみ」探査機では，電離圏突き抜け周波数よりも高い周波数（約 9 MHz）にて，火星表面からのエコー遅延時間を測定する高度計としての機能や，火星表層観測の機能も併せもち，電離圏プラズマ探査のみならず，表層地形探査としての役割も期待されていた（Oya and Ono, 1998）．しかし，「のぞみ」探査機は，1998 年 12 月のパワードスウィング・バイ（powered swing-by）時のトラブル発見の遅れに端を発するさまざまな障害に見舞われ，結果的に火星軌道投入を断念するに至り，所期のミッション目的を達成することはできなかった．近年，地球磁気圏における IMAGE 衛星によるプラズマポーズサウンダー（Reinisch et al., 2001）や，Mars Express 探査機による火星電離圏の探査（Gurnett et al., 2005）にプラズマサウンダーが用いられて成果が得られており，惑星圏プラズマサウンダー観測の世界はさらに広がりつつある．

5.7 惑星圏のサウンダー探査——電磁波動論の惑星圏探査への応用

5.7.3 レーダサウンダー

5.5.7 項における電波の反射と透過の議論，ならびに 5.5.4 項の衝突のある損失性媒質中の電波伝搬の議論から，惑星表層から地中に向かって浸透していく電波の成分が，サウンダーのエコーとして受信可能な十分な強度をもちうる場合があることを見いだすことになり，このことから月の地下の地質構造に関するレーダサウンダー観測が提案され施された（Ono and Oya, 2000, Ono et al., 2008, 2009）．

図 5.20 のモデルにおいて，$R_\mathrm{D} = z\sqrt{\varepsilon_1}$（見かけの深さ），$\tau_\mathrm{D} = \dfrac{2R_\mathrm{D}}{c}$，$r_{0,1} = \left\{\dfrac{1-\sqrt{\varepsilon_1}}{1+\sqrt{\varepsilon_1}}\right\}^2$，および $r_{1,2} = \left\{\dfrac{\sqrt{\varepsilon_1}-\sqrt{\varepsilon_2}}{\sqrt{\varepsilon_1}+\sqrt{\varepsilon_2}}\right\}$ とすると，表面反射エコーおよび地下反射エコーのパワーは

$$P_1 = \dfrac{P_\mathrm{T} G^2 \lambda^2}{4(4\pi R)^2} r_{0,1} \tag{5.242}$$

および，

$$P_2 = \dfrac{P_\mathrm{T} G^2 \lambda^2}{4\{4\pi(R+R_\mathrm{D})\}^2}\{1-r_{0,1}\}^2 \exp(-\tau_\mathrm{D}\omega\tan\delta)r_{1,2} \tag{5.243}$$

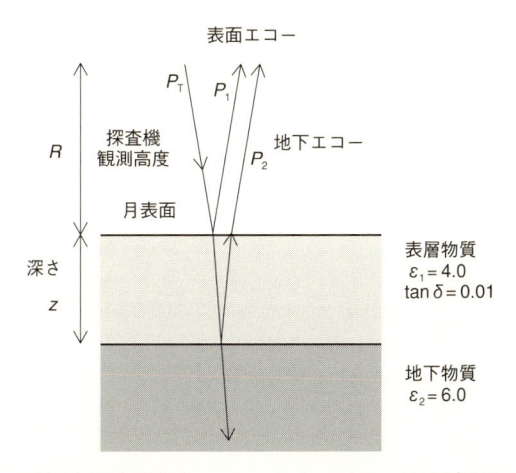

図 5.20 惑星表層地質構造モデルにおける電波の反射と透過のモデル

表層は上部に比誘電率 ε_1，$\tan\delta$ の損失角の正接をもつ物質が，深さ z に比誘電率 ε_2 の地下物質が存在するする．この表層ならびに地下モデルに上空の高度 R にある衛星から送信のサウンダー信号がパワー P_T をもって到来した場合の，表面からの反射波（パワー P_1），および地下からの反射波（パワー P_2）を考える．

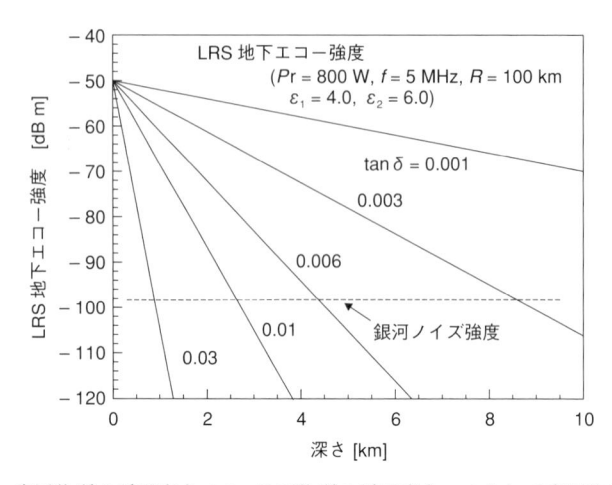

第 5 章 太陽地球圏プラズマ中の電磁波動論

図 5.21　表層物質の誘電率を 4.0，地下物質の誘電率を 6.0 として表層物質の $\tan\delta$ を変えた場合の地下の表層物質の厚さと地下エコー強度の関係
銀河ノイズと比べた場合，地下 3 km までの深さにある地下構造の情報を取り出すことができる．

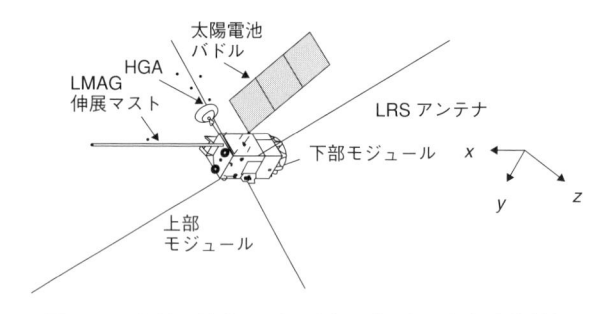

図 5.22　月周回軌道上で観測時の「かぐや」探査機外観

である．この式に図 5.15 にある月面表層物質にみられるパラメータを適用して地下反射エコーの強度を見積もると図 5.21 のようになる．図より，表層物質の損失角の正接 ($\tan\delta$) が 0.01 程度の場合，深さ 3 km 程度までの地下からのエコーを捉えることが可能であることがわかる．このことをふまえて，月周回衛星探査機である「かぐや」探査機には，月レーダサウンダー（lunar radar sounder: LRS）が搭載され，月の地下地質構造の探査を実施した．

「かぐや」探査機は月面高度約 100 km の周回軌道上で観測を実施した．図 5.22 に観測時のセンサーアンテナ外観を示す．この LRS は 5 MHz 周波数変調

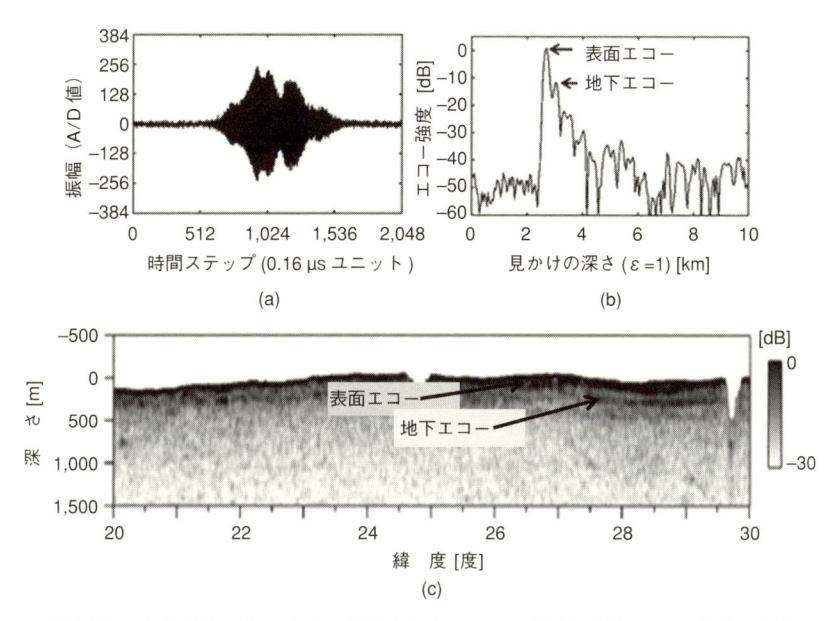

5.7 惑星圏のサウンダー探査——電磁波動論の惑星圏探査への応用

図 5.23 （a）晴れの海の上空で観測されたエコーの波形，（b）エコー強度，ならびに（c）晴れの海の地下数百 m に見いだされた層状構造
高度は月重心原点の半径 1,737.4 km の球面を基準とする月面モデルを基準としている．また深さの表示については誘電率による補正はしていない．

（FM）のサウンダー電波を使用するため，1/2 波長である先端長 30 m のダイポールアンテナ 2 対が使用された．2 対のダイポールアンテナは，プラズマサウンダーと同様，送信と受信に使用されることが計画されたが，送信電波と同じ偏波面で受信されるエコー強度が卓越するため，TR（transmitter-receiver）スイッチを用いて，高速度でアンテナの接続先を送信機あるいは，受信機へと切り替えて，送受信とも同じアンテナを用いる同一偏波による観測を行うモードが多く用いられた（Ono et al., 2008）．図 5.23 に，**晴れの海**（Mare Serenitatis）の上空での観測例を示す．月地下にある層状構造が期待どおり発見されていることを示している．

第6章 太陽と惑星圏変動

　太陽活動の変動に呼応して，惑星電磁圏の構造とダイナミクスは，それぞれの惑星の特徴に応じてさまざまに変動する．惑星のもつ重要な特徴として，惑星固有磁場の存在および惑星固有の大気の存在の2点が挙げられる．太陽活動と惑星圏の相互作用の結果として形成される惑星電磁圏では，磁気圏の大きさや，電離圏の大気・プラズマならびに惑星磁気圏でつくられる高エネルギー粒子に応じて，特徴的なオーロラや惑星電波放射が見られる（口絵17, 18参照）．

　表6.1に太陽圏のおもな惑星の諸元を示す．惑星の**固有磁場**（intrinsic magnetic field）がない，あるいはきわめて微弱である金星と火星を除いて，太陽系の各惑星は，その固有磁場と衛星の存在や自転のスピードなどの惑星に固有の条件に応じて，それぞれの磁気圏を形成している．したがって，これらの惑星電磁圏を比較することは，各惑星に固有の太陽風との相互作用を理解し，ひいては地球電磁圏についてのより深い理解へと向かうものであり，比較惑星電磁圏学という研究分野を創成することにつながっている．

　太陽系の惑星磁気圏を比較すると，それぞれの惑星における太陽風-惑星相互作用の特徴を反映した，磁気圏形状をしている．また，それぞれの磁気圏におけるプラズマ過程を反映して，各惑星からの電波放射も，図6.1に示されるような特徴をもっている．とくに，地球や木星，土星のように固有磁場と大気をもち，磁気圏を形成してオーロラ活動が起こっている惑星電離圏からは，それぞれのプラズマ環境を反映した電波が放射されており，地球からは，オーロラに伴って発生する，波長がキロメートルオーダーのオーロラキロメートル電波

表6.1 太陽圏のおもな天体の諸元（自転周期は太陽日について示してある）

		1	2	3	4	5	6
		月	水星	金星	地球	火星	木星
公転軌道半径	AU	$60.32R_E$	0.38	0.72	$1(1.5\times10^8\,\mathrm{km})$	1.52	5.2
公転周期	day	27.32	87.95	224.701	365.25	686.98	11.86 yr
自転周期	day	27.32	175.85	116.75	1	24.6229	9 h 55.5 min
半径	R_E	0.273	0.38	0.95	1 (6,372 km)	0.53	11.2
質量	M_E	0.0123	0.0553	0.815	$1\,(5.97\times10^{24}\,\mathrm{kg})$	0.107	318
平均表面温度	K	250	440	737	300	210	152

		7	8	9
		土星	天王星	海王星
公転軌道半径		9.54	19.218	30.11
公転周期		29.53 yr	84.25 yr	165.22 yr
自転周期		10 h 14 min	−17 h 14 min	16 h 7 min
半径		9.46	4.01	3.88
質量		95.16	14.536	17.141
平均表面温度		143	68	53

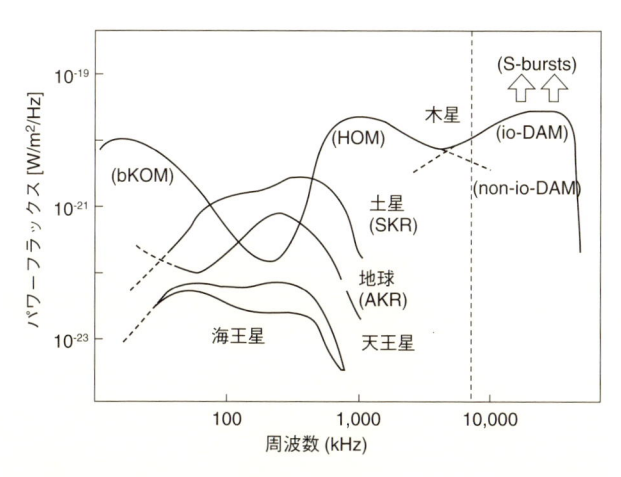

図6.1 磁気圏をもつ惑星からの電波放射スペクトルの比較
木星からの放射は波長ごとにデカメートル波（DAM）, ヘクトメートル波（HOM）, キロメートル波（KOM）に分けられている．(Zarka, 1998)

第6章　太陽と惑星圏変動

（AKR）が放射されている．木星からは，衛星イオの公転に関連して極域電離圏上部から放射される波長10mオーダーの電波（Io-DAM）およびイオ衛星の公転の影響のない電波（non-Io-DAM），短時間でスペクトルの変動を呈する波長10mオーダーの電波（S-Bursts），波長が100mオーダーの電波（HOM），および波長がキロメートルオーダーの電波（KOM）が放射されている．また，土星からは，波長がキロメートルオーダーの電波（SKR）が放射されている．さらに天王星や海王星からの電波放射も発見されている．これらの各惑星の電波スペクトルを比べることによって，直接探査が難しい遠方の惑星のオーロラ活動を推定することも可能である．

本章では，太陽系の惑星を，固有磁場と大気の有無に分類しながら，それぞれの特徴を概説する．

6.1　固有磁場も大気もない天体における太陽風との相互作用

月をはじめ多くの太陽系内の小天体は，固有磁場も大気もない天体である．このうち，月は最も地球に近い身近な天体として，初めて人類が月面を踏査したアポロ計画のほか，多くのミッションによって調査されてきた．過去には，固体天体としての月は，大気をもたない絶縁体であり，固有磁場もないことから，太陽風プラズマとの相互作用は表面への衝突以外はないと思われてきた．月が地球磁気圏の外にでていて太陽風の流れの中にある場合には，月自身が太陽風を遮蔽するため，月の反太陽方向側には真空の空洞である**航跡**（**ウェイク**，wake）がつくられ，同時に月が絶縁体であるために，惑星間空間磁場の磁力線は月をすり抜けていくことが予想される（図6.2）．この月ウェイクの直接観測は，過去にExploler35やWind探査機によって行われた．とくに，1994年12月のWind探査機による月のスィングバイ観測結果は，おおよそこの描像を支持するものであった．しかし，月ウェイクのプラズマ物理学としての理解には未解決の問題が多く潜んでおり，とくに月ウェイク構造を厳密に再現するシミュレーションの実現にはいまだ至っていない．

近年，わが国の月周回「かぐや」探査機により，高度100kmの月周回軌道上で，月の固体物性，重力場や地形の精密観測のほか，第5章で述べた月地下地

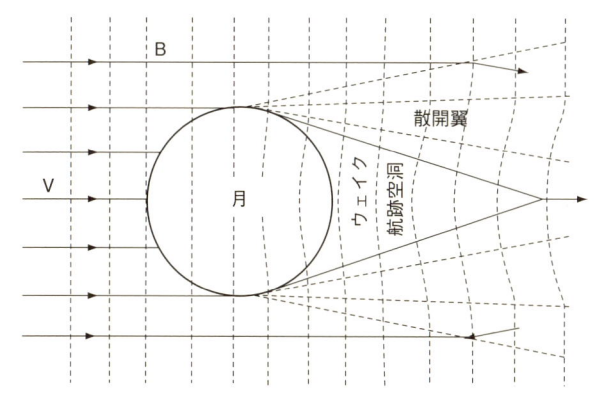

図 6.2　月・太陽風相互作用による月ウェイク構造
（Russell, 2001）

質構造のレーダサウンダー探査（Ono *et al.*, 2009），月周辺のプラズマと磁場分布（Nishino *et al.*, 2010），プラズマ波動（Hashimoto *et al.*, 2010）などの観測が約1年間にわたって実施された．とくに，太陽風と月天体との相互作用現象として，月の磁気異常（magnetic anomaly）や月ウェイクの境界域におけるプラズマ波動励起など，豊富なプラズマ現象が発生していることが明らかにされるとともに，プラズマ物理としてのこれらの現象の理解は，今後の研究課題として残されている．また，月にはNa原子のガスがイオン化してできた電離圏が存在するとの仮説があったが，「かぐや」探査機の観測結果からは，これを否定する結論が得られている（Goto *et al.*, 2011）．

6.2　固有磁場はあるが大気のない惑星圏：水星

　水星は，固有磁場をもつが大気のない惑星であり，その自転速度が遅いにもかかわらず固有磁場を有し，比較的強い磁気圏をもっている（図6.3参照）．水星の表面における磁場の強さは，地球の場合の約1%である．太陽系において固有磁場を有する地球型惑星は水星と地球だけであるため，この両惑星の比較を行うことは，地球磁気圏，および宇宙に存在するさまざまな磁気圏を理解するための大きなステップとなる．水星の磁気圏に関しては，過去にMariner 10号によって**スイングバイ**（swing-by）観測が行われた．Mariner 10号の観測から

第 6 章　太陽と惑星圏変動

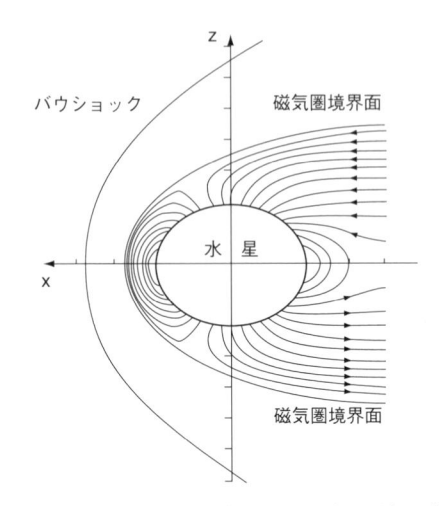

図 6.3　水星–太陽風相互作用による水星磁気圏構造
（Russell, 2001）

は，地球でのサブストームを思わせるような粒子インジェクション現象などが観測されているが，電離圏のないシステムにおける磁気圏ダイナミクスやそれを担う沿磁力線電流の描像など，謎が多く残されている．

2004 年 8 月に打ち上げられた米国の Messenger 探査機は，水星を構成する物質，磁場，地形，大気の成分など，地理的調査を行い，2011 年 3 月に水星を周回する人工衛星となった．Messenger 探査機の成果に大きな期待が寄せられている．また，Messenger 探査機に加えて，2020 年代半ばの水星磁気圏探査を目指して，現在日本とヨーロッパが共同して，Bepi-Colombo 水星探査計画を進めている．

6.3　固有磁場がなく大気のある惑星圏

6.3.1　金　　星

固有磁場がないために，金星には磁気圏がなく，このため金星電磁圏の構造は，地球などの磁場をもつ惑星の電磁圏構造とは，異なるダイナミクスで形成さ

れており，磁場をもった惑星とは異なった太陽風–惑星大気相互作用を行っている．金星電磁圏の探査は，Pioneer-Venus（PVO）探査機および Venus Express（VEX）によって行われたのみであり，惑星電磁圏研究の対象として多くの研究課題を残している．また，金星大気のダイナミクスを特徴づける現象として，金星の大気が惑星の自転周期をはるかに超える4日で1周するという運動をしていることが挙げられる．これは，**スーパーローテーション**（super rotation）とよばれている．

ここで金星電磁圏の構造について考えてみよう．第3章で述べたように，地球磁気圏の場合には，太陽風の動圧 pV^2 と，磁気圏のプラズマ圧 nkT と磁気圧 $\dfrac{B^2}{2\mu_0}$ の平衡により磁気圏界面が決まっている．一方，固有磁場がない金星電磁圏の場合，太陽風の動圧 pV^2 と，金星電離圏のプラズマ圧 nkT とで，太陽風プラズマと惑星起源プラズマの境界面のバランス（1.2.7項参照）が保たれることとなり，両者の境界は**イオノポーズ**（ionopause）とよばれるシャープな圏界面をもった特徴的な構造をもっている．図 6.4 は PVO 探査機により観測された，金星電離圏プラズマ密度の高度分布である．高度 420 km にプラズマ密度が $10^4/\mathrm{cm}^3$ から $10^2/\mathrm{cm}^3$ に急激に減少するイオノポーズがみられる．また，磁場は 10 nT 程度から 80 nT 程度に強度が急激に増加し，その後，惑星間空間の磁場強度へと漸近している．イオノポーズを挟んでは，強い速度シアによるケルビン–ヘルムホルツ（Kelvin-Helmholtz）型不安定の発生や，**イオン・ピックアップ過程**（ion pick-up process）を通じて電離圏から惑星間空間に向かってのプラズマの流失が計算機実験などから予想されており（たとえば，Terada and Machida, 2002），金星において今後解明すべききわめて重要な問題として残されている．

6.3.2 火　　星

火星も金星と同様に，固有磁場はまったくないと思われていた．しかし，Mars Global Surveyor（MGS）探査機の観測によれば，発達した双極子型の惑星スケールの主磁場はないものの，南半球に強い**磁気異常**（magnetic anomaly）を示す**残留磁場**（relict magnetic field）が存在していることが明らかになっている．火星は，将来，月の次に人類が踏査する惑星としての可能性から，多くの

第6章 太陽と惑星圏変動

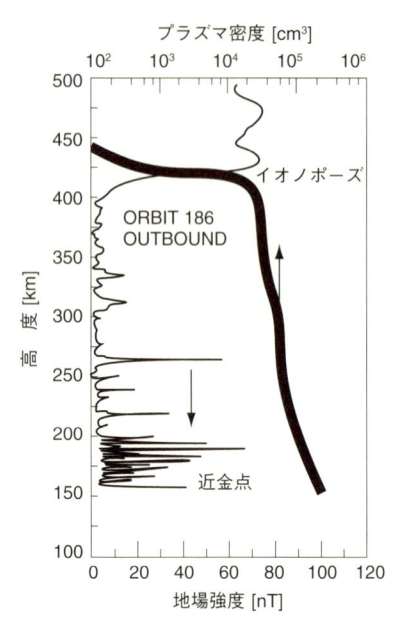

図 6.4　PVO 探査機による金星イオノポーズの観測例
プラズマ密度を太い曲線（スケールは上軸）磁場強度を細線（スケールは下軸）で示す．（Elphic et al., 1981）

探査機による調査が行われている．

　火星電磁圏の探査をめざした Mars Express（MEX）探査機は，高解像度ステレオカメラ，高分散分光器，赤外・紫外分光器，プラズマサウンダーなどの観測装置を搭載して 2003 年 6 月に打ち上げられ，同年 12 月末に火星軌道に投入された．この MEX の撮像観測からは，火星にかつて水が流れていたことを示す地形がとらえられている．またレーダサウンダー観測は，火星北半球の平原の地下に，水の氷に富む層を含むであろう多数のクレーターが存在していることを見いだした．このように，MEX は，かつて火星には多量の水が存在したことを示す多くの事実をとらえている．

　かつて，火星に存在していた水がなぜ消失したのかは，現在なお，豊富な水が存在している地球との対比において，惑星の大気進化を考えるうえで解明すべき重要な問題である．火星には固有の双極子磁場が存在していないことが，水

の消失に重要な役割を果たしていることが予想されている．ここで考えるべき重要な素過程は，イオン化された大気が太陽風にとらえられ，太陽風中の電磁場によって持ち去られる，イオンピックアップ・プロセスをはじめとする**大気散逸過程**（atmospheric escape processes）である．

この火星電離圏における大気散逸過程を明らかにするために，「のぞみ」火星探査機が打ち上げられた．「のぞみ」探査機は，イオンピックアップ・プロセスなどの大気散逸過程を，磁場やプラズマ，プラズマ波動などのその場観測によって明らかにするとともに，火星電離圏構造を第5章で述べたトップサイドサウンディングによってとらえることを目的としていた．すでに述べたように「のぞみ」探査機は，結果的に火星軌道投入を断念するに至り，所期のミッション目的を達成することはできなかった．「のぞみ」ミッションでめざしていた大気散逸過程の究明は，未解決の問題として残されている．

6.4　固有磁場も大気もある惑星圏：木星

地球と同様に木星は固有磁場と大気とを併せもち，巨大な磁気圏を形成している．このような特徴は地球の磁気圏に類似したものであるが，太陽風との相互作用のあり様などは大きく異なった特徴を示している．地球の場合には，オーロラ活動や磁気圏の変動が太陽活動に大きく依存しているのに対し，木星の磁気圏現象やオーロラ活動には，木星の自転運動および磁気圏内での衛星が大きな影響を及ぼしている．木星磁気圏の直接探査は，Pioneer 探査機によって初めて行われた．Pioneer10 号は，1972 年 3 月に打ち上げられ 1973 年 12 月に木星まで 13 万 km にまで接近して，木星の磁場やオーロラや**放射線帯**（radiation belt）を観測した．また，1977 年 9 月には Voyager1 号が打ち上げられ，1979 年 3 月には木星に最接近した．Voyager2 号は 1977 年 8 月に打ち上げられ 1979 年 7 月，木星に最接近した．Voyager 探査機によって，**イオプラズマトーラス**（Io plasma torus）や木星電波の精密な観測が行われた．さらに，第2章で述べた Ulysses 探査機は，太陽系の高緯度領域の探査を行うため，1992 年 2 月木星に最接近し，スイングバイによって太陽圏極域へと向かった．このとき，木星磁気圏の観測を行っている．1989 年 10 月には，木星の周回衛星となる Galileo 探査機が打ち上げられ，1995 年 12 月より 2003 年 9 月まで木星周回軌道上に

おいて観測を継続した．1997 年打ち上げられた Cassini 土星探査機は，2000 年 12 月に木星のフライバイ観測を実施した後，土星へ向かった．

　Pioneer および Voyager よる木星磁気圏の探査は，1955 年に Burke と Franklin によって，デカメートル波帯での木星電波放射が発見されて以来，地上観測から考えられてきた強大な木星磁気圏やオーロラ現象の存在を実証した．さらに，地球以外の惑星に展開している多様な磁気圏プラズマ現象を対象とする，惑星磁気圏物理学の学問分野を生み出すこととなった．それ以降の木星探査機による詳細な観測データは，地球磁気圏との比較のなかで研究され，比較惑星磁気圏研究の格好の対象となっている．木星磁気圏のおもな特徴を見てみよう．木星本体はガスの天体であり，土星や太陽と同様に自転は緯度によって異なる差動回転をしている．赤道付近での自転周期は 9 時間 50 分 30 秒，中緯度地域の自転周期は 9 時間 55 分 40 秒であり，固有磁場の自転と同期していると考えられる中心核の自転運動はシステム 3（System3）とよばれ，自転周期は 9 時間 55 分 29 秒である．

　木星磁気圏は，地球と同様に固有磁場が強く，惑星の磁場が磁気圏のマクロな描像を決定している．木星の磁場の強さは惑星表面において地球の約 19 倍と強大なため，きわめて大きなスケールの磁気圏をつくっている．さらに，地球にはない主要な物理パラメータとして，木星が約 10 時間で自転しているという高速自転の影響が強く現れている．このことは，磁気圏プラズマのダイナミクスを記述する運動方程式（(3.21) 式）において，圧力勾配力やローレンツ（Lorentz）力に加えて，地球磁気圏では無視されている遠心力がダイナミクスに大きく効いていることを示しており，(3.21) 式は木星磁気圏においては以下のように表される．

$$\rho \frac{\partial \vec{v}}{\partial t} = \vec{J} \times \vec{B} - \nabla p_{\text{th}} + \rho r \omega^2$$

この遠心力のため，木星磁気圏のプラズマシートの形は円盤状に薄く引き伸ばされて（図 6.5）いる（ディスク状の形状をしていることから，プラズマディスクともよばれる）．また，磁軸が自転軸に対して約 10.1° の傾きをもっているため，プラズマシートの円盤が，自転に伴って褶曲している．このため，探査機が赤道面付近にいると，自転周期に伴ってプラズマシートとローブの間を行き来することになる．

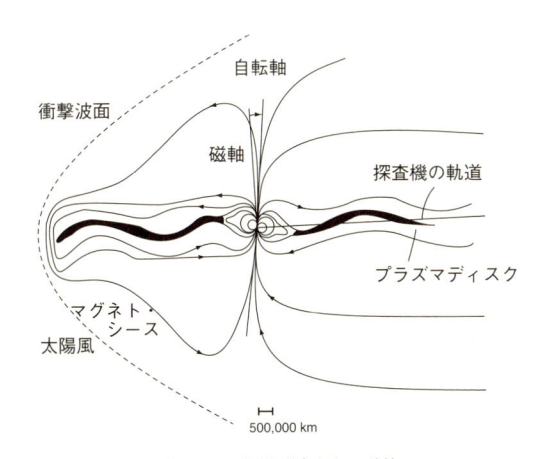

6.4 固有磁場も大気もある惑星圏：木星

図 6.5 木星磁気圏の形状
木星磁気圏の特徴は，その規模が非常に大きく，太陽側の磁気圏境界面の位置は木星半径の100倍にも達することである．（大家，1976）

木星磁気圏においては，おおよそ30木星半径（R_J）までは**共回転領域**（corotation region）として，磁気圏プラズマが惑星本体とともに共回転（3.3節参照）しているのに対し，それより外側ではしだいに共回転から遅れ始める．この共回転から遅れ始める領域につながる磁力線の根元（foot print）において，楕円形状にオーロラが輝いている．共回転領域より外側の磁気圏では，磁気圏境界面の位置が，50〜100R_Jの間で大きく変わっており，探査機が木星の衝撃波面，木星磁気圏境界面を通過後，複数回にわたって磁気圏境界を通過した観測も示されている（図6.6）．このような特徴から，木星の外部磁気圏面は，太陽風の変化に対してスポンジが伸び縮みするように反応する（sponge nature）と考えられている．

木星磁気圏のダイナミクスに対して，太陽風と惑星の自転運動のどちらがより強い影響を及ぼしているかについて，定量的にはまだ結論が得られていない．口絵17で示されている木星のオーロラオーバルの形には，太陽風のスピードによる影響はあまりみられない．一方，太陽風動圧の時間変化に対応して放射される電波の存在や，太陽風の動圧や惑星間空間磁場が尾部の磁気リコネクションに影響を及ぼしているというシミュレーションの結果など（Fukazawa *et al.*, 2006），太陽風が，木星磁気圏のダイナミクスに影響を及ぼしていることも指摘

第6章 太陽と惑星圏変動

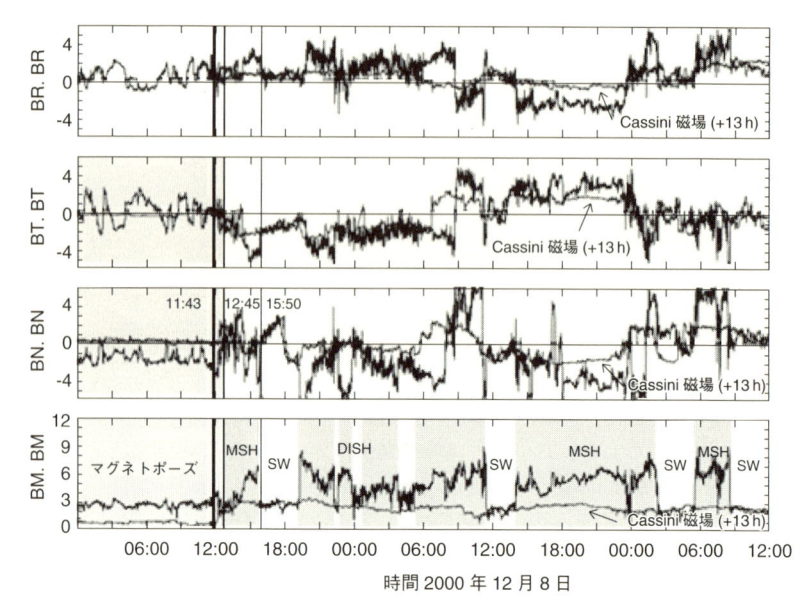

図6.6 Cassini探査機より観測された，木星磁気圏境界面多重通過の様相
最下段のハッチで示された時間帯は木星磁気圏内に，白抜きの時間帯は太陽風の中に探査機が位置していたと判断される．(Kivelson and Southwood, 2003)．なお，太陽風の上流に位置したCassini探査機がとらえた太陽風磁場変動を13時間シフトして同時に示してある．

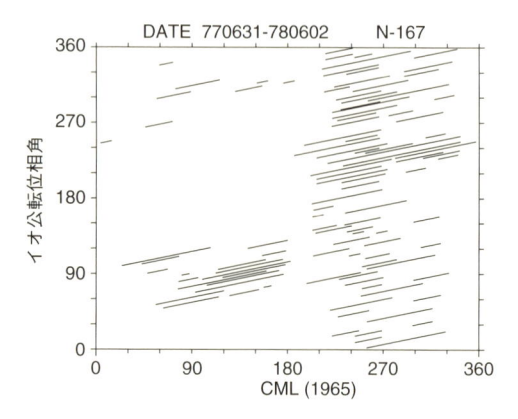

図6.7 イオ公転位相角–CMLダイヤグラム上に示された木星デカメートル波電波放射の出現分布
(Oya *et al.*, 1984)

されている．

　さて，Burke and Franklin（1955）によって発見されたデカメートル波帯電波放射の研究は，その後，木星における磁気圏とオーロラ現象の研究へと展開していったが，Voyager 探査機による観測などによって，電波放射スペクトルは木星自転位相角（観測者の方向を向いている中央子午線経度，central meridian longitude（CML））に依存することや，イオ衛星の公転位相角によって大きく変化する様子が明らかにされた（図 6.7 参照）．こういった出現特性は，パルサーからの電波放射によく似ており，木星磁気圏の研究は地球磁気圏との比較のみならず，パルサー磁気圏との比較の観点からも大いに興味をもたれている．

参考文献

[1] 小杉健郎，常田佐久（1993）ISASニュース，No.142，宇宙科学研究所．
[2] 関 華奈子（2008）『新しい地球学 -太陽-地球-生命圏相互作用系の変動学』，渡邊誠一郎，安成哲三，檜山哲哉編，名古屋大学出版会．
[3] Oya, H., and K. Tsuruda (1990) *J. Geomag. Geoelectr.*, **42**, 363.

【第1章】

[4] 星野真弘（2008），プラズマと電磁流体，『天体物理学の基礎 II』，シリーズ・現代の天文学第12巻，日本評論社．
[5] エリ・ランダウ，イエ・リフシッツ（1980）『統計物理学 上』，（第3版），広重 徹，佐藤敏彦 訳，岩波書店．
[6] Amemiya H. M.（2005） *J. Plasma Fusion Res.*, **81**(7), 482.
[7] McIlwain, C. E.（1961） *J. Geophys. Res.*, **66**, 3681.
[8] McIlwain, C. E.（1966） *Space Sci. Rev.*, 585.
[9] Parker, E. N.（1957） *J. Geophys. Res.*, **62**, 509.
[10] Petschek, H. E.（1964） *in* "AAS-NASA symposium on the Physics of Solar Flares", edited by W. N., Hess, NASA SP-50, NASA.
[11] Roedere, J. G.（1970） "Dynamics of Geomagnetically Trapped Radiation", Springer-Verlag, New York.
[12] Schulz, M. and L. J. Lanzerotti（1974）"Particle diffusion in the radiation belts", Springer-Verlag, Berlin and Heidelberg, Germany.
[13] Spitzer, L.（1969）『完全電離気体の物理』，山本充義ほか共訳，コロナ社．
[14] Sweet, P. A.（1958）*in* "Cosmical Physics", edited by B.Lehnert, Cambridge University Press, Cambridge.

【第2章】

[15] 小田 稔ほか（1983）『宇宙線物理学』，朝倉書店．
[16] 後藤憲一（1967）『プラズマ物理学』，共立出版．
[17] 桜井 隆ほか（2009）シリーズ・現代の天文学第10巻『太陽』，日本評論社．
[18] エリ・ランダウ，イエ・リフシッツ（1978）『場の古典論』，（第6版），広重 徹，佐藤敏彦 訳，東京図書．

[19] Babcock, H. W.（1961） *Astrophys. J.*, **133**, 572.
[20] Bahcall, J. N., M. H. Pinsonneault, and G. J. Wasserburg（1995） *Rev. Mod. Phys.*, **67**, 781.
[21] Horiuchi, K., *et al.*（2008） *Quaternary Geochronology*, **3**, 253.
[22] Lean, J.（1991） *Rev. Geophys*, **29**, 505.
[23] Leighton, R. B.（1962） *Astrophys. J.*, **135**, 474.
[24] Okamoto, T. J. *et al.*（2007） *Science*, **318**, 1577.
[25] Parker, E. N.（1958） *Astrophys. J.*, **128**, 664.
[26] Shibata, K. *et al.*（2007） *Science*, **318**, 1591.
[27] Tomczyk, S., *et al.*（2007） *Science*, **317**, 1192.
[28] Wild, J. P., *et al.*（1963） *Ann. Rev. Astron. Astrophys.*, **1**, 291.
[29] Yokoyama, T., and K. Shibata（1998） *Astrophys. J.*, **494**, L113.

【第 3 章】
[30] 大林辰蔵（1970）『宇宙空間物理学』, 裳華房.
[31] 国分 征（2011）『太陽地球系物理学』, 名古屋大学出版会.
[32] Akasofu, S.-I.（1964） *Planet. Space Sci.*, **12**, 273.
[33] Akasofu, S.-I.(1981) *in* "Physics of auroral arc formation", edited by S.-I. Akasofu, and J. R. Kan, AGU monograph 25, American Geophysical Union, Washington D.C.
[34] Asamura, K., *et al.*（2009）, *Geophys. Res. Lett.*, **36**, doi:10.1029/2008GL036803.
[35] Axford, W. I., and C. O. Hines（1961） *Can. J. Phys.*, **39**, 1433.
[36] Baker, D. N., *et al.*（1987） *Geophys. Res. Lett.*, **14**, 1027.
[37] Baumjohann, W., *et al.*（1999） *J. Geophys. Res.*, **104**, 24995.
[38] Borovsky, J.（1993） *J. Geophys. Res.*, **98**, 6101.
[39] Bryant, D. A., *et al.*（1978） *Planet. Space Sci.*, **26**, 81.
[40] Chaston, C. C., *et al.*（2008） *Phys. Rev. Lett.*, **100**, doi:10.1103/PhysRevLett.100.175003.
[41] Chen, L., and A. Hasegawa（1974） *J. Geophys. Res.*, **79**, 1033.
[42] Cheng, C. Z.（2004） *Space Sci. Rev.*, **113**, 207.
[43] Chiu, Y. T., and M. Schulz（1978） *J. Geophys.Res.*, **83**, 629.
[44] Clauer, C. R., and R. L. McPherrron（1974） *J. Geophys. Res.*, **79**, 2811.
[45] Cowley, S. W. H.（1982） *Rev. Geophys.*, **20**, 531.
[46] Daglis, I. A., *et al.*（1999） *Phys. Chem Earth*, **24**, 229.
[47] Dessler, A. J., and R. Karplus（1961） *J. Geophys. Res.*, **64**, 2239.

[48] Dungey, J. W. (1961) *Phys. Rev. Lett.*, **6**, 47.
[49] Ebihara, Y., and M. Ejiri (2000) *J. Geophys. Res.*, **105**, 15843.
[50] Ejiri, M. (1978) *J. Geophys. Res.*, **83**, 4798.
[51] Fujii, R., *et al.* (1994) *J. Geophys. Res.*, **99**, 6094.
[52] Fujimoto, M., *et al.* (1998) *J. Geophys. Res.*, **103**, 4391.
[53] Fujita, S., *et al.* (2003) *J. Geophys. Res.*, **108**, 1416, doi:10.1029/2002JA009407.
[54] Fukunishi, H., *et al.* (1993) *J. Geophys. Res.*, **98** (A7), 11235.
[55] Harendel, G.(1990) *in* "Physics of magnetic flux Ropes", edited by C. T. Russell, E. R. Priest, and L. C. Lee, AGU monograph 58, American Geophysical Union, Wahington D.C.
[56] Haerendel, G. (1992) *Proc. ICS-1*, 417, ESA.
[57] Hamilton, D. C., *et al.* (1988) *J. Geophys. Res.*, **93**, 1434.
[58] Hasegawa, A., and T. Sato (1979) *in* "Dynamics of the magnetosphere", edited by S.-I. Akasofu, Reidel, Dordrecht-Holland, pp.529-542.
[59] Hasegawa, H., M. *et al.* (2004) *Nature*, **430**, 755.
[60] Iijima, T., and T. A. Potemura (1978) *J. Geophys. Res.*, **83**, 599.
[61] Katoh, Y., and Y. Omura (2007) *Geophys. Res. Lett.*, **34**, doi:10.1029/2006GL028594.
[62] Kavanagh, L. D., *et al.* (1968) *J. Geophys. Res.*, **73**, 5511.
[63] Keiling, A. (2009) *Space Sci. Rev.*, **142**, doi:10.1007/s11214-008-9463-8.
[64] Keiling, A., and K. Takahashi (2011) *Space Sci. Revi.*, **161**, 63.
[65] Kennel, C., and H. Petschek (1966) *J. Geophys. Res.*, **71**, 1.
[66] Kim, H.-J., and A. A. Chan (1997) *J. Geophys. Res.*, **102**, 22107.
[67] Kindel, J. M., and C. F. Kennel (1971) *J. Geophys. Res.*, **76**, 3055.
[68] Knight, S.(1973) *Planet Space Sci.*, **21**, 741.
[69] Lanzerotti, L. J. (2001) Proceedings of the NATO Advanced Study Institute on Space Storms and Space Weather Hazards, held in Hersonissos, Crete, Greece, 19-29 June, 2000, edited by I. Daglis, Kluwer Academic, p.313.
[70] Lui, A. T. Y. (2001) *Space Sci. Rev.*, **95**, 325.
[71] Lui, A. T. Y., *et al.* (1973) *Planet. Space Sci.*, **21**, 857.
[72] Lui, A. T. Y., *et al.* (1987) *J. Geophys. Res.*, **92**, 7459.
[73] Lyons, L. R., *et al.* (1972) *J. Geophys. Res.*, **77**, 3455.
[74] Lyons, L. R. (1981) *in* "Physics of auroral arc formation", edited by S.-I. Akasofu, and J. R. Kan, AGU monograph 25, American Geophysical Union, Washington D.C.
[75] Lyons, L. R., and R. M. Thorne (1973) *J. Geophys. Res.*, **78**, 2142.

[76] McPherron, R. L.（1995）*in* "Introduction to space physics", edited by M. G. Kivelson and C. T. Russell, Cambridge University Press, Cambridge.
[77] Morioka, A., *et al.*（2008） *J. Geophys. Res.*, **113**, doi:10.1029/2008JA013322.
[78] Nakamura, R., *et al.*（1994） *J. Geophys. Res.*, **99**, 207.
[79] Nishida, A.（1966） *J. Geophys. Res.*, **71**, 5669.
[80] Nishimura, Y., *et al.*（2010） *Science* **330**, 81.
[81] Ogino, T. (1986) *J. Geophys. Res.*, **91**, 6791.
[82] Ondoh, T.（1990） *J. Atm. Terr. Phys.*, **52**, 385.
[83] Oya, H., and T. Obayashi (1967), *Rep. Ionos. Space Res. Japan*, **21**, 1.
[84] Parker, E. N.（1957） *Phys. Rev.*, **107**, 924.
[85] Paschman, G., *et al.* (ed.) (2003) "Auroral Plasma Physics", Kluwer Academic, Dordrecht, The Netherlands.
[86] Richmond, A. D.（1987）, *in* "The solar wind and the Earth", edited by S.-I. Akasofu and Y. Kamide, Terra Scientific Publishing, Tokyo.
[87] Sato, T.（1982） *in* "Magnetospheric plasma physics", edited by A. Nishida, Center for Academic Publications, Tokyo.
[88] Sato, T. and T. Iijima（1979） *Space Sci. Rev*, **24**, 347.
[89] Schulz, M. and L. J. Lanzerotti（1974）"Particle diffusion in the radiation belts", Springer-Verlag, Berlin and Heiderberg, Germany.
[90] Shue, J.-H., *et al.*（1997） *J. Geophys. Res.*, **102**（A5）, 9497.
[91] Stasiewicz, K., *et al.*（2000） *Space Science Review*, **92**, 423.
[92] Tanaka, T.（1995） *J. Geophys. Res.*, **100**, 12057.
[93] Thorne, R. M., *et al.*（2010） *Nature*, **467**, 943.
[94] Walker, R. J., and C. T. Russell（1995）*in* "Introduction to space physics", edited by M. G. Kivelson and C. T. Russell, Cambridge University Press, Cambridge.
[95] Wolf, R. A.（1995） *in* "Introduction to space physics", edited by M. G. Kivelson and C. T. Russell, Cambridge University Press, Cambridge.
[96] Van Allen, *et al.*（1958） *Jet Propul.*, **28**, 588.
[97] Van Allen, J. A., and L. A. Frank（1959） *Nature*, **183**, 430.
[98] Vasyliunas, V. M. (1984), *in* "Magnetospheric Currents", edited by T. A. Potemra, AGU Geophysical Monograph, 28, American Geophysical Union, Washington D.C.

【第 4 章】
[99] Baker, D., *et al.*（1997） *J. Geophys. Res.*, **102**, 7159.

参考文献

[100] Baker, D. N., et al. (2004) Nature, **432**, 878.
[101] Borovsky, J. E., et al. (1998) J. Geophys. Res., **103**, 17617.
[102] Borovsky, J. E., and J. T. Steinberg (2006) J. Geophys. Res., **111**, A07S10, doi:10.1029/2005JA011397.
[103] Borovsky, J. E., et al. (2009) J. Geophys. Res., **114**, A03224, doi:10.1029/2009JA014058.
[104] Bortnik, J., et al. (2008) Nature, **452** (7183), 62.
[105] Bortnik, J., et al. (2009) Science, **324** (5928), 775.
[106] Brandt, P. C., et al. (2008) in "Midlatitude ionospheric dynamics and disturbances", edited by P. M. Kintner, et al., AGU monograph, 181, American Geophysical Union, Washington D.C.
[107] Burton, R. K., et al. (1975) J. Geophys. Res., **80**, 4204.
[108] Daglis, I. A., et al. (1999) Phys. Chem. Earth, **24**, 229.
[109] Denton, M. H., et al. (2006) J. Geophys. Res., **111**, A07S07, doi:10.1029/2005JA011436.
[110] Dessler, A. J., and E. N. Parker (1959) J. Geophys. Res., **64**, 2239.
[111] Ebihara, Y., M., et al. (2004) J. Geophys. Res., **109**, A08205, doi:10.1029/2003JA010351.
[112] Ebihara, Y., et al. (2005) J. Geophys. Res., **110**, A02208, doi:10.1029/2004JA010435.
[113] Ebihara, Y., and Y. Miyoshi (2011) in "The dynamic magnetosphere", edited by W. Liu and M. Fujimoto, IAGA special Sopron book series 3, Springer Science+Business Media B.V., Dordrecht.
[114] Erlandson, R. E., and A. Y. Ukhorskiy (2001) J. Geophys. Res., **106**, 3883.
[115] Fok, M.-C., et al. (1991) J. Geophys. Res., **96**, 7861.
[116] Foster, J. C., and H. B. Vo (2002) J. Geophys. Res., doi:10.1029/2002JA009409.
[117] Goldstein, J., et al. (2005) J. Geophys. Res., **110**, A03205, doi:10.1029/2004JA010712.
[118] Gonzalez, W., et al. (1994) J. Geophys. Res., **99** (A4), 5771.
[119] Gosling, J., et al. (1991) J. Geophys. Res., **113**, doi:10.1029/91JA00316.
[120] Hairston, M. R., et al. (2003) Geophys. Res. Lett., **30**, 1325, doi:10.1029/2002GL015894.
[121] Jordanova, V. K., et al. (1998) J. Geophys. Res., **103**, 79.
[122] Jordanova, V. K., et al. (2008) J. Geophys. Res., doi:10.1029/2008JA013239.
[123] Kamide, Y., et al. (1998) J. Geophys. Res., **103**, 6917.
[124] Kataoka, R. and Y. Miyoshi (2006) Space Weather, **4**, doi:10.1029

[125] Katoh, Y., and Y. Omura (2007), *Geophys. Res. Lett.*, **34**, doi:10.1029/2006GL028594.

[126] Kennel, C., and H. Petschek (1966) *J. Geophys. Res.*, **71**, 1.

[127] Kennel, C. F. and M. Ashour-Abdalla (1982) *in* "Magnetospheric plasma physics," edited by A. Nishida, Center for Academic Publications, Tokyo.

[128] Kistler, L. M., *et al.* (1989) *J. Geophys. Res.*, **94**, 3579.

[129] Kivelson, M. G. (1995) *in* "Introduction to space physics", edited by M. G. Kivelson and C. T. Russell, Cambridge University Press, Cambridge.

[130] Kivelson, M. G. and A. J. Ridley (2008) *J. Geophys. Res.*, **113**, A05214, doi:10.1029/2007JA012302.

[131] Kozyra, J. U., *et al.* (1984) *J. Geophys. Res.*, **89**, 2217.

[132] Kozyra, J. U., *et al.* (1997) *Rev. Geophys.*, **35**(2), 155.

[133] Lavraud, B., and J. E. Borovsky (2008) *J. Geophys. Res.*, **113**, doi:10.1029/2008JA013192.

[134] Lindsay, G. M., *et al.* (1995) *J. Geophys. Res.*, **100**, 16999.

[135] Mathie, R., and I. Mann (2001) *J. Geophys. Res.*, **106**, 29783.

[136] McPherron, R. L. (1991) *in* "Geomagnetism vol.4", edited by J. A. Jacobs, Academic Press, San Diego.

[137] Millan, R. M., and R. M. Thorne (2007) *J. Atm. Solar-Terr. Phys.*, **69**, 362.

[138] Miyoshi, Y., *et al.* (2003) *J. Geophys. Res.*, **108**, 1004, doi:10.1029/2001JA007542.

[139] Miyoshi, Y., and R. Kataoka (2005) *Geophys. Res. Lett.*, doi:10.1029/2005GL024590.

[140] Miyoshi, .Y., and R. Kataoka (2008a) *J. Geophys. Res.*, **113**, A03S09, doi:10.1029/2007JA012506.

[141] Miyoshi, Y., and R. Kataoka (2008b) *J. Atm. Solar-Terr. Phys.*, **70**, 475.

[142] Miyoshi, Y., *et al.* (2008) *Geophys. Res. Lett.*, **113**, doi:10.1029/2008GL035727.

[143] O'Brien, T. P., and R. L. McPherron (2000) *J. Geophys. Res.*, **105**, 7707.

[144] O'Brien, T. P., and M. B. Moldwin (2003) *Geophys. Res. Lett.*, **30**, 1152, doi:10.1029/2002GL016007.

[145] O'Brien, T. P., *et al.* (2003) *J. Geophys. Res.*, **106**, 15533.

[146] Omura, Y., *et al.* (2007) *J. Geophys. Res.*, **112**, doi:10.1029/2006JA012243.

[147] Omura, Y. *et al.* (2008), *J. Geophys. Res.*, **113**, A04224, doi:10.1029/2007JA012478.

[148] Oya, H. (1997) *J. Geomag. Geoelectr.*, **49**, S159.

参考文献

[149] Paulikas, G. A., and J. B. Blake（1979） *in* "Quantitative modeling of magnetospheric process", edited by W. P. Olson, AGU monograph 21, American Geophysical Union, Washington, D.C.

[150] Reeves, G. D., *et al.*（2003）*Geophys. Res. Lett.*, **30**, doi:10.1029/2002GL016513.

[151] Richardson, I. G., *et al.*（2006）*J. Geophys. Res.*, **111**, doi:10.1029/2005JA011476.

[152] Rostoker, G., *et al.*（1998） *Geophys. Res. Lett.*, **25**, 3701.

[153] Russell, C. T., and R. L. McPherron（1973） *J. Geophys. Res.*, **78**, 92.

[154] Sakaguchi, K., *et al.*（2008） *J. Geophys. Res.*, **113**, doi:10.1029/2007JA012888.

[155] Santolík, O., *et al.* (2003) *J. Geophys. Res.*, **108**, doi:10.1029/2002JA009791.

[156] Sckopke, N.（1966） *J. Geophys. Res.*, **71**, 3125.

[157] Seki, K., *et al.*（2001） *Science*, **291**, 1939.

[158] Shinbori, A., *et al.*（2007） *Earth Planet Space*, **59**, 613.

[159] Siscoe, G. L., *et al.*（2002） *J. Geophys. Res.*, **107**, 1075, doi:10.1029/2001JA000109.

[160] Siscoe, G., *et al.*（2004） *J. Geophys. Res.*, **109**, A09203, doi:10.1029/2003JA010318.

[161] Southwood, D. J., *et al.*（1969） *Planet. Space Sci.*, **17**, 349.

[162] Spiro, R. W., *et al.*（1979） *Geophys. Res. Lett.*, **6**, 657.

[163] Summers, D., *et al.*（1998） *J. Geophys. Res.*, **103**（A9）, 20487.

[164] Takahashi, K., and A.Y. Ukhorskiy（2007） *J. Geophys. Res.*, doi:10.1029/2007JA012483.

[165] Thorne, R. M.（2010）*Geophys. Res. Lett.*, **37**, L22107, doi:10.1029/2010GL044990.

[166] Thorne, R. M., and C. F. Kennel（1971） *J. Geophys. Res.*, **76**, 4446.

[167] Troshichev, O., *et al.* (1996), *J. Geophys. Res.*, **101**, 13429.

[168] Tsurutani, B. T., *et al.*（2006） *J. Geophys. Res.*, **111**, A07S01, doi:10.1029/2005JA011273.

[169] Zhang, J., *et al.*（2008） *J. Geophys. Res.*, **113**, A00A12, doi:10.1029/2008JA013228.

[170] Zong, Q.-G., *et al.* (2007) *Geophys. Res. Lett.*, **34**, L12105, doi:10.1029/2007GL029915.

【第 5 章】

[171] 大林辰蔵（1970）『宇宙空間物理学』，裳華房．

[172] 加地郁夫（1966）核融合研究，**17**(5)，446．

[173] 前田憲一，木村磐根（1984）『現代電磁波動論』，オーム社．
[174] Appleton, E. V.（1932） *J. Inst. Elec. Engrs*, **71**, 642.
[175] Bernstein, I. B.（1958） *Phys. Rev.*, **109**, 10.
[176] Chan, K. L., and L. Colin（1969） *Proc. IEEE*, **57**, 990.
[177] Crawford, F. W., *et al.*（1967） *J. Geophys. Res.*, **72**, 57.
[178] Ergun, R. E. *et al.*（1991） *J. Geophys. Res.*, **96**, 11371.
[179] Franklin, C. A. and M. A. Maclean（1969） *Proc. IEEE*, **57**, 897.
[180] Frid, B. D., and S. D., Conte（1961） "The Plasma Dispersion Function", Academic Press, New York.
[181] Fujimoto, M., *et al.*（2011） *Space Sci. Rev.*, doi:10.1007/s11214-011-9807-7.
[182] Gurnett, D. A. *et al.*（2005） *Science*, **310**, 1929.
[183] Hakura, Y.（1982） *Rev. Radio Res. Lab.*, **28**, 149.
[184] Hartree, D. R.（1931） *Proc. Cambridge Phil. Soc.*, **27**, 143.
[185] Jackson, J. E., and E. S. Warren（1969） *Proc. IEEE*, **57**, 861.
[186] Karpov K. A.（1964） "Tables of the functions $F(z) \equiv \int_0^z e^{x^2} dx$ in the complex domain", Pargamon Press, New York.
[187] Kato, Y., and J. Osaka（1952） *Science Rep. of Tohoku Univ. Ser. 5. Geophysics*, **4**, 61.
[188] Landau, L.（1946） *J. Phys. USSR*, **10**, 25.
[189] Mozer, F. S., *et al.*（1977） *Phys. Rev. Lett.*, **38**, 292.
[190] Obara, T., and H. Oya,（1985） *J. Geomag. Geoelectr.*, **37**, 285.
[191] Ono, T., and H. Oya（1988） *J. Geomag. Geoelectr.*, **40**, 1319.
[192] Ono, T., and H. Oya（2000） *Earth Planets Space*, **52**, 629.
[193] Ono, T., *et al.*（1998） *Earth Planets Space*, **50**, 213.
[194] Ono, T. *et al.*（2008） *Earth Planets Space*, **60**, 321.
[195] Ono, T. *et al.*（2009） *Science*, **323**, 909.
[196] Oya, H.（1971） *Radio Sci.*, **6**, 1131.
[197] Oya, H.（1974） *Planet. Space Sci.*, **22**, 687.
[198] Oya, H.（1991） *J. Geomag. Geoelectr.*, **43**, Suppl., 369.
[199] Oya, H., and T. Ono（1981） *Adv. Space Res.*, **1**, 217.
[200] Oya, H., and T. Ono（1987） *J. Geomag. Geoelectr.*, **39**, 10, 591.
[201] Oya, H., and T. Ono（1998） *Earth Planets Space*, **50**, 229.
[202] Oya, H., and K. Tsuruda（1990） *J. Geomag. Geoelectr.*, **42**, 367.
[203] Oya, H., *et al.*（1985） *J. Geomag. Geoelectr.*, **37**, 237.
[204] Oya, H., *et al.*（1990） *J. Geomag. Geoelectr.*, **42**, 411.
[205] Reinisch, B. W., *et al.*（2001） *Geophys. Res. Lett.*, **28**, 1167.

参考文献

[206] Saito, T. (1969) *Space Sci. Rev.*, **10**, 319.
[207] Sato, Y., et al. (2010) *Geophys. Res. Lett.*, **37**, L14102, doi:10.1029/2010GL043731.
[208] Shinbori, A., et al. (2007) *Earth Planet Space*, **59**, 613.
[209] Stasiewicz, K., et al. (2000) *Space Sci. Rev.*, **92**, 423.
[210] Stix, T. H. (1958) *Phys. Fluids*, **1**, 308.
[211] Stix, T. H. (1962) "The Theory of Plasma Waves", MacGraw-Hill, New York.
[212] Strangeway, D. W., and G. R. Olhoeft (1977) *Philosophical Trans.*, **285** (1327), 441.
[213] Summers, D., et al. (1998) *J. Geophys. Res.*, **103**, 20487.
[214] Vlasov, A. A. (1938) *Zhur. Eksp, i Thoret. Fiz.*, **8**, 291.
[215] Vlasov, A. A. (1945) *J. Phys. (U.S.S.R.)*, **9**, 25.
[216] Warren, E. S., and E. L. Hagg (1968) *Nature*, **220**, 466.

【第 6 章】

[217] 大家 寛ほか（1976），科学衛星シンポジウムプロシーディングス，東京大学宇宙航空研究所，298.
[218] Burke, B. F., and K. L., Franklin (1955) *J. Geophys., Res.*, **60**, 213.
[219] Elphic R. C. et al. (1981) *Geophys Res.*, **86**, 11430.
[220] Fukazawa, K., et al. (2006) *J. Geophys. Res.*, **111**, A10207, doi:10.1029/2006JA011874.
[221] Goto Y., et al. (2011) *Earth Planets Space*, **63**, 47.
[222] Hashimoto, K., et al. (2010) *Geophys. Res. Lett.*, **37**, L19204, doi:10.1029/2010GL044528.
[223] Kivelson, M. G., and D. J. Southwood (2003) *Planet. Space Sci.*, **51**, 891.
[224] Nishino, M. N. et al. (2010) *Geophys. Res. Lett.*, **37**, L12106, doi:10.1029/2010GL043948.
[225] Ono, T. et al. (2009) *Science*, **323**, 909.
[226] Oya, H. et al. (1984) *J. Geomag. Geoelectr.*, **36**, 11.
[227] Russell, C. T. (2001) "Solar wind and interplanetary magnetic field: A tutorial, in Space Weather", edited by P. Song, et al., pp.73-89, AGU Geophysical Monograph, 125, American Geophysical Union, Washington D.C.
[228] Terada, N., and S. Machida (2002) *J. Geophys. Res.*, **107** (A12), 1471, doi:10.1029/2001JA009224.
[229] Zarka, P. (1998) *J. Geophys., Res.*, **103**, 20159.

参考文献

関連書籍：

[1] Stix T. H., (1926) "The Theory of Plasma Waves", MacGraw-Hill.
[2] Roederer, J. G. (1970) "Dynamics of geomagnetically trapped radiation", Springer.
[3] Chen, F. F. (1974) "Introduction to plasma physics", Plenum Press.
[4] Schulz, M., and L. J. Lanzerotti (1974) "Particle diffusion in the radiation belts", Springer.
[5] Nishida, A. (1978) "Geomagnetic diagnosis of the magnetosphere", Springer.
[6] Nishida, A. ed. (1982) "Magnetospheric plasma physics", Center for Academic Publications, Tokyo.
[7] Akasofu, S.-I. ed. (1979) "Dynamics of the magnetosphere", D. Reidel.
[8] Dessler, A. ed. (1983) "Physics of the Jovian Magnetosphere" Cambridge University Press.
[9] Nicholson, D. R. (1983) "Introduction to plasma theory", John Wiley and Sons.
[10] Lyons, L. R., and D. J. Williams (1984) "Quantitative aspects of magnetospheric physics", D. Reidel.
[11] Akasofu, S.-I. and Y. Kamide, eds. (1987) "The solar wind and the earth", Terra.
[12] Jacobs, J. A. ed. (1991) "Geomagnetism, 4", Academic Press.
[13] Hargreaves, J. K. (1992) "The solar-terrestrial environment", Cambridge University Press.
[14] Gary, S. P. (1993) "Theory of space plasma micro instabilities", Cambridge University Press.
[15] Parks, G. K. (1992) "Physics of space plasmas", Addison Wesley, USA.
[16] Kivelson, K. G., and C. T. Russell ed. (1995) "Introduction to space physics", Cambridge University Press, Cambridge.
[17] Baumjohann, W., and R. A. Treumann (1996) "Basic space plasma physics", Imperial College Press.
[18] Treumann, R. A. and W. Baumjohann (1997) "Advanced space plasma physics", Imperial College Press.
[19] Hultqvist, B., and M. Øieroset, (1998) *in* "Magnetospheric Plasma : Source and Losses", edited by G. Paschmann and R. Treumann, Kluwer Academic.
[20] Kallenrode, M.-B. (1998) "Space physics", Springer.
[21] Schunk, R. W., and A. F. Nagy (2000) "Ionospheres", Cambridge University Press, Cambridge.
[22] Paschmann, G. *et al.* ed. (2002) "Aurora Plasma Physics", Kluwer Academic.
[23] Bagenal, F. *et al.* ed. (2004) "Jupiter", Cambridge University Press.

参考文献

[24] Kamide, Y., and A. Chian, ed.(2007)"Handbook of the solar-terrestrial environment", Springer.
[25] Dougherty, M. K. *et al.* ed.(2009)"Saturn from Cassini-Huygens", Springer.
[26] Gurnett, D. A., and A. Bhattacharjee(2005)"Introduction to plasma physics", Cambridge University Press.
[27] Kelly, M. C.(2009)"The Earth's ionosphere", Academic Press.
[28] Liu, W., and M. Fujimoto ed.(2011)"The Dynamic Magnetosphere", Springer.
[29] 後藤憲一(1967)『プラズマ物理学』, 共立出版.
[30] 林 忠四郎ほか(1973)『宇宙物理学』, 岩波講座現代物理学の基礎 12, 岩波書店.
[31] 永田 武, 等松隆夫(1973)『超高層大気の物理学』, 裳華房.
[32] 上出洋介(1982)『オーロラと磁気嵐』, 東京大学出版会.
[33] 福西 浩ほか編(1983)『南極の科学 2: オーロラと超高層大気』, 古今書院.
[34] 小田 稔ほか(1983)『宇宙線物理学』, 朝倉書店.
[35] 齊藤尚生(1988)『オーロラ・彗星・磁気嵐』, 共立出版.
[36] 田中基彦, 西川恭治(1991)『高温プラズマの物理学』, 丸善出版.
[37] 松井孝典ほか(2000)『比較惑星学』, 岩波書店.
[38] 松井孝典ほか(2000)『地球連続体力学』, 岩波書店.
[39] 恩藤忠典, 丸橋克英(2000)『宇宙環境科学』, オーム社.
[40] 寺澤敏夫(2002)『太陽圏の物理』, 岩波書店.
[41] 柴田一成, 大山真満(2004)『写真集「太陽」』, 裳華房.
[42] 渡邊誠一郎ほか編(2008)『新しい地球学 -太陽-地球-生命圏相互作用系の変動学』, 名古屋大学出版会.
[43] 観山正見ほか編(2008)『シリーズ・現代の天文学:天体物理学の基礎 2』, 日本評論社.
[44] 桜井 隆ほか(2009)『シリーズ・現代の天文学:太陽』, 日本評論社.
[45] 日江井栄二朗(2009)『太陽は 23 歳』, 岩波書店.
[46] 柴田一成(2010)『太陽の科学』, NHK 出版.
[47] 地球電磁気・地球惑星圏学会 学校教育ワーキンググループ編(2010)『太陽地球系科学』, 京都大学学術出版会.
[48] 上出洋介, 柴田一成編(2011)『総説宇宙天気』, 京都大学学術出版会.
[49] 国分 征(2011)『太陽地球系物理学』, 名古屋大学出版会.

付録　おもな地磁気指数について

Kp 指数

　磁気緯度 44 度から 60 度のオーロラ帯よりも低緯度にある 13 の地磁気観測所の K 指数の平均で，0, 0+, 1−, 1, 1+, ..., 9 と 28 段階で表される．磁気圏各領域のさまざまな現象とよい相関を示すことが知られており，極冠電位差やプラズマ圏の位置など，さまざまな値が Kp 指数の経験的な関数としてモデル化されている．K 指数とは，3 時間ごとに各地磁気観測所で観測された地磁気 3 成分の変動の最大値を，対数的に 0 から 9 までの 10 段階で表したものである．

AE 指数群

　AU, AL, AE, および AO からなる AE (aurora electrojet) 指数群はオーロラ帯での磁気活動度を表す指数で，磁気緯度 63 度から 70 度にある 12 観測所の 1 分ごとの北向き水平磁場成分をもとに，以下のように計算されたものである．

$$AU(t) = \max_{i=1,12} \{H(t) - H_0\}_i \tag{6.1}$$

$$AL(t) = \min_{i=1,12} \{H(t) - H_0\}_i \tag{6.2}$$

$$AE(t) = AU(t) - AL(t) \tag{6.3}$$

$$AO(t) = \frac{AU(t) + AL(t)}{2} \tag{6.4}$$

ここで，t は時間を i は各観測所を意味する．また，H_0 は，その月で磁場が最も静穏な 5 日分のデータをもとに算出された平均値を示す．AU は，$H(t) - H_0$ の最大値の重ね合わせであり，オーロラ帯を流れる東向き電流の最大値を示している．一方，AL は $H(t) - H_0$ の最小値の重ね合わせであり，オーロラ帯を流れる西向き電流の最大値を示している．AE は，この AU と AL の差で表され，オーロラ帯を流れる電流の最大密度を表し，オーロラエレクトロジェット

やサブストーム活動と関係がある．また，AO は，AU と AL の和の 1/2 となっており，東西方向の電離圏電流の平均を表している．

Dst 指数

磁気緯度 20 度から 30 度にある 4 つの地磁気観測所における，日変化を除いた北向き磁場成分の平均量であり，1 時間値である．磁気圏を流れる環電流の大きさ，すなわち磁気嵐の規模を表す指数としてよく用いられる．環電流が大きく発達すると負に，一方磁気圏が太陽風によって圧縮される場合などは正の値を示す．なお，Sym-H とよばれる同様の指数も算出されており，6 つの地磁気観測所から算出した 1 分値が使われている．

Kp，AE，および Dst 指数は地球電磁気圏の活動度を示す指数としてよく用いられている．詳細は，地磁気世界資料センターのホームページ (http://wdc.kugi.kyoto-u.ac.jp/) あるいはレビュー論文 (Rostoker, 1972)) などを参照いただきたい．

参考文献

Rostoker, G. (1972) Geomagnetic indices, *Rev. Geophys.*, **10**(4), 935-950, doi:10.1029/RG010i004p00935.

索　引

あ　行

Outside-In モデル　103
明け方のコーラス　95
圧縮モードアルフヴェン波　30
圧力勾配力　23
嵐の前の静けさ　116
アルフヴェン波　24, 27
アルフヴェン波の伝搬時間　35

イオノポーズ　213
イオプラズマトーラス　215
イオンテイル　54
イオン・ピックアップ過程　213
位相空間密度　8
一般化されたオームの法則　20
インコヒーレント　52
Inside-Out モデル　103
インジェクション　95

ウェイク　210
宇宙嵐　106
宇宙線アルベドニュートロン崩壊　83
宇宙線生成核種　61
宇宙天気　60
宇宙天気研究　83
上向き電流　89
運動論　17

エコー　202
SAR アーク　112
エネルギー階層間結合

85, 130
沿磁力線加速領域　100
沿磁力線電流　85
遠尾部中性線　68

オームの法則　21
オーロラキロメートル電波　98, 161
オーロラサブストーム　91
オーロラジェット電流　97
オーロラ青色輝帯　92
オーロラ赤色輝線　92
オーロラヒス　98
オーロラ緑色輝線　92
温度異方性　122

か　行

外帯　83
回転　184
回復相　98, 106
拡散方程式　198
核融合反応　40
過遮蔽　130
カスプ　67
カットオフ　146
荷電粒子　7
慣性電流　85
環電流　76, 80, 106

希薄波　103, 105
逆 V 字　89
逆ランダウ減衰　177
共回転相互作用領域　55, 114
共回転電場　78
共回転領域　217

共鳴　146
共鳴相互作用　199
極冠　72
極冠帯　160
極冠電位　89
極方向爆発　95
銀河宇宙線　61
禁止周波数帯　125
近尾部中性線　76

クーロン相互作用　112
群速度　166

ケルビン–ヘルムホルツ型の不安定　69

高域コーラス　124
高域ハイブリッド共鳴　147
高域ハイブリッド共鳴波動　122
光球　45
航跡　210
高速中性原子　109
コヒーレント　54
固有磁場　208
コーラス放射　122
コロナガス　48
コロナ質量放出　58, 66
コロナループ　49

さ　行

サイクロトロン運動　8
サイクロトロン型相互作用　175
サイクロトロン共鳴　122, 123, 175

233

索引

サイクロトロン減衰　174
彩層　45
サブストーム　64
サブストームオンセット　95
サブストームカレントウェッジ　96
作用積分　14
残留磁場　213
シア・アルフヴェン波　30
磁気圧　25
磁気嵐　106
磁気嵐急始　108
磁気異常　213
磁気緯度　11
磁気雲　114
磁気音波　31, 124
磁気圏境界面　31, 66
磁気圏サブストーム　91
磁気圏対流　73
磁気圏尾　31
磁気再結合　31
磁気張力　23
磁気粘性率　23
磁気誘導　7, 136
磁気リコネクション　31, 135
磁気流体　17
磁気流体力学　17
磁気レイノルズ数　24
磁束管　46
下向き電流　89
磁場双極子化　95
遮断　146
終端衝撃波　62
主相　106
シューマン共鳴　171
準線形理論　199
衝撃波　114, 135
初相　108
シングルイベントアップセット　83
シンクロトロン放射　51

スイングバイ　211
スキンデプス　190
スケールハイト　48
スーパーローテーション　213
スロット領域　83
静水圧平衡　43
生成率　8
成長率　173
静電的電子サイクロトロン高調波　124, 157
静電波　149, 153
制動放射　52
成長相　94
遷移層　45
旋回中心　9
双極子磁場　10
相対黒点数　45
素過程　17
速進波　31
損失角の正接　189
損失率　8

た行

第一断熱不変量　12
大気散逸過程　215
帯電　83
ダイポーラリゼーション　95
太陽X線　52
太陽圏　55
太陽圏界面　62
太陽黒点　45
太陽直下点　66
太陽風　38
対流層　44
対流電場　74
ダストテイル　54
縦方向電気伝導度　182
断熱運動　14
断熱不変量　14
チェレンコフ放射　98

地球磁気圏　64
地球ヘクトメートル電波放射　163
地磁気嵐　106
地磁気脈動　171
遅進波　31
チャップマン–フェラロ電流　67
注入　95, 111
低域コーラス　124
低域ハイブリッド共鳴　144
低域ハイブリッド共鳴周波数　124
低緯度境界層　69
Dst 効果　84
Dst 指数　106
ディスクリートオーロラ　93
ディフューズオーロラ　93
デバイシールディング　3
デバイ長　4
電荷交換反応　109
電気分極　7, 136
電気変位　7, 136
電磁イオンサイクロトロン　124
電子慣性長　184
天文単位　135
電離圏　70
電流の寸断　96

動圧　27
動径方向拡散　84
凍結　23
透磁率　2
特異点　175
トップサイドサウンダー　202
ドリフト運動　9
ドリフト–バウンス共鳴　126

索　引

な 行

内帯　83
ナイトの式　103
内部磁気圏　76
ナビエ–ストークスの方程式　17

日震学　41, 44

ネガティブベイ　96
熱圏　71
熱電流　102
熱力学的平衡　4

能動観測　202
能動実験　202

は 行

バウショック　64
パーカー・スパイラル　55
爆発相　95
発散　22
波動粒子相互作用　17
バルジ　95
パルセーティングオーロラ　95
晴れの海　207
反磁性電流　85
バーンスタインモード波　149

Pi2 脈動　96
非共鳴相互作用　199
Pc5 地磁気脈動　121
ヒス　124
非線形過程　199
ピッチ角　12
ピッチ角拡散　196, 199
比抵抗率　20
比熱比　21
尾部電流　69

比誘電率テンソル　7
フォッカー-プランク方程式　198
フォービッシュ減少　60
浮動電位　6
部分環電流　109
プラズマ圧　25
プラズマ圏　76
プラズマ圏界面　78
プラズマシート　68
プラズマシート境界層　69
プラズマシートの地球側境界　69, 81
プラズマポーズ　78
プラズモイド　36
ブラソフ方程式　138
フーリエ–ラプラス変換　175
フレア　50
プロトンオーロラ　93
分散関係　136
分散性アルフヴェン波動　102, 167
分布関数　8, 138

平均自由行程　135
ペダーセン電気伝導度　72, 182
ベータトロン　193
ベータ比　25
変位電流　138

ホイッスラーモード　147
ホイッスラーモード波動　122
ポインティング・ベクトル　52
放射線帯　76, 82, 215
放射層　44
ポジティブベイ　96
ポーラーレイン　72
ボルツマン方程式　8

ホール電気伝導度　72, 182

ま 行

マグネトシース　64, 65
脈動オーロラ　95
ミラー点　13
ミラー力　13, 14

無衝突プラズマ　135

や 行

誘電率　2
誘電率テンソル　136

ら 行

ラッセル–マクフェロン効果　117
ラーマー半径　146
ランキン-ユゴニオの関係式　65
ラングミュア特性　3
ラングミュア波動　54
ランダウ共鳴　123, 174
ランダウ減衰　149, 174
ランダウの積分路　176

リエナール–ヴィーヒェルトポテンシャル　52
領域1電流　89
領域2電流　89
領域間結合　85, 130
ロスコーン角　13
ロスコーン　100
ローブ　68
ローレンツ力　17

わ 行

惑星間空間磁場　38, 67
惑星間空間へのコロナ質量放出　114

欧文索引

A

action integral 14
active experiment 202
active observation 202
adiabatic invariant 14
adiabatic motion 14
AKR 98, 161
Alfvén transit time 35
Alfvén wave 24, 27
astronomical unit 135
atmospheric escape
　processes 215
AU 135
aurora electrojet 97
aurora hiss 98
auroral blue band
　emission 92
auroral green line
　emission 92
auroral kilometric
　radiation 98
auroral kilometric
　radiation 161
auroral red line emission
　92
auroral substorm 91

B

Bernstein mode wave
　149
beta ratio 25
betatron 193
Boltzmann's equation 8
bow shock 64
bremsstrahlung 52
bulge 95

C

calm before storm 116
Chapman-Ferraro
　current 67
charge exchange 109
charged particle 7
charging 83
Cherenkov radiation 98
chorus emission 122
chromosphere 45
CIR 55, 114
CME 58, 66
coherent 54
collisionless plasma 135
compressional Alfvén
　wave 30
convection region 44
convective electric field
　74
coronal gas 48
coronal loop 49
coronal mass ejection
　58, 66
corotating interaction
　region 55, 114
corotation electric field
　78
corotation region 217
cosmic ray Albedo
　neutron decay 83
cosmic-ray-produced
　nuclide 61
Coulomb scattering 112
CRAND 83
cross-energy coupling
　85, 130
cross-polar cap potential
　89
cross-regional coupling
　85, 130
current disruption 96
cusp 67
cutoff 146
cyclotron damping 174
cyclotron motion 8
cyclotron resonance
　122, 123, 175
cyclotron-type
　interaction 175

D

dawn chorus 95
Debye length 4
Debye shielding 3
diamagnetic current 85
dielectric tensor 7, 136
diffuse aurora 93
diffusion equation 198
dipolarization 95
dipole magnetic field 10
discrete aurora 93
dispersion relation 136
dispersive Alfvén wave
　102, 167
displacement current
　138
distant neutral line 68
distribution function 8,
　138
divergence 22
downward field-aligned
　current 89
drift motion 9
drift-bounce resonance
　126

欧文索引

Dst effect 84
Dst index 106
dust tail 54
dynamic pressure 27

E

echo 202
electric displacement 7, 136
electric polarization 7, 136
electromagnetic ion cyclotron 124
electron inertial scale 184
electrostatic cyclotron harmonic 124
electrostatic electron cyclotron harmonic waves 157
electrostatic plasma waves 153
electrostatic wave 149
elementary process 17
EMIC 124
ENA 109
energetic neutron atom 109
ESCH 124
ESCH wave 157
expansion phase 95

F

fast mode 31
field-aligned acceleration region 100
field-aligned current 85
first adiabatic invariant 12
flare 50
floating potential 6
flux tube 46
Fokker-Planck equation 198
Forbush decrease 60

Fourier-Laplace transformation 175
frozen-in 23

G

galactic cosmic ray 61
generalized Ohm's law 20
geomagnetic pulsation 171
geomagnetic storm 106
geospace storm 106
group velocity 166
growth phase 94
growth rate 173
guiding center 9

H

Hall conductivity 72, 182
heliopause 62
Helioseismology 41, 44
heliosphere 55
hiss 124
hydrostatic equilibrium 43

I

ICME 114
incoherent 52
inertial current 85
initial phase 108
injection 95, 111
inner belt 83
inner magnetosphere 76
Inside-Out model 103
inter planetary magnetic field: IMF 67
interplanetary coronal mass ejection 114
interplanetary magnetic field: IMF 38
interplanetary shock 114
intrinsic magnetic field

208
inverse Landau damping 177
inverted-V 89
Io plasma torus 215
ion pick-up process 213
ion tail 54
ionopause 213
ionosphere 70

K

Kelvin-Helmholtz instability 69
kinetics 17
Knight relation 103

L

Landau contour 176
Landau damping 149, 174
Landau resonance 123, 174
Langmuir property 3
Langmuir wave 54
Larmor radius 146
LHR 124, 144
Liénard-Wiechert potential 52
LLBL 69
lobe 68
longitudinal conductivity 182
Lorentz force 17
loss cone 100
loss cone angle 13
loss rate 8
loss tangent 189
low latitude boundary layer 69
lower hybrid resonance 124, 144
lower-band chorus 124

M

magnetic anomaly 213

237

欧文索引

magnetic cloud 114
magnetic field tension 23
magnetic flux density 7, 136
magnetic latitude 11
magnetic pressure 25
magnetic reconnection 31, 135
magnetic Reynolds' number 24
magnetic storm 106
magnetic viscosity 23
magneto-hydrodynamics 17
magneto-fluid 17
magnetopause 31, 66
magnetosheath 64, 65
magnetosonic mode waves 124
magnetosonic wave 31
magnetosphere 64
magnetospheric convection 73
magnetospheric substorm 91
magnetotail 31
main phase 106
Mare Serenitatis 207
mean free path 135
MHD free path 17
mirror force 13, 14
mirror point 13

N

Navier-Stokes' equation 17
near-earth neutral line 76
negative bay 96
non-linear process 199
non-resonant interaction 199
nuclear fusion 40

O

Ohm's law 21
outer belt 83
Outside-In model 103
over shielding 130

P

Parker spiral 55
partial ring current 109
Pc5 pulsation 121
Pedersen conductivity 72, 182
permeability 2
permittivity 2
phase-space density 8
photosphere 45
Pi2 pulsation 96
pitch angle 12
pitch angle diffusion 196, 199
plasma pressure 25
plasma sheet 68
plasma sheet boundary layer 69
plasma sheet inner edge 69, 81
plasmapause 78
plasmasphere 76
plasmoid 36
polar cap 72, 160
polar rain 72
poleward expansion 95
positive bay 96
poynting vector 52
pressure gradient force 23
production rate 8
proton aurora 93
PSBL 69
pseudo-breakup 99
pulsating aurora 95

Q

quasilinear theory 199

R

radial diffusion 84
radiation belt 215
radiation belts 76, 82
radiation region 44
Rankine-Hugoniot equations 65
rarefaction wave 103, 105
ratio of specific heat 21
recovery phase 98, 106
region-1 current 89
region-2 current 89
relative sunspot number 46
relict magnetic field 213
resistance ratio 20
resonance 146
resonant interaction 199
ring current 76, 80, 106
rotation 184
Russell-McPherron effect 117

S

SAID 129
SAPS 129
SAR arc 112
scale height 48
Schumann resonance 171
shear Alfvén wave 30
shock wave 135
single event upset 83
singular point 175
skin depth 190
slot region 83
slow mode 31
solar seismology 41
solar wind 38
solar X-ray 52
space storm 106

space weather 60, 83
SSC 108
stable aurora red arc 112
stop-band 125
storm sudden commencement 108
sub-auroral ionosphere drift 129
sub-auroral polarization stream 129
sub-solar point 66
substorm 64
substorm current wedge 96
substorm onset 95
sunspot 45
super rotation 213

swing-by 211
synchrotron radiation 51

T

tail current 69
temperature anisotropy 122
termination shock 62
terrestrial hectmetric radiation 163
thermal current 102
thermodynamic equilibrium 4
thermosphere 71
THR 163
topside sounder 202
transition region 45

U

UHR 122, 147
upper hybrid resonance 122, 147
upper-band chorus 124
upward field-aligned current 89

V

Vlasov's equation 138

W

wake 210
wave-particle interaction 17
whistler mode 147
whistler mode waves 122

著者紹介

小野　高幸（おの　たかゆき）

略　歴　1981年東北大学大学院理学研究科地球物理学専攻博士課程修了．1980年国立極地研究所助手，1983-85年第25次日本南極地域観測隊越冬観測隊員，1989-91年第31次日本南極地域観測隊越冬観測隊員，1988年国立極地研究所助教授，1994年東北大学理学部宇宙地球物理学科助教授などを経て，2000年より東北大学大学院理学研究科教授・理学博士．2014年に逝去．

専　攻　地球物理学，惑星プラズマ物理学

三好　由純（みよし　よしずみ）

略　歴　2001年東北大学大学院理学研究科地球物理学専攻博士課程修了．日本学術振興会特別研究員，米国ニューハンプシャー大学客員研究員，名古屋大学太陽地球環境研究所助手，准教授を経て，2018年より現職

現　在　名古屋大学宇宙地球環境研究所・博士（理学）・教授

専　攻　地球惑星磁気圏物理学，宇宙空間プラズマ物理学

著　書　『総説宇宙天気』（分担執筆：柴田一成・上出洋介編，2011年，京都大学学術出版会）など

現代地球科学入門シリーズ 2
太陽地球圏

Introduction to
Modern Earth Science Series
Vol.2
Solar Terrestrial and Space Plasma
Physics

2012年8月25日　初版1刷発行
2025年5月25日　初版2刷発行

著　者　小野高幸・三好由純 © 2012
発行者　南條光章
発行所　共立出版株式会社
〒112-0006
東京都文京区小日向4丁目6番地19号
電話　03-3947-2511（代表）
振替口座　00110-2-57035
www.kyoritsu-pub.co.jp

印　刷　藤原印刷
製　本

社団法人
自然科学書協会
会員

検印廃止
NDC 450.12, 440.12, 444
ISBN 978-4-320-04710-5　　Printed in Japan

現代地球科学入門シリーズ

【編集】
大谷　栄治
長谷川　昭
花輪　公雄

全16巻

世の中の多くの科学の書籍には，最先端の成果が紹介されているが，科学の進歩に伴って急速に時代遅れになり，専門書としての寿命が短い消耗品のような書籍が増えている。本シリーズは寿命の長い教科書，座右の書籍を目指して，現代の最先端の成果を紹介しつつ時代を超えて基本となる基礎的な内容を厳選し丁寧にできるだけ詳しく解説する。本シリーズは，学部2〜4年生から大学院修士課程を対象とする教科書，そして専門分野を学び始めた学生が，大学院の入学試験などのために自習する際の参考書にもなるように工夫されている。さらに，地球惑星科学を学び始める学生ばかりでなく，地球環境科学，天文学宇宙科学，材料科学などの周辺分野を学ぶ学生も対象とし，それぞれの分野の自習用の参考書として活用できる書籍を目指した。

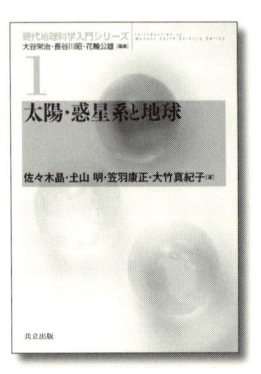

【各巻：A5判・上製本・税込価格】
※価格は変更される場合がございます※

共立出版
www.kyoritsu-pub.co.jp
https://www.facebook.com/kyoritsu.pub

❶ **太陽・惑星系と地球**
佐々木　晶・土山　明・笠羽康正・大竹真紀子著
………………………… 400頁・定価5,280円

❷ **太陽地球圏**
小野高幸・三好由純著 ……… 264頁・定価3,960円

❸ **地球大気の科学**
田中　博著 ………………… 324頁・定価4,180円

❹ **海洋の物理学**
花輪公雄著 ………………… 228頁・定価3,960円

❺ **地球環境システム** 温室効果気体と地球温暖化
中澤高清・青木周司・森本真司著 294頁・定価4,180円

❻ **地震学**
長谷川　昭・佐藤春夫・西村太志著 508頁・定価6,160円

❼ **火山学**
吉田武義・西村太志・中村美千彦著 408頁・定価5,280円

❽ **測地・津波**
藤本博己・三浦　哲・今村文彦著 228頁・定価3,740円

❾ **地球のテクトニクスⅠ** 堆積学・変動地形学
箕浦幸治・池田安隆著 ……… 216頁・定価3,520円

❿ **地球のテクトニクスⅡ** 構造地質学
金川久一著 ………………… 270頁・定価3,960円

⓫ **結晶学・鉱物学**
藤野清志著 ………………… 194頁・定価3,960円

⓬ **地球化学**
佐野有司・高橋嘉夫著 ……… 336頁・定価4,180円

⓭ **地球内部の物質科学**
大谷栄治著 ………………… 180頁・定価3,960円

⓮ **地球物質のレオロジーとダイナミクス**
唐戸俊一郎著 ……………… 266頁・定価3,960円

⓯ **地球と生命** 地球環境と生物圏進化
掛川　武・海保邦夫著 ……… 238頁・定価3,740円

⓰ **岩石学**
榎並正樹著 ………………… 274頁・定価4,180円